应用实现、原理分析与视频讲解，
全面介绍
Django 开发框架

PYTHON DJANGO
IN PRACTICE

Python Django
开发实战

视频讲解版

张虎 编著

人民邮电出版社
北京

图书在版编目（CIP）数据

Python Django开发实战 : 视频讲解版 / 张虎编著
. -- 北京 : 人民邮电出版社, 2019.9（2024.1重印）
ISBN 978-7-115-51505-6

Ⅰ. ①P… Ⅱ. ①张… Ⅲ. ①软件工具—程序设计
Ⅳ. ①TP311.561

中国版本图书馆CIP数据核字(2019)第122644号

内容提要

本书基于 Django 2.0，较为全面地介绍了 Django 应用的开发过程、Django 核心模块的实现原理以及部署应用的相关技巧。全书共 14 章，第 1 章到第 3 章对 Django 框架以及开发环境配置、项目框架搭建进行了介绍；第 4 章到第 13 章使用 Django 内置的核心模块完成了应用的开发，并对各个模块的实现原理进行了分析，包括 ORM 实现原理、模板系统、路由系统、信号机制等；第 14 章介绍了部署 Django 应用项目的过程。同时，本书针对技术的重点难点，配有视频讲解，以便读者更好地理解、应用 Django 框架。

本书可作为高等院校各专业的相关教材，也可作为编程爱好者自学的参考书。

◆ 编　　著　张　虎
责任编辑　张　斌
责任印制　陈　犇

◆ 人民邮电出版社出版发行　　北京市丰台区成寿寺路 11 号
邮编　100164　　电子邮件　315@ptpress.com.cn
网址　http://www.ptpress.com.cn
中煤（北京）印务有限公司印刷

◆ 开本：787×1092　1/16
印张：18.5　　2019 年 9 月第 1 版
字数：536 千字　　2024 年 1 月北京第 6 次印刷

定价：69.80 元

读者服务热线：(010)81055256　印装质量热线：(010)81055316
反盗版热线：(010)81055315
广告经营许可证：京东市监广登字 20170147 号

前言 PREFACE

近年来，由于 Python 语言具有简单、高效的特性，其应用的热度越来越高。同时，Python 也逐渐地应用到 Web 开发中。基于 Python 的 Web 开发框架也越来越多，其中 Django 以开发迅速、代码结构清晰以及功能齐全等优点，成为最受用户青睐的 Web 开发框架。

Django 是一个全能型框架，内置了很多功能模块，“开箱即用”的同时也解决了 Web 开发中的各种难点问题，让开发者能够更加专注地编写业务逻辑。但同时，也因为 Django 功能覆盖全面、框架庞大，可能会让用户在学习使用的过程中产生困惑。所以，本书对 Django 最为核心且常用的模块进行了梳理，以应用结合实现原理的模式解答了两个问题，即怎样使用 Django 与 Django 是怎样完成工作的。

本书涉及 Django 应用环境搭建、应用实现与原理分析、应用部署三个主题，其中应用实现与原理分析是本书的核心内容，也是篇幅最多的内容。

党的二十大报告中提到，培养造就大批德才兼备的高素质人才，是国家和民族长远发展大计。功以才成，业由才广。为了让读者快速牢固地掌握 Django，进而为国家和社会提供高素质人才，全书以一个 BBS 应用为主线，使用 Django 内置的各个核心模块逐渐完善其功能，并在完成各个功能点之后，分析其实现原理。读者通过学习本书不仅能够学会开发 Django 应用，而且能够在理解工作原理的基础上更好地应用并解决问题。

全书共 14 章，第 1 章介绍了 Django 的产生背景、版本迭代发布过程以及 Django 的内置功能模块，第 2 章介绍了开发环境的配置，第 3 章对搭建 Django 项目框架的过程进行了介绍，第 4 章至第 13 章逐步完善 BBS 应用的功能并分析其实现原理，第 14 章介绍了 Django 项目的部署。

本书提供了详细的视频讲解，具体内容可通过人邮学院（www.rymooc.com）平台进行学习，读者可扫描二维码查看本书视频课程页面。

2018 年 6 月，人民邮电出版社刘博老师邀请我编写一本关于 Django 开发方面的图书。我非常感谢刘博老师给予的这个机会，当然也就不敢怠慢。我自此开始查阅资料、整理笔记、完成样章，并最终完成初稿。这其中，特别感谢刘博老师对于书写、内容等方面的建议，使我顺利地完成本书的编写。

在此要感谢我的家人，编写这本书用去了我所有的周末与节假日时间，正是你们的陪伴、支持与照顾才让我以最好的状态去完成它。

在写作过程中，感谢各位朋友的帮助与支持，感谢高军、华成婷、闫俊东、罗蒙震锋、唐爽硕、赵甜芳、张旭、左海洋、程皓洁、欧阳生、汪奎伟、杨燕海、陶磊、赵虹杰等好友，正是有了和你们讨论问题与寻求解答的过程，才让这本书的质量不断提升，使我能够给读者奉上更好的作品。

由于时间仓促，加之个人水平有限，书中难免存在不足之处，敬请广大读者批评指正。

张虎

2023 年 7 月

目 录 CONTENTS

01 第1章 初识Django框架

Django 是一个开放源代码的 Web 应用框架，使用 Python 语言编写完成。由于 Python 语言是跨平台的，所以，不论操作系统是 Windows、Linux 还是 macOS X，都可以开发 Django 应用。Web 框架是一套组件，提供通用的设计模式，能够最大程度地降低开发 Web 站点的难度。Django 的设计目标就是使开发复杂的、数据库驱动的网站变得简单，注重组件的可重用性与可插拔性。本章我们就来看一看 Django 是怎么被发明出来的，它能够做什么，有哪些组件以及各自的功能特性。

1.1 Django 的产生背景

1.1.1 Django 的创建背景

假设现在没有 Django，我们要开发一个 Web 站点，需要做哪些工作，写哪些组件去完成它呢？通常需要做下面的几件事。

（1）构建用户账户体系，实现 Web 站点的登录与注册功能。

（2）定义数据表模型及实现访问功能。

（3）编写业务逻辑实现站点功能。

（4）实现后台管理功能。

（5）路由模型实现功能请求映射。

以上这些就是实现一个基本的 Web 站点需要做的工作。A 站点做完之后，我们可能还需要去做 B 站点，但是，通常不同的站点只是步骤（3）的业务逻辑不同，其他的功能需求是类似的，甚至是完全一样的。那么能不能把通用的组件或者模块组合在一起，提供给开发 Web 站点的人使用呢？后来就出现了 Web 框架的概念，这就是 Django 产生的根本原因。

Django 最初是被开发用来管理劳伦斯出版集团旗下的一些以新闻内容为主的网站的。2003 年秋天，Lawrence Journal-World 报社的 Web 开发者艾德里安・胡卢瓦提（Adrian Holovaty）和西蒙・威利森（Simon Willison）开始使用 Python 语言去构建应用，他们所在的 World Online 小组搭建并维护当地的几个新闻站点。新闻界的快节奏促使团队不断提高其产品开发速度，于是 Simon 和 Adrian 想办法构建出一个能够节省开发时间的框架，将可重用的组件组合在一起，不必做重复的工作，就这样，Django 诞生了。之后，World Online 小组的成员雅各布・卡普兰-莫斯（Jacob Kaplan-Moss）将这个框架发布为一个开源软件。

经过数年发展，Django 有了数以万计的用户和贡献者，现在的 Django 毫无疑问已经成为 Python 开发中最流行的 Web 框架。

1.1.2 Django 的版本发布过程

Django 遵守 BSD（Berkeley Software Distribution，伯克利软件发行版）版权，初次发布于 2005 年 7 月，并于 2008 年 9 月发布了第一个正式版本 1.0。

从正式版 1.0 之后，Django 的版本发布过程如下。

（1）功能版本：版本号定义为 A.B、A.B + 1 等，大约每 8 个月发布一次，每个版本均包括新功能以及对现有功能的改进。

（2）补丁版本：版本号定义为 A.B.C、A.B.C + 1 等，用来修复 bug 或者是安全问题，补丁版本是 100% 兼容相关的功能版本的，所以，除了由于安全问题或者是可能造成数据丢失的情况之外，都应该升级到最新的补丁版本。

（3）LTS 版本：即长期支持的版本，某些功能版本会被指定为 LTS 版本，如 1.8LTS 版本，这类版本的安全更新时长至少需要 3 年。

值得注意的是，Django 最后一个支持 Python 2.7 的版本是 1.11LTS，在本书写作之际，Django 最新的功能版本是 2.0，如果想使用最新版本的话，需要选择 Python 3。

1.2 MTV 设计模式

1.2.1 熟悉的 MVC 设计模式

Web 服务器开发领域里有着著名的 MVC 设计模式：数据存取逻辑、业务逻辑和表现逻辑。把它们 3 个组合在一起的时候，就构成了 Model-View-Controller（MVC）。

在这个模式中，Model 代表的是数据存取层，是对数据实体的定义和对数据的增删改查操作；View 代表的是视图层，即系统中选择显示什么和怎么显示的部分；Controller 代表的是控制层，它负责根据从 View 中输入的指令检索 Model 中的数据，再以一定的逻辑产生最终的结果输出。MVC 设计模式的交互过程如图 1-1 所示。

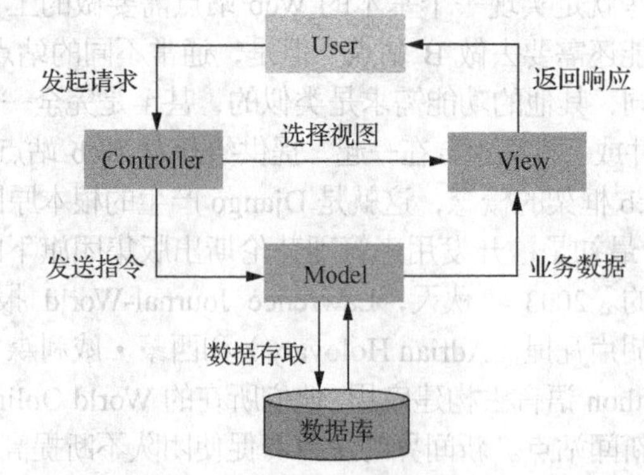

图 1-1 MVC 设计模式的交互过程

MVC 的 3 层之间紧密相连，但是又相互独立。每一层的修改都不会影响其他层，每一层都提供了各自独立的接口供其他层调用，这种模块化的开发极大地降低了代码之间的耦合，也增加了模块的可重用性。

1.2.2 Django 的 MTV 设计模式

Django 框架的设计模式借鉴了经典的 MVC 思想，将交互过程分成了 3 层，主要目的是降低各个模块之间的耦合。

Django 框架将交互过程拆分为 Model（模型）、Template（模板）和 View（视图），即 MTV 设计模式，主要包括以下内容。

（1）M（Model）：数据存取层，这一层处理所有与数据相关的事务，提供在数据库中管理（添加、修改、删除）和查询记录的机制。

（2）T（Template）：表现层，处理页面的显示，即所有与表现相关的决定都由这一层去处理。

（3）V（View）：业务逻辑层，负责处理业务逻辑，会在适当的时候将 Model 与 Template 组合在一起，通常被认为是联通 M 与 T 的桥梁。

从概念上可以看出，Django 也是一个 MVC 框架，但是在 Django 中，C（Controller）是由框架自行处理的，它由框架的 URLConf 来实现，其机制是使用正则表达式匹配 URL，再去调用合适的 Python 函数。所以，Django 更关心的是 M、T 和 V。Django 的 MTV 设计模式的交互过程如图 1-2 所示。

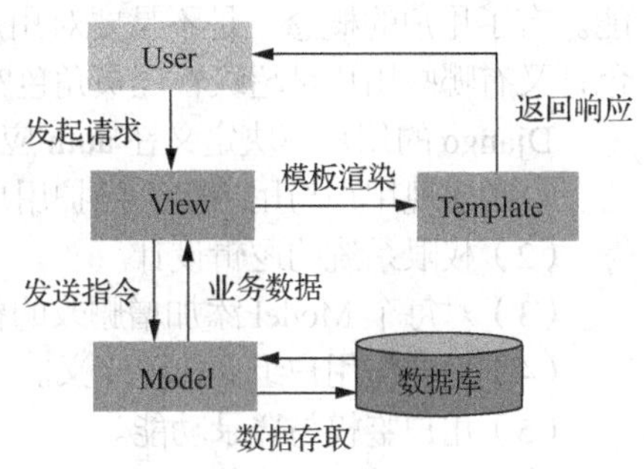

图 1-2 Django 的 MTV 设计模式的交互过程

1.3 Django 提供的主要功能模块

1.3.1 Django 中的 ORM

ORM（Object Relational Mapping，对象关系映射）把对象与数据库中的表关联起来，对象的属性映射到表的各个字段，同时，还把对表的操作对应到对对象的操作，实现了对象到 SQL、SQL 到对象的过程转换。

Django 为 ORM 提供了强大的支持，适配了多种常用的数据库，如 PostgreSQL、MySQL、Oracle 等。Django 把表模型定义为 Model，其定义过程非常简单，只需要继承自 django.db.models 中的 Model 类就可以了，Model 类中的每一个属性都能映射到表的对应字段。

针对数据库中提供的字段类型，Django ORM 都有对应的*Filed 来表达，如 CharField、TextField、DateField 等。对于数据库表的增删改查操作，Django 也都提供了简单且优雅的 API。

假设系统中有一张 User 表，存在 name 和 password 两个字符型的字段，那么，利用 Django 的 ORM 实现 User Model 的定义如下：

```
class User(models.Model):
    name = models.CharField(max_length=150)
    password = models.CharField(max_length=128)
```

检索系统中所有的 User 记录：

```
User.objects.all()
```

检索系统中 name 含有 a 的所有 User 记录：

```
User.objects.filter(name__contains='a')
```

创建 name 是 b、password 是 c 的 User 记录：

```
User.objects.create(name='b', password='c')
```

除了这些基本的功能之外，Django 还提供了分组和聚合查询、F 查询与 Q 查询、通过外键关联的多表查询等高级功能。

1.3.2 用户模块与权限系统

设计开发任何一个站点都需要有用户的概念，用户登录、注销过程，用户浏览了哪些页面，订阅了哪些消息等功能，都需要由用户系统来实现。设计一个好的、功能完善的用户系统往往是比较困难的，如果之前没有这方面的经验，从零做起，那又会增加一些难度。Django 作为一个功能完善的 Web 框架当然会考虑到这一点，利用 Django 提供的用户模块，能够快速实现与用户相关的基本功能。有了用户的概念，是不是要对用户做一些区分呢？哪些用户是普通角色，哪些用户是管理员角色，又有哪些用户是超级管理员角色？基于这些问题，Django 提供了权限系统作为解决方案。

Django 的用户模块定义在 auth 应用中，主要提供的功能包括以下内容。

（1）实现用户与用户组，维护用户与用户组的关系。

（2）权限系统的逻辑设计。

（3）对每个 Model 添加增删改的权限。

（4）用户与用户组的权限定义。

（5）用户鉴权与登录功能。

除了实现以上功能外，Django 还提供了一些与登录、注销、权限验证等功能相关的函数与装饰方法。

1.3.3 Admin 后台管理系统

通常，对于 Web 站点上的内容会有管理员修改数据的需求，但是直接在 Shell 上或者是数据库上进行修改不仅麻烦，而且容易误操作造成数据状态不一致。这就需要针对数据存储表构建后台管理系统。例如，对于博客或者 BBS 这样的 Web 站点，管理员可以从后台修改或者删除不合规的帖子，或者是进行发布营销话题等操作。这样的管理系统功能和实现上往往比较简单，但是，如果这样的需求很多，需要对多个表做数据管理，就会给开发人员增加很多重复的工作量。

Django 提供了 Admin Web 后台管理系统来解决这个问题，它是 Django 的一个非常出色的功能。新建项目系统之后，几乎不用做任何配置，Django 就已经设置好了后台管理的功能。如图 1-3 所示，新创建项目后，Django 就提供了 User 和 Group 的管理后台。

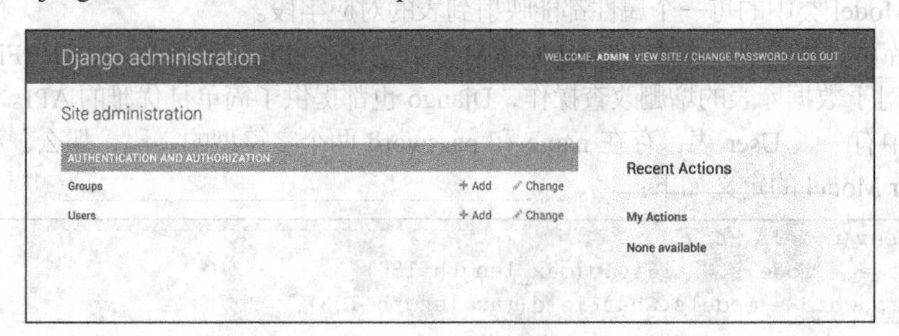

图 1-3 Admin 管理后台

Django 原生的 Admin 管理界面并没有做太多展示上的修饰，但是，其功能非常强大，而且可以利用 Model Admin 实现个性化定制，例如，针对字段值的过滤功能、搜索功能、排序功能，针对数据表字段的展示顺序规则定义功能、字段归类功能等。

当然，Django 已经非常成熟了，很多社区和第三方开发者给 Django 做了很多有用的插件，例如，用户想让 Admin 界面更加美观，可以使用 django-admin-bootstrap 插件自行修改配置。

1.3.4　视图

Django 视图是 MTV 设计模式中的 V，它在 Django 中的体现是一个 Python 函数或者类，接收 Web 请求并返回 Web 响应。视图返回的响应可以是 HTML 文档，可以是一个重定向，也可以是一个 Excel 文档等。下面是一个简单的视图函数：

```
from django.http import HttpResponse
def hello_django(request):
    return HttpResponse("<html><body>Hello Django</body></html>")
```

3 行简单的代码对应 3 个部分。

（1）从 django.http 模块中引入 HttpResponse，从名字可以看出，它是视图的响应类型。

（2）定义了一个名字为 hello_django 的 Python 函数，同时，它也是一个视图函数。Django 规定，视图函数至少需要有一个参数，且第一个参数是 django.http.HttpRequest 类型的对象，它携带了 Web 请求的所有信息，按照约定，称之为 request。这里需要知道，函数的名字并不被 Django 所关心，通常的做法是将函数名称对应到实现的具体功能上。

（3）视图返回文本响应内容，它是一个 HttpResponse 类型的对象。

虽然这个视图只包含 3 行代码，但是，已经能够完整地展示 Django 的视图实现形态了。Django 收到请求之后，首先创建携带有请求信息的 HttpRequest 对象，然后根据规则选择加载对应的视图，将 HttpRequest 对象作为第一个参数传递到视图中，视图执行处理逻辑，最终返回 HttpResponse 对象响应。

1.3.5　模板系统

hello_django 这个视图函数虽然能够正常工作，但是，把 HTML 硬编码到 Python 代码中显然不是一个好的实现方案，其主要的原因如下。

（1）HTML 代码主要实现站点的展现形式，且这种展现形式往往是需要经常修改的，如果直接硬编码到代码中，则对 HTML 的修改都必须要修改 Python 代码，而实际的业务逻辑并没有发生改变。

（2）业务实现上的 Python 代码和 HTML 代码并不存在交集，将它们耦合在视图中，会增加系统的复杂度，且维护起来会更加困难。

基于以上的两点原因，Django 提供了模板系统用于将页面设计的 HTML 代码和用于逻辑处理的 Python 代码分离开来。利用模板系统，重新实现 hello_django 视图函数，需要添加一个 HTML 文件，即 hello.html，内容如下：

```
<html><body>{{value}}</body></html>
```

视图函数修改为：

```
def hello_django(request):
    return render(request, 'hello.html', {'value': 'Hello Django'})
```

这样，利用模板系统就实现了数据与逻辑的分离。即使将来 Hello Django 的展现形式发生变化，也不会影响视图函数，从而解耦了业务处理逻辑与数据展现样式。

1.3.6　优雅的表单系统 Form

每一个 Web 站点上都有许多表单用于提交用户输入的信息，例如 Web 站点的登录界面，它需要用户输入用户名和密码，之后提交登录，这就是一个登录表单。处理表单的过程往往会比较复杂，且不同表单的处理过程又是相似的。

不同类型的数据项在表单中渲染成 HTML 向用户展示，用户可以在表单中编辑并提交数据到后端服务器，服务逻辑对数据进行验证，进行后续的处理或者提示用户输入数据有误，这通常是一个表单的完整执行流程。使用 Django 提供的表单系统可以将上述过程大大简化，编写的代码也会更加优雅。

Django 表单系统的核心是 Form 类，提供了以下 4 个主要的功能。

（1）自动生成 HTML 表单元素。

（2）检查表单数据的合法性。

（3）对不合法的表单数据进行回显，并提示错误。

（4）将表单数据转换为对应的 Python 数据类型。

假如要实现一个用户登录的表单，需要用户输入用户名和密码并提交验证，利用 Django 的表单系统可以按以下的步骤进行操作。

首先，创建 Form 对象，定义表单的两个数据字段：

```
from django import forms
class LoginForm(forms.Form):
    name = forms.CharField()
    password = forms.CharField()
```

其次，创建模板文件 login.html，对应{{form}}，Django 通过表单系统完成数据项的渲染与绑定：

```
<form action="/login/" method="post">
    {% csrf_token %}
    {{ form }}
<input type="submit" value="submit"></form>
```

最后，创建视图完成登录处理逻辑：

```
def login(request):
    if request.method == 'POST':
        form = LoginForm(request.POST)
        if form.is_valid():
            # process user login
            return HttpResponse("login success")
    else:
        form = LoginForm()
    return render(request, 'login.html', {'form':form})
```

可以看到，利用 Django 提供的表单系统，将原本复杂的工作变得相当简单，只需要围绕核心的 Form 对象就完成了表单的主体功能。

1.3.7 信号机制

Django 对信号机制的解释是：在框架的不同位置传递特定的消息给应用程序执行预定的操作。它是一种观察者模式，或者叫作发布-订阅模式。即当系统中有 event（事件）发生，一组 senders（发送者）将 signals（信号）发送给一组 receivers（接收者），receivers 再去执行预定的操作。

Django 自身预定义了很多信号，例如关于 Model 的执行动作信号、关于 Http 请求的执行动作信号，使用起来都非常简单，这里以 Http 请求到来的时候触发信号为例说明信号的各个元素。

首先，实现消息接收者 receiver，打印 Request Coming：

```
def receiver(sender, **kwargs):
    print("Request Coming")
```

接着，将信号绑定到 receiver 上面（也可以使用装饰器实现绑定）：

```
from django.core.signals import request_started
request_started.connect(receiver)
```

最后，等待 Http 请求到来，触发 receiver 的执行。如果框架预定义的信号不能满足需求，还可以实现自定义的信号。需要注意的是，Django 信号机制的执行是同步的，所以，耗时的任务不可使用信号机制。

1.3.8　路由系统

从 MTV 的设计模式中可以看到，用户向 Web 站点发送请求（对应到一个 URL），首先会到达“对应的”视图，那么，这里的视图是怎么对应的呢？这就是 Django 路由系统的作用。

Django 利用 URLconf 构建起 URL 模式与视图函数之间的映射关系，即利用 Django 的特定配置方式，设定好哪个 URL 可以去执行哪一段 Python 代码。Django 路由系统配置的核心是 path，它的基本配置格式如下：

```
from django.urls import path
urlpatterns = [
    path(route, view, kwargs=None, name=None)
]
```

path 有 4 个参数，其中 route 是标识 URL 的正则表达式，view 代表视图函数，这两个参数是必填字段；kwargs 标识以字典的形式传递给视图的默认参数，name 是给 route 起一个名字，用于反向解析，这两个参数都是可选的。

根据路由的匹配模式，可以把 Django 的 URL 映射模型分为 3 类。

（1）固定 URL 映射：即一个固定不变的 URL 映射到一个视图函数，例如/bbs/对应于 BBS 站点的主页：path('bbs/', views.bbs)。

（2）动态 URL 映射：即 URL 可以根据传递的参数实现动态构造，例如/bbs/1/和/bbs/2/分别展示 BBS 站点的第一页和第二页：path('bbs/<int:page>', views.bbs_list)。

（3）两级（多级）URL 映射：如果一个项目下面有很多 App，如果将每一个 App 的 URL 映射关系都维护在一处，显然不够灵活，Django 提供了可以根据不同的 App 来对 URL 进行归类的 include 方法，例如 path('topic/', include('topic.urls'))将所有'topic/'的请求都交给 topic 这个 App 下面的 urls 去处理。

Django 的路由系统使用简洁、容易理解的路由语法，大大降低了学习配置 URL 的门槛。同时，在 Django 2.0 中增加了很多优秀的特性，例如，支持从 URL 中处理类型转换，利用 Path Converters 实现公共的正则表达式等。

1.3.9　中间件

中间件是一个插件系统，嵌入在 Django 的 Request 和 Response 之间执行，可以对输入和输出内容做出修改。中间件是业务无关的技术类组件，是用来定义处理所有请求和响应的通用处理架构。

中间件就是一个普通的 Python 类对象，其中定义了一些函数在视图执行的前后调用。这些函数被称作钩子函数，且名称固定。

（1）process_request：它在请求到来的时候调用。

（2）process_view：它在对应的视图函数执行之前调用。

（3）process_exception：它在视图函数抛出异常的时候调用。

（4）process_template_response：它在视图函数有响应，且响应对象包含 render 方法时调用。

（5）process_response：它在返回响应之前调用。

除了单个中间件执行的生命周期，Django 也规定了中间件的执行顺序与配置的关系，配置越靠前的中间件越先被执行，从上到下顺序地执行每一个中间件，返回的时候正好相反，按照各个中间件配置的顺序逆序执行，执行过程如图 1-4 所示。

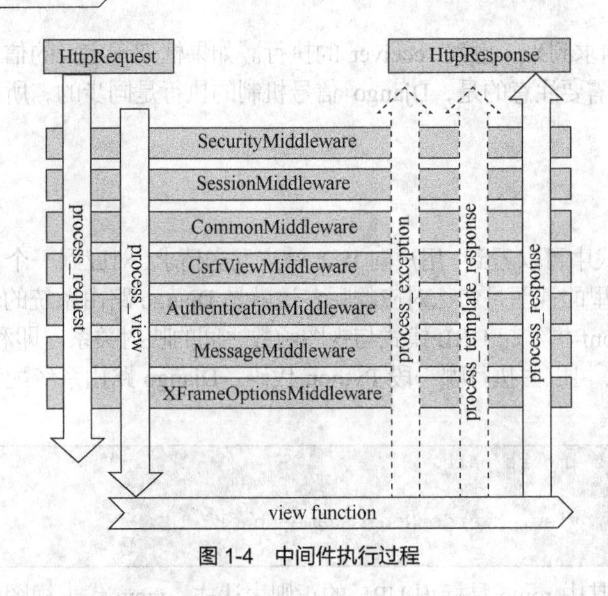

图 1-4　中间件执行过程

中间件将特定的业务处理逻辑和通用服务解耦，作为一个可插拔的组件对外提供服务。Django 自身定义了许多有用的中间件，当然，也可以按照 Django 的接口约束实现自定义的中间件。

1.3.10　缓存系统

有时访问 Web 站点的某一个服务会发现执行比较慢，这种情况发生的原因可能是背后有复杂的计算逻辑，也可能是访问数据库系统或者文件系统造成的 I/O 延迟等。通常提高 Web 站点执行效率的方法是使用缓存，将经常被用户访问的页面结果保存下来，用户再次访问时只需要返回缓存的结果即可，而不会再次执行计算等类似耗时的操作。

Django 提供一个稳健的缓存系统，实现了不同级别的缓存粒度：可以缓存单个视图的结果输出，缓存难以生成的片段，或者是缓存整个网站。同时，Django 还支持多种缓存类型，例如 Memcached、数据库、文件系统等，可以根据自己的需要开启一种或者多种缓存类型。

在 Django 中使用缓存是非常简单的，例如，要缓存一个视图的结果：

```
from django.views.decorators.cache import cache_page
@cache_page(60 * 15)
def hello_django(request):
......
```

只比原来的视图函数多了一个 cache_page 装饰器，就可以将视图的结果缓存 15 分钟（装饰器参数是秒），其代码非常优雅且容易理解。

Django 被称为“完美主义者的最终框架”，因为它允许开发人员编写数据库驱动的 Web 应用程序，而不需要从头开始编码。Django 框架的开发者深知编写程序的痛点，所以，他们将尽可能地提供简单、易用且功能强大的功能模块。使用 Django 框架开发应用程序最大的优点是快速高效，它不需要使用者设计用户系统、搭建权限验证，也不需要构建缓存体系，甚至也不需要编写大量重复的代码去完成后台管理的功能等。使用 Django 框架从零搭建一个简单可运行的 Web 程序往往只需要几个小时。接下来看一看使用 Django 都需要做哪些准备工作吧。

02 第2章　Django开发环境配置

正所谓“工欲善其事，必先利其器”，我们在真正编写应用之前，需要搭建基本的开发环境。对于将来要做的 Django 应用来说，由于它是完全基于 Python 的 Web 开发框架，所以，首先需要安装 Python。为了让应用拥有独立的开发环境，还需要安装 Python 虚拟环境。之后，就可以安装本书的主角 Django 了。任何系统都需要数据存储，Django 支持多种数据库，这里选择安装企业级开发中最流行的关系型数据库 MySQL。最后，选择 PyCharm 这个 IDE 作为开发工具，它为 Django 等 Python Web 框架提供了非常好的支持。

2.1　Python 的安装与配置

2.1.1　安装 Python

在安装 Python 之前，首先需要确认 Django 支持的 Python 版本，之后，再去选择对应的版本安装。

本书将使用Django的2.0.7版本作为之后演示的版本，它所支持的Python版本是 3.4、3.5、3.6、3.7。对于 Python 的各个版本，Django 只支持最新的微版本（A.B.C）。

Django 并不支持所有版本的 Python，它需要根据 Django 环境选择安装对应的 Python 版本。关于不同的 Django 版本对 Python 的支持情况，可以查阅 Django 的官方文档。

这里，选用当前较新的 Python 版本 3.7.0 以支持 Django 的开发。不论是 Windows、Linux 还是 macOS X，Python 官方都提供了对应的安装程序。访问其官方网站即可下载对应操作系统的安装程序。

下载完成之后，双击安装包，运行安装程序。其安装过程与安装其他软件类似，唯一需要注意的地方是，对于 Windows 系统而言，Python 的可执行文件默认是不会加入 PATH 变量中的，需要主动勾选“Add Python 3.X to PATH”。安装成功的界面如图 2-1 所示。

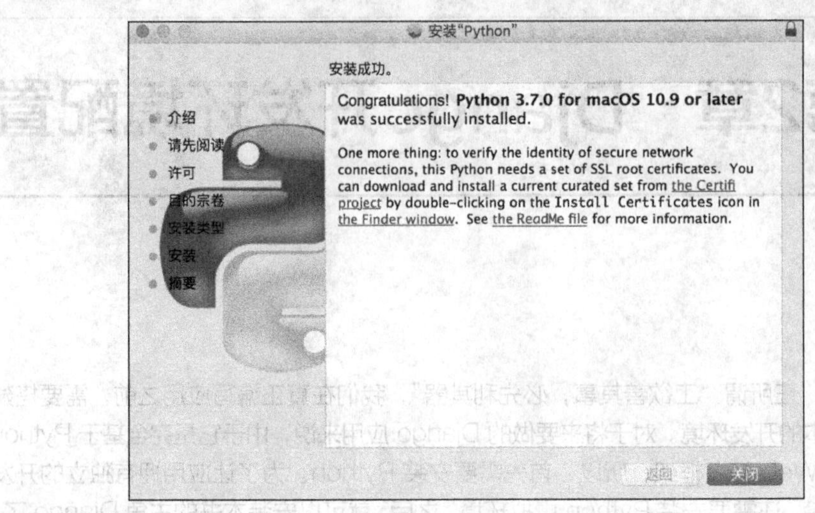

图 2-1　Python 安装成功

安装完成之后，启动终端（Windows 中使用命令提示符）输入 python3 回车，如果能看到类似下面的输出，就说明已经将 Python 成功安装到系统中了：

```
Python 3.7.0 (v3.7.0:1bf9cc5093, Jun 26 2018, 23:26:24)
[Clang 6.0 (clang-600.0.57)] on darwin
Type "help", "copyright", "credits" or "license" for more information.
>>>
```

2.1.2　Python 包管理工具

Python 社区提供了功能强大的第三方包，若想要使用这些包去扩展应用程序，就需要有包管理工具去下载和维护它们。

pip 是目前比较流行的 Python 包管理工具，且它已经内置到 Python 3.4 及以上版本中了，所以，如果安装的是 3.4 及以上版本的 Python，则 pip 已经安装在系统中了。

如果系统中没有 pip 或者版本比较低，则可以利用命令来安装或者将 pip 升级到最新的版本：

```
python3 -m pip install -U pip
```

回车之后，会看到类似下面的输出：

```
Collecting pip
  Downloading https://files.pythonhosted.org/packages/pip-18.0-py2.py3.whl (1.3MB)
    100% |████████████████████████████████| 1.3MB 2.9MB/s
Installing collected packages: pip
  Found existing installation: pip 10.0.1
    Uninstalling pip-10.0.1:
      Successfully uninstalled pip-10.0.1
Successfully installed pip-18.0
```

这样，就完成了 pip 的安装或者更新。建议大家最好执行一下这个命令，即使系统中已经有 pip 了，这个命令也能把 pip 升级到最新的版本。

安装完 pip 之后，需要知道 pip 常用的几个基本命令。

（1）安装 package：pip install <package>。

（2）升级 package：pip install –U <package>。

（3）卸载 package：pip uninstall <package>。

（4）列出已经安装的 package：pip list。

2.2　虚拟环境的安装与配置

在做应用程序开发的时候不可避免地会遇到不同的应用程序依赖不同的包版本的情况。这样就有可能会出现依赖冲突的问题，特别是时间长了之后，这种情况会变得更加糟糕。举个简单的例子：假设之前开发的 Django A 应用依赖于 Python 2.7，但是现在开发的 Django B 应用必须要使用 Python 3.X 版本，如果简单地将系统中的 Python 升级到 3.X 版本，就会导致 A 应用不可用，因为 Python 2 与 Python 3 中的部分语法是不兼容的。

为了解决这个问题，需要安装 Virtualenv，利用它可以给每一个应用搭建虚拟且独立的 Python 运行环境。

2.2.1　安装 Virtualenv

安装虚拟环境比较简单，需要利用 Python 的包管理工具，执行命令：

```
pip install virtualenv
```

安装过程中会看到类似下面的输出：

```
Collecting virtualenv
  Downloading https://files.pythonhosted.org/packages/virtualenv-16.0.0-py3.whl
(1.9MB)
    100% |████████████████████████████████| 1.9MB 906kB/s
Installing collected packages: virtualenv
Successfully installed virtualenv-16.0.0
```

这样，就完成了虚拟环境的安装。

2.2.2　创建应用运行的虚拟环境

安装完成 Virtualenv 之后，这里给将来的示例应用创建一个独立的 Python 运行环境，执行下面的命令：

```
virtualenv -p /usr/local/bin/python3.7 bbs_python37
```

执行过程中会看到类似下面的输出：

```
Running virtualenv with interpreter /usr/local/bin/python3.7
Using base prefix '/Library/Frameworks/Python.framework/Versions/3.7'
New python executable in /bbs_python37/bin/python3.7
Also creating executable in /bbs_python37/bin/python
Installing setuptools, pip, wheel...done.
```

这样就创建了一个独立的 Python 运行环境。

对上述命令进行一些解释，具体如下。

virtualenv 是刚刚安装的虚拟环境应用，利用这个命令就可以给其他的应用创建虚拟环境；-p 参数是指定当前虚拟环境的 Python 解释器（如果不知道 Python 解释器所在的路径可以使用命令 which python3 查看），如果不指定，则会使用安装 virtualenv 时的解释器；最后的 bbs_python37 是虚拟环境的名称，这里需要注意的是，虚拟环境的名称最好是有意义的，当虚拟环境越来越多的时候，有意义的名称更加方便管理，例如这里的 bbs 代表的是应用名称，python37 代表的是 Python 解释器的版本号。

新创建的 Python 环境会被放置到 bbs_python37 这个指定的目录下面，进入 bbs_python37 目录，执行命令启动虚拟环境：

```
source ./bin/activate
```

执行之后会发现，命令提示符发生了变化，多了（bbs_python37）前缀，这就表明当前所处的是一个名为 bbs_python37 的 Python 运行环境。

退出虚拟环境，执行命令：

```
deactivate
```

由于每一个虚拟环境都是独立存在的，它们之间互不依赖，所以，当不再需要某一个虚拟环境时，直接删除该虚拟环境的目录就可以了。

2.3 Django 的安装与配置

创建虚拟环境之后，就可以把需要的 Django 框架安装到虚拟环境里面去了。由于 Django 也是一个 Python 的包，所以，可以直接利用 pip 这个工具完成安装。首先，需要启动虚拟环境，并在虚拟环境里执行命令：

```
pip install django==2.0.7
```

这里指定了需要安装的 Django 的版本，如果不指定，pip 命令会选择安装最新的版本。命令执行过程中，会看到类似下面的输出：

```
Collecting django==2.0.7
  Downloading https://files.pythonhosted.org/packages/Django-2.0.7-py3.whl (7.1MB)
    100% |████████████████████████| 7.1MB 1.1MB/s
Collecting pytz (from django==2.0.7)
  Downloading https://files.pythonhosted.org/packages/pytz-2018.5-py2.py3.whl
(510kB)
    100% |████████████████████████| 512kB 2.3MB/s
Installing collected packages: pytz, django
Successfully installed django-2.0.7 pytz-2018.5
```

可以看到，已经成功安装了 Django，同时，pip 将 Django 所需要依赖的时区模块 pytz 也一并安装了，这就是包管理工具带来的便利之处，它会连带安装当前包所依赖的其他包，所以，一定要使用包管理工具去维护开发环境。

接下来，验证安装的 Django 是否可用且版本是否是所指定的。需要在当前的虚拟环境下打开 Python 的解释器（执行 python 命令），然后尝试导入 Django 模块：

```
Python 3.7.0 (v3.7.0:1bf9cc5093, Jun 26 2018, 23:26:24)
[Clang 6.0 (clang-600.0.57)] on darwin
Type "help", "copyright", "credits" or "license" for more information.
>>> import django
>>> django.get_version()
'2.0.7'
```

以上输出显示，当前的 Python 虚拟环境成功安装了 Django 模块，且版本号是 2.0.7，符合预期。

2.4 MySQL 的安装与配置

Django 自带了一个轻量级的数据库 SQLite，但是这个数据库只适合用于开发和测试环境，如果想要开发一个可以运行在线上的应用，就需要安装像 MySQL 这样的企业级应用数据库。

2.4.1 安装 MySQL

首先，需要去 MySQL 的官方网站下载适合操作系统的安装文件。官网提供了两种安装文件，一种是可以直接运行的安装包，另一种是需要再去配置的压缩包。本质上来说，这两种文件是一样的，为了方便，这里选择第一种安装文件，即应用程序安装包。

在写作本书之时，MySQL 的最新版本是 8.0.12，这里就以这个版本为例，安装并完成应用开发。

下载安装文件之后，像安装其他的软件一样，双击将其打开，如图 2-2 所示。

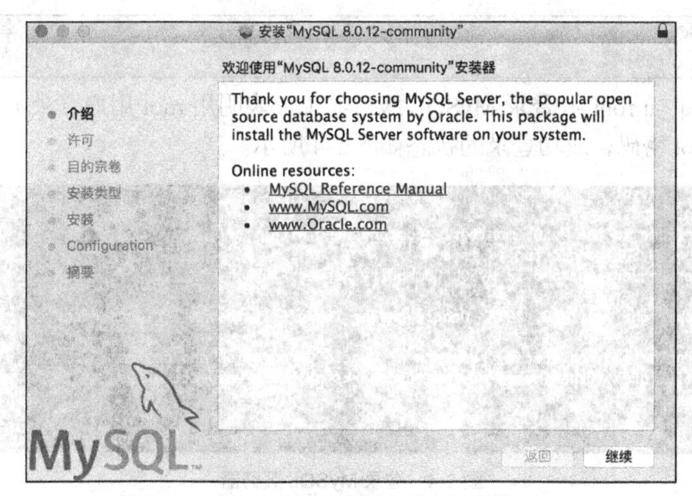

图 2-2　MySQL 安装文件开始安装

之后，按照提示，执行“继续”（或“下一步”）即可，配置方面可以直接使用默认配置，这里需要注意，安装过程中设置的 root 密码，将来在需要登录的时候会使用到。最终，完成 MySQL 的安装，如图 2-3 所示。

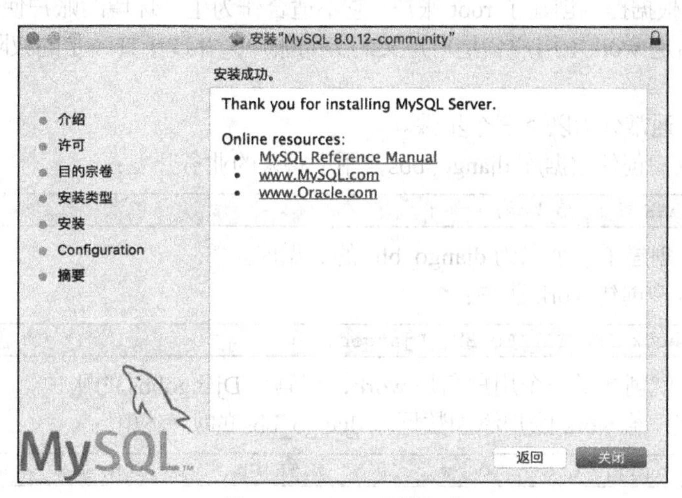

图 2-3　MySQL 安装完成

2.4.2 配置 MySQL 环境变量

MySQL 安装完成之后，默认是不会加入环境变量中的，这里，手动把 MySQL 的可执行文件加入环境变量中。

这对于 Windows 用户来说比较简单，直接把 MySQL 安装目录下的 bin 加入 PATH 变量中就可以了；对于 Linux 或 macOS X 用户而言，MySQL 默认安装于 /usr/local/mysql 路径下，需要把这个路径下的 support-files 和 bin 目录都加入系统环境变量中。

当前用户的环境位于~/.bash_profile 文件中，如果不存在，需要先创建该文件，然后在文件中加入 export PATH=$PATH:/usr/local/mysql/support-files:/usr/local/mysql/bin，保存之后，为了即刻生效，执行 source ~/.bash_profile 即可。

环境变量生效之后，需要验证是否可以成功开启 MySQL 服务，并使用自带的客户端登录，执行命令：sudo mysql.server start，可以看到类似下面的输出，代表已经成功开启了 MySQL 服务：

```
Starting MySQL
.. SUCCESS!
```

执行命令：mysql -u root -p 登录 MySQL 服务器（-u 表明用 root 用户登录），按照提示输入安装 MySQL 时设置的 root 密码，成功登录的状态如图 2-4 所示。

```
➜ ~ mysql -u root -p
Enter password:
Welcome to the MySQL monitor.  Commands end with ; or \g.
Your MySQL connection id is 8
Server version: 8.0.12 MySQL Community Server - GPL

Copyright (c) 2000, 2018, Oracle and/or its affiliates. All rights reserved.

Oracle is a registered trademark of Oracle Corporation and/or its
affiliates. Other names may be trademarks of their respective
owners.

Type 'help;' or '\h' for help. Type '\c' to clear the current input statement.
```

图 2-4　登录 MySQL 服务器

至此，成功安装了 MySQL，设置了环境变量，且利用 root 账户第一次登录了 MySQL 服务器。

2.4.3　创建 work 账户

安装 MySQL 时根据提示创建了 root 账户，它不适合作为生产环境的账户使用，所以，下一步就需要创建一个用户名是 work（用户名是自定义的）的账户，并授予其一定的权限，用于将来的应用程序开发。

创建账户的过程通常分为以下三个步骤。

（1）使用 root 账户创建数据库 django_bbs，用于将来的业务开发：

```
CREATE DATABASE django_bbs;
```

正确执行之后，创建了一个名为 django_bbs 的数据库。

（2）使用 root 账户创建 work 账户：

```
CREATE USER work IDENTIFIED BY 'Djangobbs';
```

正确执行之后，就创建了一个用户名是 work，密码是 Djangobbs 的账户。

（3）使用 root 账户给 work 账户添加数据库 django_bbs 的所有权限：

```
GRANT ALL ON django_bbs.* TO 'work'@'%' WITH GRANT OPTION;
```

正确执行之后，work 账户就有了 django_bbs 数据库所有的权限。

至此，就完成了账户的创建以及授权，之后，就可以利用 work 账户去操作数据库了。

登录数据库时可以直接在登录命令中指定密码，对于 work 账户来说，登录命令可以写成：mysql -u work -pDjangobbs，这样就不会出现要求输入密码的提示了。

2.5　PyCharm 的安装与配置

PyCharm 是一种 Python IDE，它是一个跨平台的开发环境，官方提供 Windows、macOS 和 Linux 版本。目前，PyCharm 被社区认为是最好用的 Python IDE 之一。

首先，登录到 PyCharm 的官方网站下载页，可以看到，除了对应的操作系统，官方还提供了专业版和社区版。对于基础的应用程序开发而言，免费的社区版就已经够用了，所以，本节下载社区版作为开发 IDE。

下载完成之后，打开安装文件，依次按照提示，设置快捷键、UI 主题、启动脚本等操作，直到安装完成出现图 2-5 所示的界面。

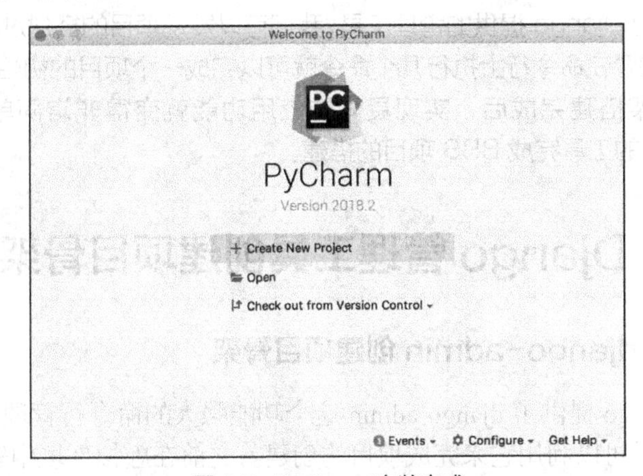

图 2-5　PyCharm 安装完成

安装完成之后，可以根据需要（最好是去了解一下，熟悉开发环境会使得开发过程更加得心应手）对 PyCharm 进行个性化的定制，如图 2-5 所示的右下角，依次打开 Configure→Preferences 调出偏好设置面板，如图 2-6 所示，可以对主题、字体、快捷键、插件等完成个性化的定制。

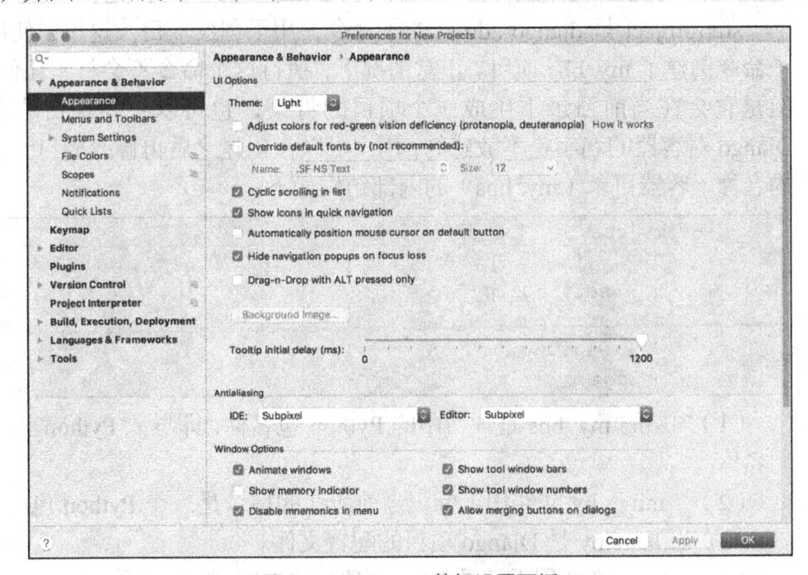

图 2-6　PyCharm 偏好设置面板

至此，在系统中成功构建了所需要的开发环境，接下来，就会用这些环境去开发一个具体的应用。

03 第3章 Django项目框架搭建

借助 Django 提供的管理工具，我们可以发现项目的搭建过程是简单且优雅的。只需要在命令行上执行几个命令就可以完成一个项目的初始化过程。项目的主体框架搭建完成后，实现具体的应用功能就变得非常简单。本章将利用 Django 的工具完成 BBS 项目的搭建。

3.1 Django 管理工具创建项目骨架

3.1.1 django-admin 创建项目骨架

Django 提供了 django-admin 这个功能强大的命令行管理工具，其中最重要的就是可以利用它来完成项目的创建。之前在虚拟环境中安装了 Django，所以，这个管理工具是可以直接在虚拟环境中使用的。

首先，选择一个目录用于承载 BBS 项目，之后启动虚拟环境（确认命令提示符发生了变化）执行命令：

```
django-admin startproject my_bbs
```

startproject 是 django-admin 的子命令，用于创建项目。这里，使用这个子命令创建了 my_bbs 项目。正常情况下，执行这个命令不会打印任何内容，但是它会在当前目录下生成一个项目的骨架，也可以称作项目的容器。Django 对容器的名字是不敏感的，用户可以在创建之后再修改成自已感兴趣的名称。容器目录（my_bbs）的内部结构如下：

```
|-- my_bbs
|   |-- __init__.py
|   |-- settings.py
|   |-- urls.py
|   `-- wsgi.py
`-- manage.py
```

（1）内层的 my_bbs 是项目中的 Python 包名称，即导入 Python 包所使用的名称。

（2）__init__.py 文件用于标识当前所在的目录是一个 Python 包。

（3）settings.py 是 Django 项目的配置文件。

（4）urls.py 文件用于记录 Django 项目的 URL 映射关系。

（5）wsgi.py 是 WSGI 服务器程序的入口文件，用于启动应用程序。

（6）manage.py 是用于管理 Django 项目的命令行工具。

完成了项目骨架的创建之后，进入 my_bbs 容器目录中就可以启动内置的服务器运行当前的项目：

```
python manage.py runserver
```

当看到图 3-1 所示的命名输出时，代表成功启动了 my_bbs 项目。

```
Performing system checks...

System check identified no issues (0 silenced).

You have 14 unapplied migration(s). Your project may not work properly until you apply the migrations for app(s): admin, auth, contenttypes, sessions.
Run 'python manage.py migrate' to apply them.

August 09, 2018 - 03:15:01
Django version 2.0.7, using settings 'my_bbs.settings'
Starting development server at http://127.0.0.1:8000/
Quit the server with CONTROL-C.
```

图 3-1　第一次启动内置服务器

先不用考虑红色的警告信息，按照提示，在浏览器中打开 http://127.0.0.1:8000/可以看到图 3-2 所示的页面，这标志着 my_bbs 项目骨架搭建完成了。

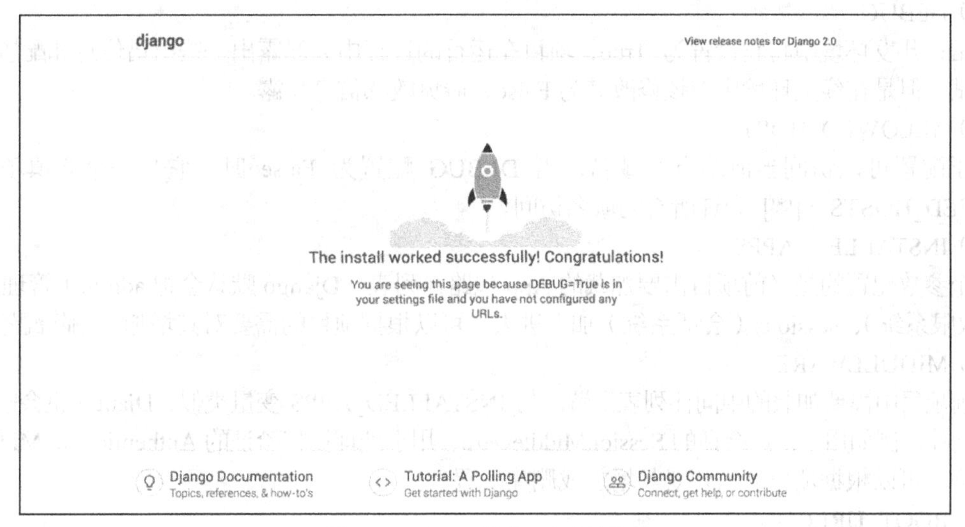

图 3-2　my_bbs 的第一次启动界面

提示　要验证是否处于虚拟环境中可以执行命令 python -m django -version，对应本书所用版本，命令会打印输出 2.0.7，代表当前处于虚拟环境中。

除了使用 runserver 启动项目之外，还可以使用 shell 命令进入当前项目的环境：

```
python manage.py shell
```

3.1.2　settings.py 文件配置项解析

django-admin 在创建项目的时候会生成 settings.py 文件，项目的所有配置都可以在这个文件中完成。Django 定义了一些默认的配置，后期可以根据应用的需要进行修改，下面看一看默认生成的 settings.py 文件中都包含些什么。

（1）BASE_DIR

__file__是 Python 语言的语法，显示当前文件的位置；os.path.abspath(__file__) 返回当前文件的绝对路径；os.path.dirname(os.path.abspath(__file__))得到当前文件所在的目录；os.path.dirname(os.path.

dirname(os.path.abspath(__file__)))返回目录的上一级，对应于当前的项目，BASE_DIR 定义的是 my_bbs 所在的完整路径。

对应于创建的项目，可以启动 shell 环境打印 BASE_DIR 验证下返回值：

```
>>> from my_bbs.settings import BASE_DIR
>>> print(BASE_DIR)
```

（2）SECRET_KEY

这个变量本质上是一个加密盐，用于对各种需要加密的数据做 Hash 处理，例如密码重置、表单提交、session 数据等。所以，一定要保证这个值不被泄露，否则，恶意用户可以通过反序列获得原始数据，给系统增加安全风险。通常的做法是将它存储到系统环境变量中，通过 os.getenv(key, default=None)的方式去获取。

由于它是在 startproject 的过程中生成的，所以，经过查看 startproject.py 文件（django/core/management/commands/startproject.py）可以知道它的生成过程实际是调用了函数 get_random_string 获取 50 位的随机字符串。

（3）DEBUG

通常在开发环境中将它设置为 True，项目在运行的过程中会暴露出一些出错信息和配置信息以方便调试。但是在线上环境中应该修改其为 False，避免敏感信息泄露。

（4）ALLOWED_HOSTS

用于配置可以访问当前站点的域名，当 DEBUG 配置为 False 时，它是一个必填项，设置 ALLOWED_HOSTS = ['*'] 允许所有的域名访问。

（5）INSTALLED_APPS

这个参数配置的是当前项目需要加载的 App 包路径列表。Django 默认会把 admin（管理后台）、auth（权限系统）、sessions（会话系统）加入进去，可以根据项目的需要对其增加或删除配置。

（6）MIDDLEWARE

当前项目中需要加载的中间件列表配置。与 INSTALLED_APPS 变量类似，Django 也会默认加入一些中间件，例如用于处理会话的 SessionMiddleware、用于处理授权验证的 AuthenticationMiddleware 等。同样，可以根据项目的需要对其增加或删除配置。

（7）ROOT_URLCONF

这个变量标记的是当前项目的根 URL 配置，是 Django 路由系统的入口点。

（8）TEMPLATES

这是一个列表变量，用于项目的模板配置，列表中的每一个元素都是一个字典，每个字典代表一个模板引擎。Django 默认会配置自带的 DTL（DjangoTemplates）模板引擎。

（9）WSGI_APPLICATION

Django 的内置服务器将使用的 WSGI 应用程序对象的完整 Python 路径。

（10）DATABASES

这是一个字典变量，标识项目的数据库配置，Django 默认会使用自带的数据库 sqlite3，同时，Django 项目支持多数据库配置，如果需要，可以配置多个键值对。在实际的项目开发中会使用功能更强大的数据库（如 MySQL），所以，这个变量通常会被改动。

（11）AUTH_PASSWORD_VALIDATORS

Django 默认提供了一些支持插拔的密码验证器，且可以一次性配置多个。其主要目的是避免直接通过用户的弱密码配置申请。

（12）LANGUAGE_CODE 和 TIME_ZONE

这两个变量分别代表项目的语言环境和时区。

（13）USE_I18N 和 USE_L10N

Web 服务搭建完成之后，可以面向不同国家的用户提供服务，这就要求应用支持国际化和本地化。这两个布尔类型的变量标识当前的项目是否需要开启国际化和本地化功能。

I18N 是国际化的意思，名字的由来是“国际化”的英文单词 Internationalization 开头和结尾的字母分别是 I 和 N，且 I 和 N 的中间有 18 个字母，简称 I18N。

L10N 是本地化的意思，名字的由来是“本地化”的英文单词 Localization 开头和结尾的字母分别是 L 和 N，且 L 和 N 的中间有 10 个字母，简称 L10N。

（14）USE_TZ

标识对于时区的处理，如果设置为 True，不论 TIME_ZONE 设置的是什么，存储到数据库中的时间都是 UTC 时间。

（15）STATIC_URL

用于标记当前项目中静态资源的存放位置。

3.2 修改项目的默认配置

虽然通过管理工具创建了项目之后，会生成可以直接使用的默认配置，但是，通常这些配置仅仅用于开发环境，如果想开发一个可以开放使用的工程，必须要修改一些默认配置。

3.2.1 配置语言环境和时区

在第一次启动界面可以看到，项目的欢迎信息显示的是英文，这是由于默认的语言环境设置的是 en-us，这里将它设置为中文简体：

```
LANGUAGE_CODE = 'zh-Hans'
```

通常很多项目不需要考虑时区的问题，对于 my_bbs 项目也把它设置为对时区不敏感，这样就不用特殊处理存储在数据库中的时间了，需要修改两个变量：

```
TIME_ZONE = 'Asia/Shanghai'
USE_TZ = False
```

重启服务器，再次打开欢迎页，如图 3-3 所示，已经变成了中文语言环境。

图 3-3 中文语言环境欢迎页

3.2.2 配置开发数据库

Django 自带的 sqlite3 不适合做应用项目的数据库，所以，这里用 MySQL 替代项目的默认数据库，并将之前创建的 work 账户和 django_bbs 数据库应用到项目中。修改 DATABASES 配置如下：

```
DATABASES = {
    'default': {
          'ENGINE': 'django.db.backends.mysql',
          'NAME': 'django_bbs',
          'USER': 'work',
          'PASSWORD': 'Djangobbs',
          'HOST': '127.0.0.1',
          'PORT': '3306',
    }
}
```

ENGINE：配置使用的数据库引擎，可以通过查看 django.db.backends 确认 Django 可适配的数据库类型。

NAME：数据库的名称，Django 将会利用这里配置的数据库去创建和操作数据表。

USER：数据库用户名。

PASSWORD：数据库密码。

HOST：数据库服务器地址，这里使用本地开发环境。

PORT：数据库服务器端口号，MySQL 默认为 3306。

修改数据库配置之后，启动服务器会返回如下错误信息：

```
django.core.exceptions.ImproperlyConfigured: Error loading MySQLdb module.
Did you install mysqlclient?
```

这是由于 MySQLdb 不支持 Python 3，所以 Django 连接 MySQL 就不能再使用 MySQLdb 了，需要安装 mysqlclient。在虚拟环境中执行命令：

```
pip install mysqlclient
```

命令执行过程中会打印类似如下的输出：

```
Collecting mysqlclient
  Downloading https://files.pythonhosted.org/packages/mysqlclient-1.3.13.tar.gz
(90kB)
    100% |████████████████████████| 92kB 275kB/s
Building wheels for collected packages: mysqlclient
  Running setup.py bdist_wheel for mysqlclient ... done
Successfully built mysqlclient
Installing collected packages: mysqlclient
Successfully installed mysqlclient-1.3.13
```

安装完之后，可以在当前的虚拟环境中尝试导入 MySQLdb：

```
>>> import MySQLdb
```

如果没有出现错误，则代表成功安装了 mysqlclient，可以正常启动项目了。接下来就可以使用 MySQL 做数据存储了。

3.3 初始化项目环境

创建完成项目的主体结构且对环境配置进行了修改，接下来就可以做一些初始化工作来让这个工程看起来更加完整。

3.3.1　INSTALLED_APPS 中应用的数据库迁移

应用通常都会需要使用数据表来完成状态或数据的保存，Django 自带的应用当然也需要数据表，如果没有创建这些表直接启动项目，那么除了不能使用这些应用提供的功能之外，还会打印图 3-1 所示的警告信息。

manage.py 的 migrate 命令用于将应用的模型定义或修改同步到数据库中。migrate 命令会检查 INSTALLED_APPS 里配置的应用列表，依次迭代为每个应用创建所需要的数据表。这里需要注意的是，Django 默认安装的应用是为了方便大多数项目，所以，并不是所有的项目都需要它们，可以根据自己的需要注释或者直接删除部分应用。

启动数据库，执行数据库迁移命令：

```
python manage.py migrate
```

执行过程中，可以看到图 3-4 所示的输出内容。

```
(bbs_python37) ➜ my_bbs python manage.py migrate
Operations to perform:
  Apply all migrations: admin, auth, contenttypes, sessions
Running migrations:
  Applying contenttypes.0001_initial... OK
  Applying auth.0001_initial... OK
  Applying admin.0001_initial... OK
  Applying admin.0002_logentry_remove_auto_add... OK
  Applying contenttypes.0002_remove_content_type_name... OK
  Applying auth.0002_alter_permission_name_max_length... OK
  Applying auth.0003_alter_user_email_max_length... OK
  Applying auth.0004_alter_user_username_opts... OK
  Applying auth.0005_alter_user_last_login_null... OK
  Applying auth.0006_require_contenttypes_0002... OK
  Applying auth.0007_alter_validators_add_error_messages... OK
  Applying auth.0008_alter_user_username_max_length... OK
  Applying auth.0009_alter_user_last_name_max_length... OK
  Applying sessions.0001_initial... OK
```

图 3-4　第一次数据库迁移

migrate 命令在 django_bbs 数据库中创建了 admin、auth 等应用所需要的数据表。感兴趣的话可以使用 MySQL 客户端登录到服务器上使用命令 show tables（需要切换到 django_bbs 数据库）查看创建了哪些表以及这些表的结构。

这里使用了一个简单的命令就完成了数据库的迁移工作，它是怎样完成的呢？migrate 怎么知道要创建哪些表以及这些表定义修改了之后又怎么维护状态呢？

Django 对于数据库的迁移工作通过两个命令来实现：

```
python manage.py makemigrations
python manage.py migrate
```

makemigrations 命令会检测应用目录下是否存在 migrations 目录，如果没有则进行创建。首先，会根据应用的表结构定义生成一个 0001_initial.py 文件，里面定义了数据表的 Schema，再执行 migrate 命令就可以创建数据表了。

对于将来应用的每一次表结构定义修改，都需要再次执行 makemigrations 命令，Django 会重新生成一个新的数据库迁移文件，记录表结构之间的差异，命令规则是对上一个迁移文件的序列号加 1，如 0002_xxxx、0003_xxxx。之后，再次执行 migrate 命令让新的迁移文件生效，完成表结构定义的修改。

对于 Django 内置的应用，数据库迁移文件已经生成好了，例如 django.contrib.auth 应用，它的 migrations 包下就有多个迁移文件，所以，可以直接执行 migrate 命令。

为了保证已经完成的迁移工作不会重复执行，Django 会把每一次数据库迁移记录到

django_migrations 表中，每一次执行 migrate 前都会比较迁移文件是否已经记录在表中了，只有没出现过的才会执行。对于当前项目的第一次 migrate，可以查看 django_migrations 表中的记录，如图 3-5 所示。

```
mysql> select * from django_migrations;
+----+--------------+------------------------------------------+----------------------------+
| id | app          | name                                     | applied                    |
+----+--------------+------------------------------------------+----------------------------+
|  1 | contenttypes | 0001_initial                             | 2018-08-09 04:05:02.125786 |
|  2 | auth         | 0001_initial                             | 2018-08-09 04:05:02.518991 |
|  3 | admin        | 0001_initial                             | 2018-08-09 04:05:02.624315 |
|  4 | admin        | 0002_logentry_remove_auto_add            | 2018-08-09 04:05:02.635728 |
|  5 | contenttypes | 0002_remove_content_type_name            | 2018-08-09 04:05:02.715254 |
|  6 | auth         | 0002_alter_permission_name_max_length    | 2018-08-09 04:05:02.755499 |
|  7 | auth         | 0003_alter_user_email_max_length         | 2018-08-09 04:05:02.804127 |
|  8 | auth         | 0004_alter_user_username_opts            | 2018-08-09 04:05:02.821718 |
|  9 | auth         | 0005_alter_user_last_login_null          | 2018-08-09 04:05:02.868789 |
| 10 | auth         | 0006_require_contenttypes_0002           | 2018-08-09 04:05:02.874887 |
| 11 | auth         | 0007_alter_validators_add_error_messages | 2018-08-09 04:05:02.885742 |
| 12 | auth         | 0008_alter_user_username_max_length      | 2018-08-09 04:05:02.941204 |
| 13 | auth         | 0009_alter_user_last_name_max_length     | 2018-08-09 04:05:02.996182 |
| 14 | sessions     | 0001_initial                             | 2018-08-09 04:05:03.029600 |
+----+--------------+------------------------------------------+----------------------------+
```

图 3-5　django_migrations 表记录第一次数据库迁移

3.3.2　创建超级用户登录管理后台

Django 内置应用 django.contrib.admin 提供了管理后台，方便非技术人员以可视化的形式对应用数据记录实现增删改查的操作。但是，这同时也是非常危险的，需要有用户和权限的概念去约束这些行为。关于权限方面的知识在后面会介绍。这里，只需要知道 Django 的超级用户拥有所有的权限，当然也包括登录管理后台的能力。

manage.py 提供了 createsuperuser 命令用于创建超级用户，执行命令：

```
python manage.py createsuperuser --username=admin --email=admin@email.com
```

这里将用户名设置为 admin，邮箱设置为 admin@email.com，可以根据自己的需要去修改。如果在 createsuperuser 后面不加任何内容，Django 会提示用户输入用户名和邮箱。当前命令执行后，需要重复输入两次密码（根据自己的需要设置），最终返回“Superuser created successfully”代表成功创建了超级用户。

启动开发服务器（可以发现红色的报警信息消失了，这是因为上一节已经完成了数据库迁移操作），并在浏览器中打开 http://127.0.0.1:8000/admin/可以看到图 3-6 所示的管理后台登录界面。

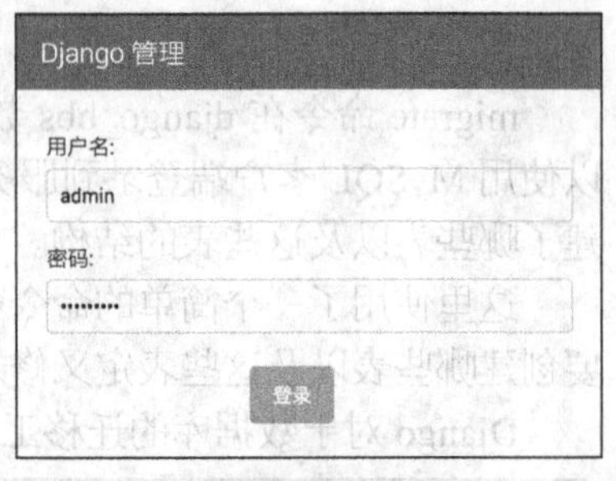

图 3-6　管理后台登录界面

输入刚刚创建的超级用户账号信息，单击“登录”按钮就会看到 Django 管理后台的索引页，如图 3-7 所示。

图 3-7　Django 管理后台索引页

这里展示了两个可以编辑的内容：用户和组，它们由 django.contrib.auth 应用提供。单击“用户”进去，可以看到只有一条 admin 记录，也就是刚刚创建的用户记录。以后就可以利用这个管理后台去操作应用数据记录了。

3.3.3　给 BBS 项目创建应用

Django 项目就是基于 Django 框架开发的 Web 应用，它包含了一组配置和多个应用，称作 App。一个 App 就是一个 Python 包，并且遵循约定有着同样的目录结构。通常一个 App 可以包含模型、视图、模板和 URL 配置，可以被应用到多个 Django 项目中，因为 Django 应用是可以重用的 Python 软件包。

至此，BBS 项目的骨架、数据库配置和迁移都已经完成了，后面需要做的就是完成应用的创建和编写，能够提供一些功能给其他用户使用。

Django 的设计目标是只让用户关注应用的功能逻辑，而不需要关注存储它的基础设施。所以，创建应用的过程是非常简单的，利用 manage.py 提供的 startapp 命令创建一个 post 应用的命令如下：

```
python manage.py startapp post
```

执行这个命令不会在控制台看到任何输出，但是，可以在 manage.py 的同级目录下看到多出了一个 post 目录，它的目录结构大致如下：

```
post/
    __init__.py
    admin.py
    apps.py
    migrations/
        __init__.py
    models.py
    tests.py
    views.py
```

外层的__init__.py 文件标识 post 是一个 Python 包。

admin.py 用于将 Model 定义注册到管理后台，是 Django Admin 应用的配置文件。

apps.py 用于应用程序本身的配置。

migrations 目录用于存储 models.py 文件中 Model 的定义及修改。

migrations/__init__.py 文件标识 migrations 是一个 Python 包。

models.py 用于定义应用中所需要的数据表。

tests.py 文件用于编写当前应用程序的单元测试。

views.py 文件用于编写应用程序的视图。

这个目录结构包括了 post 应用的全部内容，后续需要做的就是填充对应的 service 逻辑对外提供服务。

3.3.4　Python 项目中的 requirements.txt 文件

如果读者之前写过或者见到过 Python 项目，那么对 requirements.txt 文件一定不会陌生，其中会包含当前项目的依赖包名称及其对应的版本号，所以，这个文件又被称为项目依赖关系清单。

由于开发 Python 项目通常会用到虚拟环境，因此开发的过程中会不断地安装、卸载、升级不同的依赖包。但是如果当前的项目迁移到其他的环境中或者提供给其他用户使用，就需要有一种方式说明当前项目的环境依赖情况。这也就是 requirements.txt 文件的作用了，利用它可以快速构建项目所需要的环境依赖。

若要给当前的项目生成 requirements.txt 文件，需要进入根目录，执行命令：

```
pip freeze > requirements.txt
```

freeze 会列出当前的虚拟环境中安装的依赖包及其版本号，它的输出格式与 requirements.txt 文件内容格式完全一样，所以，可以将其输出进行重定向，得到依赖清单。

将来，需要重建当前项目环境的时候，就可以执行命令：

```
pip install -r requirements.txt
```

通常，项目开发的时候，都会区分开发环境（dev）与生产环境（prod），所以，如果不同的环境依赖不同的配置可以把通用的依赖放置在 requirements.txt 文件中，特定的依赖放在另一个文件中，如 requirements-dev.txt。

3.3.5 将项目装载到 IDE 中

将项目装载到 IDE 中继续后续的开发工作是非常有必要的，IDE 会大大简化开发过程，具有方便阅读的源码、强大的代码调试工具、清晰的目录结构等优点。

PyCharm 装载项目是非常方便的，只需要以下两步操作。

第一步，File→Open 选择项目所在目录。

第二步，给当前的项目选择配套的虚拟环境。

第一步比较简单，这里讲解第二步的操作步骤。

（1）打开 Preferences，找到项目设置，对于 my_bbs 项目即为 Project:my_bbs。

（2）Add Project Interpreter，即添加虚拟环境，需要将之前创建的 bbs_python37 添加进来，选择 bbs_python37/bin/python3.7 即可。

（3）最后，选择刚刚添加的虚拟环境，如图 3-8 所示。

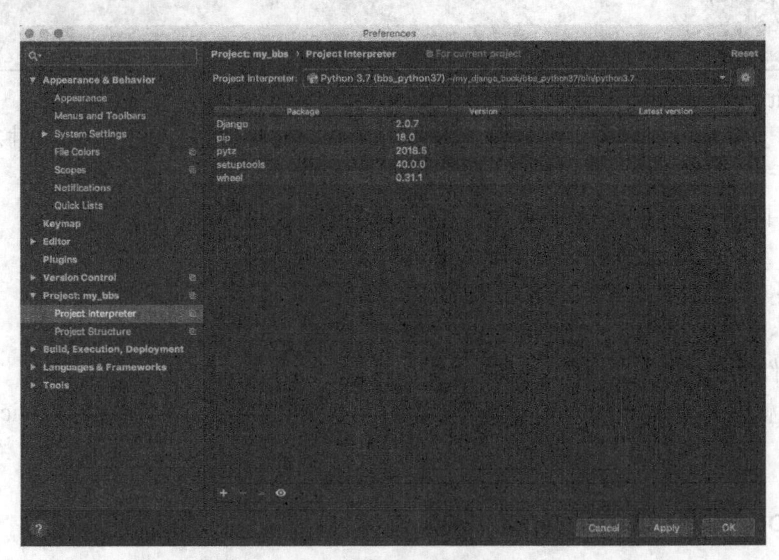

图 3-8 选择虚拟环境

对于一个工程而言，基础的项目结构是其精髓，完成了项目结构的搭建，余下的工作就是不断地往里面添加应用功能代码。可见，Django 帮助开发者完成了最为复杂的工作，让开发者只需要关注自己的应用需要提供哪些功能。

至此，利用 Django 提供的各种工具已经完成了项目的搭建、配置、数据库的迁移、应用的创建，接下来，就可以正式开发应用了。

04 第4章 Django ORM应用与原理剖析

Django 的 ORM 模块是框架特色功能之一，它把数据表与 Python 类对应、表字段与类属性对应、类实例与数据记录对应，并将对类实例的操作映射到数据库中。开发者不再需要写 SQL 代码，可以更加专注地完成业务逻辑，极大地提高了开发效率。本章将围绕 post 应用首先创建应用需要的 Models，之后介绍 ORM API 的使用方法，最后剖析 ORM 的实现原理。学会使用框架提供的功能是必要的，同时理解其实现原理往往会事半功倍。

4.1 构建 post 应用需要的数据表

4.1.1 post 应用的 Models 定义

post 应用承载这样的几个功能。

（1）用户可以在 BBS 站内发表话题，称作 Topic。

（2）可以针对每一个 Topic 发表评论，称作 Comment。

（3）可以对每一个 Comment 支持或者反对。

由于每一个数据表对应一个 Model 定义，每一个 Model 都是一个 Python 类，所以，Model 之间是可以继承的。Django 规定，所有的 Model 都必须继承自 django.db.models.Model，可以是直接继承，也可以是间接继承。Model 中的所有字段都是 django.db.models.Field 的子类，Django 会根据 Field 的类型确定数据库表（与选择使用的数据库有关）的字段类型。Django 内置了数十种 Field 字段类型，不同的类型支持的参数不一定相同，但是像名称、帮助文本、唯一性等参数都是通用的。

首先，在 post 应用的 models.py 文件中定义抽象 Model 基类：

```
from django.db import models
class BaseModel(models.Model):
    """
    post 应用中 Model 的基类
    """
    class Meta:
        abstract = True
        ordering = ['-created_time']
    created_time = models.DateTimeField(auto_now_add=True,
help_text=u'创建时间')
```

```
        last_modified = models.DateTimeField(auto_now=True, help_text=u'修改时间')
        def __str__(self):
            raise NotImplementedError
```

下面简单地看一看在基类 BaseModel 中都定义了什么。

- 定义了两个类属性：created_time 和 last_modified，且都是 DateTimeField 类型，继承自 BaseModel 的类自动拥有这两个属性。
- 两个类属性用到了三个 Field 参数，其中 auto_now_add 用于将首次创建对象时间设置为当前时间；auto_now 用于将每次保存对象时间设置为当前时间；help_text 是解释性的帮助文本。
- 定义了抽象方法__str__，继承自 BaseModel 的类必须实现这个方法，它的作用是能够优化打印（print）Model 实例的样式。
- 内部类 Meta 的 abstract 声明了这是一个抽象类，不能实例化，表现为 BaseModel 不会创建数据表；ordering 字段声明了排序规则，created_time 代表按照创建时间正序排序，前面的负号标识按照创建时间逆序排序。

BaseModel 中定义了两个 DateTimeField 类型的时间相关字段，Django 会根据不同的数据存储后端选择对应的数据库字段类型，以当前项目使用 MySQL 为例，DateTimeField 类型会映射为 datetime 类型。Django 将这种映射关系定义在 DatabaseWrapper 的_data_types 属性字典中，对于 MySQL 后端，其定义于 django/db/backends/mysql/base.py 文件中。

由于 BaseModel 直接继承自 django.db.models.Model，所以，Topic 和 Comment 可以继承自 BaseModel，从而实现间接继承：

```
    from django.contrib.auth.models import User
    class Topic(BaseModel):
        """
        BBS 论坛发布的话题
        """
        title = models.CharField(max_length=255, unique=True, help_text='话题标题')
        content = models.TextField(help_text=u'话题内容')
        is_online = models.BooleanField(default=True, help_text=u'话题是否在线')
        user = models.ForeignKey(to=User, to_field='id', on_delete=models.CASCADE,
help_text=u'关联用户表')
        def __str__(self):
            return '%d: %s' % (self.id, self.title[0:20])
```

Topic 中除了基本类型的字段定义之外，还包含了一个外键（ForeignKey）引用的 user 字段，它是 Django 内置的应用 django.contrib.auth 中定义的 Model，之前创建的超级用户也是直接使用的这个类型。

```
    class Comment(BaseModel):
        """
        BBS 话题评论
        """
        content = models.CharField(max_length=255, help_text='话题评论')
        topic = models.ForeignKey(to=Topic, to_field='id', on_delete=models.CASCADE,
help_text=u'关联话题表')
        up = models.IntegerField(default=0, help_text=u'支持')
        down = models.IntegerField(default=0, help_text=u'反对')
        def __str__(self):
            return '%d: %s' % (self.id, self.content[0:20])
```

Comment 与 Topic 类似，除了基本类型字段定义，也包含了一个外键引用，它引用的是 Topic 类型，即每一个 Comment 对象都会与一个 Topic 对象对应起来。

可以看到，Topic 和 Comment 都实现了 __str__ 方法，且函数的返回值也很类似，都打印了 id 和标识内容的字段。id 字段是在 Model 定义中没有主动指定主键的情况下，Django 自动加上去的。

4.1.2　post 应用完成数据库迁移

编写完成了 post 应用的 Models 定义，为了实现对这些 Models 对象的操作，需要使用 manage.py 提供的数据库迁移工具将 Models 对象映射为数据库中的表。

在执行迁移命令之前，需要把 post 应用加载到 my_bbs 项目中，在 INSTALLED_APPS 的第一行加入 post.apps.PostConfig：

```
INSTALLED_APPS = [
    'post.apps.PostConfig',
    'django.contrib.admin',
    'django.contrib.auth',
    'django.contrib.contenttypes',
    'django.contrib.sessions',
    'django.contrib.messages',
    'django.contrib.staticfiles',
]
```

之后，对 post 应用执行 makemigrations 命令，在 post/migrations 包下面生成迁移文件：

```
python manage.py makemigrations post
```

执行 makemigrations 命令后控制台输出如图 4-1 所示。

```
(bbs_python37) ➜ my_bbs python manage.py makemigrations post
Migrations for 'post':
  post/migrations/0001_initial.py
    - Create model Comment
    - Create model Topic
    - Add field topic to comment
```

图 4-1　post 应用生成迁移文件

迁移文件也是 Python 文件，可以利用 manage.py 提供的 sqlmigrate 命令打印迁移文件执行的 SQL 语句：

```
python manage.py sqlmigrate post 0001
```

sqlmigrate 命令后面跟随应用名称和迁移文件的名称，执行后在控制台打印 SQL 语句，如图 4-2 所示（为方便阅读，做了格式化处理）。

```
BEGIN;

CREATE TABLE `post_comment` (
    ` id ` integer AUTO_INCREMENT NOT NULLPRIMARY KEY ,
    ` created_time ` datetime (
      6
    ) NOT NULL,
    ` last_modified ` datetime (6) NOT NULL,
    ` content ` varchar (255) NOT NULL,
    ` up ` integer NOT NULL,
    ` down ` integer NOT NULL
  );

CREATE TABLE `post_topic` (
    ` id ` integer AUTO_INCREMENT NOT NULLPRIMARY KEY ,
    ` created_time ` datetime (
      6
    ) NOT NULL,
    ` last_modified ` datetime (6) NOT NULL,
    ` title ` varchar (255) NOT NULL UNIQUE ,
    ` content ` longtext NOT NULL,
    ` is_online ` bool NOT NULL,
    ` user_id ` integer NOT NULL
  );

ALTER TABLE `post_comment` ADD COLUMN `topic_id` integer NOT NULL;

ALTER TABLE `post_topic` ADD CONSTRAINT `post_topic_user_id_3a6c623a_fk_auth_user_id` FOREIGN KEY (`user_id`) REFERENCES `auth_user` (
    `id`
  );

ALTER TABLE `post_comment` ADD CONSTRAINT `post_comment_topic_id_de2ae665_fk_post_topic_id` FOREIGN KEY (`topic_id`) REFERENCES `post_topic` (
    `id`
  );

COMMIT;
```

图 4-2　sqlmigrate 命令打印迁移文件的 SQL 语句

sqlmigrate 命令并不会实现数据库迁移，它只是将 Django 会执行的迁移 SQL 输出到控制台，以便让用户能够知道 Django 会怎么做，并从中发现可能的问题。当然，manage.py 提供了更为简单的命令帮助用户检查项目中的问题，可以在 manage.py 所在的目录下执行：

```
python manage.py check
```

如果没有问题，会看到控制台上打印输出：System check identified no issues (0 silenced)。同样，check 命令也不会影响数据库。

查看了 SQL 语句，也验证了项目的正确性，接下来就可以执行 migrate 命令将 Models 映射为数据库的表了：

```
python manage.py migrate
```

命令输出如图 4-3 所示。

```
(bbs_python37) ➜ my_bbs python manage.py migrate
Operations to perform:
  Apply all migrations: admin, auth, contenttypes, post, sessions
Running migrations:
  Applying post.0001_initial... OK
```

图 4-3　migrate 命令执行输出

可以看到，migrate 命令应用了迁移文件 post.0001_initial，在 django_bbs 数据库中创建了两张表：post_topic 和 post_comment。

登录到数据库中，查看两张表的结构如图 4-4 和图 4-5 所示。

```
mysql> desc post_topic;
+---------------+--------------+------+-----+---------+----------------+
| Field         | Type         | Null | Key | Default | Extra          |
+---------------+--------------+------+-----+---------+----------------+
| id            | int(11)      | NO   | PRI | NULL    | auto_increment |
| created_time  | datetime(6)  | NO   |     | NULL    |                |
| last_modified | datetime(6)  | NO   |     | NULL    |                |
| title         | varchar(255) | NO   | UNI | NULL    |                |
| content       | longtext     | NO   |     | NULL    |                |
| is_online     | tinyint(1)   | NO   |     | NULL    |                |
| user_id       | int(11)      | NO   | MUL | NULL    |                |
+---------------+--------------+------+-----+---------+----------------+
```

图 4-4　post_topic 表结构

```
mysql> desc post_comment;
+---------------+--------------+------+-----+---------+----------------+
| Field         | Type         | Null | Key | Default | Extra          |
+---------------+--------------+------+-----+---------+----------------+
| id            | int(11)      | NO   | PRI | NULL    | auto_increment |
| created_time  | datetime(6)  | NO   |     | NULL    |                |
| last_modified | datetime(6)  | NO   |     | NULL    |                |
| content       | varchar(255) | NO   |     | NULL    |                |
| up            | int(11)      | NO   |     | NULL    |                |
| down          | int(11)      | NO   |     | NULL    |                |
| topic_id      | int(11)      | NO   | MUL | NULL    |                |
+---------------+--------------+------+-----+---------+----------------+
```

图 4-5　post_comment 表结构

由于在 Topic 和 Comment 中都没有显示指定表名，所以，应用 Django 的规则，将表名定义为：应用名_小写类名。

4.2　Model 相关的概念与使用方法

Model 是 Django ORM 的核心，它有许多特性（如继承模型、元数据），同时也要遵守一些规则，例如字段类型必须是 Field 类型。上一节中通过两张表的定义已经介绍了 Model 的部分概念与使用方法，本节将对 Model 进行详细地描述。

4.2.1 Model 的组成部分

每个 Model 都是一个 Python 类，且通常会包含四个部分：继承自 django.db.models.Model、Model 元数据声明（Meta 内部类）、若干个 Field 类型的字段以及__str__方法。

1. django.db.models.Model

通过类之间的继承，Django 主要对自定义的 Model 添加了两个属性。

（1）id：Django 规定，每一个 Model 必须有且仅有一个 Field 字段的 primary_key 属性设置为 True，即必须要有主键。通常，在自定义 Model 的时候，不需要关注主键字段，基类会自动添加一个 auto-incrementing id 作为主键。

（2）objects：它是 Manager（django.db.models.Manager）类的实例，被称为查询管理器，是数据库查询的入口。每个 Django Model 都至少有一个 Manager 实例，可以通过自定义创建 Manager 以实现对数据库的定制访问，但通常是没有必要的，后面的内容会看到默认 Manager 的强大功能。

2. Meta 内部类声明元数据

Meta 是一个类容器，Django 会将容器中的元数据选项定义附加到 Model 中。常见的元数据定义有：数据表名称、是否是抽象类、权限定义、索引定义等。Meta 定义的元数据相当于 Model 的配置信息，可以直接在 shell 环境中打印出来，例如，对于 Topic 的定义，可以使用如下方法查看（为方便阅读，对结果进行了格式化）：

```
>>> from post.models import Topic
>>> Topic.Meta
<class 'post.models.BaseModel.Meta'>
>>> Topic.Meta.__dict__
{
    '__module__': 'post.models',
    'abstract': False,
    'ordering': ['-created_time'],
    '__dict__': <attribute '__dict__' of 'Meta' objects>,
    '__weakref__': <attribute '__weakref__' of 'Meta' objects>,
    '__doc__': None
}
```

Meta 内部类是可选的，用户的 Model 如果没有需要完全可以不定义 Meta，Django 会自动应用默认的元数据到 Model 上。

3. 定义数据表项的 Field 实例

Model 中的每个字段都是 Field（django.db.models.fields.Field）类型的实例，Django 会根据 Field 的实际类型确定以下几个信息。

（1）数据库中的列类型，如 CharField 对应 MySQL 中的 varchar。

（2）渲染表单时使用的默认 HTML 部件。

（3）管理后台与自动生成的表单中的数据验证。

每个 Field 类型都定义了一些参数，这些参数大都会直接反映到数据表的 Schema 中，例如：unique 设置为 True 反映这一列数据在表中是唯一的；primary_key 设置为 True 会将这一列设置为表的主键等。需要注意的是，存在部分参数是通用的，即可以用在任何一种 Field 类型中。

4. __str__方法

__str__方法是 Python 中的“魔术”方法，它是为 print 这样的打印函数设计的。如果没有这个方法定义，打印对象会显示对象的内存地址，但是，这样的显示方式不够友好，且不利于调试。Python 的这个特性同样对 Django 的 Model 实例生效，例如针对 Topic 的实例直接打印的话，会显示 id 和 title 的前 20 个字符。不仅如此，将来管理后台也可以看到__str__方法发挥的作用，它会将函数的返回值作为对象的显示值。

4.2.2 Meta 元数据类属性说明

Meta 类用于定义 Model 的元数据，即不属于 Model 的字段，但是可以用来标识它的一些属性。在 BaseModel 的定义中已经介绍了内部类 Meta 的使用方法，下面列举一些重要的元选项说明它们的含义以及使用方法。

（1）abstract

一个布尔类型的变量，如果设置为 True，则标识当前的 Model 是抽象基类，这个元选项不具有传递性，只对当前声明的类有效。例如，对于之前定义的 BaseModel，用 abstract 声明为抽象基类，但是子类 Topic 和 Comment 不受影响。

（2）proxy

默认值是 False，如果设置为 True，则表示为基类的代理模型。

（3）db_table

这个字段用于指定数据表的名称。通常，如果没有特别的需要，默认会使用 Django 的表名生成规则，例如 Topic 会映射到 post_topic 表。如果想让 Topic 映射到 topic 表，定义 db_table = 'topic' 即可。

db_table 元选项对抽象基类是无效的，也不应该在抽象基类中去声明它。因为抽象基类可以被多个子类继承，如果数据表名也可以继承，那么，在数据库创建表的时候就会抛出错误。

（4）ordering

用于指定获取对象列表时的排序规则，它是一个字符串的列表或元组对象，其中的每一个字符串都是 Model 中定义的字段名，字符串前面可以加上“-”代表逆序，默认按照正序排序。

按照 created_time 正序排序，可以定义：

```
ordering = ['created_time']
```

按照 created_time 逆序排序，可以定义：

```
ordering = ['-created_time']
```

先按照 created_time 正序排序，再按照 last_modified 逆序排序，可以定义：

```
ordering = ['created_time', '-last_modified']
```

排序对于数据库查询是有代价的，所以，只有当所有的查询都需要按照特定的规则排序时才需要设定这个元选项，否则，可以在特定的查询中指定排序规则，不要做统一的定义。

（5）managed

它是一个布尔类型的变量，默认为 True，代表 Django 会管理数据表的生命周期，即利用 Django 提供的工具可以完成创建和删除数据表。如果设置为 False，唯一的不同之处就是 Django 不会管理这些 Model 所对应的数据表。这个元选项通常不需要考虑，除非用户在执行 migrate 命令之前已经在数据库中创建了数据表。此时就需要把它设置为 False，由用户自己去做管理，但这样的声明需要注意以下问题。

① 如果 Model 中没有声明主键，那么即使将 managed 设置为 False 的情况下，Django 仍然会自动添加一个名称为 id 的自增主键。由于已经设置为自己去管理数据表了，所以，最好是手动指定数据表中的所有数据列，避免造成混乱。

② 如果 Model 中包含 ManyToManyField 类型的字段，且指向的 Model 也是自管理的（managed = False），那么，Django 不会给这种关系创建中间表，需要主动创建中间表，并使用 ManyToManyField.through 指定关联关系。

（6）indexes

它是一个列表类型的元选项，用来定义 Model 的索引，列表中的每一个元素都是 Index（django.db.models.indexes.Index）类型的实例。

Index 的类定义如下：

```
class Index(fields=[], name=None, db_tablespace=None)
```

fields：一个列表对象，用于指定索引的字段，是必填项，且至少包含一个字段。

name：用于标识索引的名称，是可选的，如果不提供，Django 会根据不同的数据库生成合适的索引名。

db_tablespace：表空间，也是可选的，常见于 PostgreSQL、Oracle 数据库，用于优化数据库性能。MySQL 数据库是不支持表空间的，Django 也不会主动创建表空间，如果设置了这个字段，但是存储后端并不支持，则 Django 会自动忽略这个选项。

Topic 使用 indexes 元选项的一个简单的示例：

```
from django.db import models
indexes = [
    models.Index(fields=['title']),
    models.Index(fields=['title', 'is_online'], name='title_is_online_idx')
]
```

（7）unique_together

这是一个很常见的元组类型元选项，包含多个元组对象，标识联合唯一约束，在数据库层面表现为联合唯一索引。它的优点是将对数据取值的限制抽离出业务逻辑，放在了框架和数据库层面去处理，使整体的逻辑显得更为清晰。

Topic 使用 unique_together 元选项的简单示例：

```
unique_together = (('title', 'is_online'), ('title', 'content'))
```

特别地，如果 unique_together 只包含一个元素，可以直接写成：

```
unique_together = ('title', 'is_online')
```

需要注意的是，ManyToManyField 类型的字段不能包含在 unique_together 中。

（8）verbose_name 和 verbose_name_plural

这两个元选项用于给 Model 类起一个方便阅读的名称，主要用在管理后台上的展示，其中 verbose_name_plural 是模型类的复数名。如果不设置的话，Django 会使用小写的模型名作为默认值，且会将驼峰式的名称拆分为独立的单词，复数会参照 verbose_name 加上字母 s。

（9）default_permissions

Django 默认会给每一个定义的 Model 设置三个权限（权限是用户的一种属性，用户拥有这种属性，就具备了一些能力，关于权限后面会有详细的讲解分析，这里只需要知道这个概念）：('add', 'change', 'delete')。如果不需要这些默认的权限，或者只需要其中的一部分，可以根据自己的需要重新定义这个元选项。

（10）permissions

除了 Django 默认给 Model 添加的三个权限之外，还可以通过这个元选项给 Model 添加额外的权限。permissions 是一个包含二元组的元组或者列表，元素的格式为：(权限代码，权限名称)。

如果想给 Topic 添加阅读和评论的权限，可以这样写：

```
    permissions = (
        ("can_read_topic", "可以阅读话题"),
        ("can_discuss_topic", "可以评论话题")
    )
```

4.2.3 Field 的通用字段选项

Model 中添加的字段都是 Field 类型的实例，且在 Topic 和 Comment 中已经看到过如 default、unique 等字段选项。不同的 Field 类型可能会支持不同的字段选项，但是，还是有很多字段选项是通用的，即可以用在任何一种 Field 类型中。这里介绍一些常用且重要的通用字段选项，它们都有对应的默认值，这些字段选项都是可选的，理解这些有助于更好地使用它们。

（1）blank

默认值是 False，它是数据验证相关的字段，主要体现在管理后台录入数据的校验规则。对于任何一个属性，默认是不允许输入空值的，如果允许这种情况发生，需要设置 blank = True。

（2）unique

默认值是 False，它是一个数据库级别的选项，规定该字段在表中必须是唯一的，但是对 ManyToManyField 和 OneToOneField 关系类型是不起作用的。

需要注意的是，数据库层面对待唯一性约束会创建唯一性索引，所以，如果一个字段设置了 unique = True，就不需要对这个字段加上索引选项了。

（3）null

默认值是 False，它是一个针对数据库的选项，影响表字段属性，规定这个字段的数据是否可以是空值。如果将其设置为 True，则 Django 会在数据库中将空值存储为 NULL。

对于 CharField 和 TextField 这样的字符串类型，null 字段应该总是设置为 False，如果设置为 True，对于“空数据”就会有两种概念：空字符串和 NULL。有一个例外，是当 CharField 同时设置了 unique = True 和 blank = True，那也需要设置 null = True，这是为了防止在保存多个空白值时违反唯一性约束。

（4）db_index

默认值是 False，如果设置为 True，Django 则会为该字段创建数据库索引。如果该字段经常作为查询的条件，那么就需要考虑设置 db_index 选项，以加快数据的检索速度。

（5）db_column

这个选项用于设置数据库表字段的名称。如果没有指定这个选项，Django 会直接使用 Model 中字段的名称。

需要注意的是，如果 db_column 设置的是数据库的保留字（如 MySQL 中的 all）或者是包含了 Python 不能接受的变量名（如 a-b），那么，Django 会给数据列的名字加上引号。建议用户在设置列名之前，最好先查看自己所使用的数据库后端，不要与保留字发生冲突。

（6）default

用于给字段设置默认值。该选项可以设置为一个值或者是可调用对象，但是不能是可变对象，例如 Model 实例、列表、集合对象等。

针对 Topic 中的 is_online 字段，设置默认值对象可以是：

```
is_online = models.BooleanField(default=True)
```

针对 title 字段，设置可调用对象可以是：

```
def default_title():
    return 'default title'
title = models.CharField(max_length=255, unique=True, default=default_title)
```

同时，在使用 default 的时候，需要注意以下几点。

① lambda 表达式不可以作为 default 的参数值，因为它不能被 migrations 命令序列化。

② 对于 ForeignKey 这样的字段，默认值设置的应该是主键而不应该是 Model 对象实例。

（7）primary_key

默认值是 False，如果某个字段设置该选项为 True，则它会成为 Model 的主键字段，且不允许其他的字段再次将该选项设置为 True。Model 定义中如果没有设置该选项，那么 Django 会自动添加一个名称为 id 的 AutoField 类型的字段。通常情况下，Django 的这种默认行为能够满足大部分的场景。

同时，对于 primary_key，需要注意它的两个特性。

① 在数据库层面，primary_key = True 就意味着对应的字段唯一且不能是 NULL。

② 主键字段是只读的，所以，如果用户修改了主键字段的值，并执行了保存动作，结果是创建了一条新的数据记录。

（8）choices

这个选项用于给字段设置可以选择的值。它是一个可迭代的对象，即列表或者元组，其中每一个元素都是一个二元组：（A，B）。A 是用来选择的对象，即作为字段值使用；B 是对 A 的描述信息。

设置了 choices 的字段在管理后台的显示上会由文本框变成选择框，选择框中的可选值就是 choices 中的元组。

Django 建议将 choices 定义在 Model 的内部，使代码整体看起来更加规整。例如，要定义一个 People 模型，它有一个 gender 字段用来标识性别，那么，People 的定义可以是这样：

```
class People(models.Model):
        MALE = 'm'
        FEMALE = 'f'
        GENDER_CHOICES = (
           (MALE, '男性'),
           (FEMALE, '女性')
        )
        gender = models.CharField(max_length=1, choices=GENDER_CHOICES, default=MALE)
```

如果一个字段的可选值是可以枚举出来的，那么 choices 选项是个不错的选择。但是，需要注意的是，Django 并不会把这一列设置为数据库中的枚举类型，它还是会遵循 Field 类型对应的数据表字段类型。例如，gender 虽然设置了 choices 选项，但它在数据表中的类型仍然是 varchar。

（9）help_text

这个选项用于在表单中显示字段的提示信息。例如在管理后台的编辑页面，对应在字段输入框的下方会显示该选项设定的值。由于表单通常提供给非技术人员，完善的提示信息将更加方便校验和录入字段数据，所以，对字段添加解释信息是很有必要的。

（10）verbose_name

这个选项用于给字段设置可读性更高的名称，通常也是用在表单的展示上。如果没有设置这个字段，Django 将会直接展示字段名，且首字母大写。如果字段中存在下画线，Django 会将它转换为空格。

这个选项要与 help_text 区分开来，verbose_name 可以认为是字段的别名，而 help_text 可以认为是对字段的描述。

4.2.4 基础字段类型

Django 内置的字段类型，按照是否与其他的 Model 存在关联可以划分为两类：基础字段类型和关系字段类型。关系字段类型只有三个，基础字段类型较多，又可以细分为：字符串、数字、时间和二进制。下面会介绍一些常用的基础字段类型，简单地看一看它们的使用场景与选项设置。

1. django.db.models.Field

Field 是所有字段类型的基类，不管是 Django 内置的字段类型还是自定义的字段类型都需要继承自它。通常对于 Field，只需要关注三个方面：映射到数据表的列类型（db_type）、将 Python 对象映射到数据库（get_prep_value）、从数据库返回 Python 对象（from_db_value）。

（1）db_type(connection)

它会根据所配置的数据库后端返回 Field 对应的数据库列类型。所以，如果对这个方法重载，那么应该需要考虑不同的数据库后端列类型兼容的问题。

db_type 方法只会在 Django 为 Model 生成创建表语句的时候调用一次，其他任何时候都不会被使用。所以，即使这个方法的实现较为复杂，也不会影响系统性能。

（2）get_prep_value(value)

参数 value 是 Model 属性的当前值，通过该方法对 value 的操作，最终返回用作数据库查询的参数。注意，Model 对象保存到数据库中的时候，也会将该方法的返回值作为该列数据保存。

（3）from_db_value(value, expression, connection)。

与 get_prep_value 的作用正好相反，它会将从数据库中返回的数据转换为 Python 对象。

因为数据库后端能够返回正确的 Python 类型，所以这个方法在大多数内置的字段中都没有用到。

2. 常用的基础字段类型

（1）IntegerField

整型字段，取值为-2147483648～2147483647，如果需要使用数字类型，且字段的取值范围符合要求，可以考虑使用该类型，例如 Comment 中的 up 和 down。

Django 还提供了 SmallIntegerField（小整数）、BigIntegerField（64 位整数）和 PositiveIntegerField（只允许存储大于等于 0 的整数）等字段类型用来满足存储整数的不同业务场景。

（2）AutoField

一个根据 ID 自增的 IntegerField。如果 Model 中没有定义主键，那么，Django 会自动添加一个名称为 id 的该类型字段作为主键。

如果觉得 AutoField 的取值范围不够用，可以考虑使用 BigAutoField，它继承自 AutoField，但是它使用的是 8 个字节的存储空间。

（3）CharField

字符字段，是最常用的字段类型。它有一个必填的参数 max_length，且取值只能是大于 0 的整数，将会在数据库中和表单验证的时候用到。

（4）TextField

与 CharField 类似，也是用于存储字符类型的字段，但是它用于存储大文本。在字符型字段的选择上，如果需要限制它的最大长度，例如 Topic 的 title（标题），那么就选择 CharField 类型；反之，就选择 TextField，例如 Topic 的 content（内容）。

（5）BooleanField

布尔类型，在某个字段的取值只能是 True 或 False 的情况下选择使用该字段类型，例如 Topic 中的 is_online。

（6）DateField 和 DateTimeField

这两个字段类型是用来标识时间的，几乎在任何一个 Model 定义中都能看到会至少引用它们其中的一个。其中 Date 是日期，以 Python 中的 datetime.date 实例表示；DateTime 是日期时间，以 Python 中的 datetime.datetime 实例表示。

它们都有两个特殊的参数选项可以设置。

① auto_now：这个选项应用在对象保存的时候，会自动设置为当前时间。

② auto_now_add：当首次创建对象的时候，会自动将字段设置为当前时间。

注意，auto_now 和 auto_now_add 与 default 是互斥的，不应该将它们组合在一起使用。

（7）EmailField

它继承自 CharField，也用来存储字符串类型的数据。但是，就像它的名字一样，它是专门用来存储电子邮件地址的。其内部使用 EmailValidator 验证器对输入的字符串进行校验。一个经典的例子是 Django 用户系统的 User 定义，其中 email 字段使用的就是 EmailField 类型。

3. 自定义一个字段类型

Django 提供了数十种基础字段类型，除了之前介绍的几种常见的类型之外，还有 GenericIPAddressField 用于存储 IP 地址、URLField 用于存储 URL、FloatField 用于存储浮点数的字段类型等。

如果觉得这些都不能满足业务场景的需求，也可以选择自定义一个字段类型。通常，自定义的类型不需要继承自 Field，因为这样会比较麻烦，而是可以选择继承自 Django 内置的基础字段类型。

考虑这样一种场景：对于用户发表的每一个 Topic，在把数据存储到 title 的时候，可以在 title 的前面加上一个签名（sign）。这需要自定义一个 SignField，可以直接继承自 CharField，并重写 get_prep_value(value)方法，它的实现可以是这样的：

```
from django.db import models
class SignField(models.CharField):
    """
    签名 Field
    """
    def __init__(self, *args, **kwargs):
        super().__init__(*args, **kwargs)
    def get_prep_value(self, value):
        return "<my_bbs> %s" % value
```

title 的定义也需要修改为：

```
title = SignField(max_length=255, unique=True, help_text='话题标题')
```

这样，在每次创建或修改 Topic 时，保存到数据库的 title 字段的前面就会有 <my_bbs> 签名了。

4.2.5　三种关系字段类型

Django 定义了三种关系类型用来描述数据库表的关联关系：多对一（ForeignKey）、一对一（OneToOneField）以及多对多（ManyToManyField）。

1. 多对一关系类型

这种类型在数据库中的体现是外键关联关系，它可以和其他的 Model 建立关联，同时可以和自己建立关联，用来描述多对一的关系。例如 Topic 和 Comment 的关系：一个 Topic 可以有多个 Comment，但是一个 Comment 只能对应一个 Topic。在数据库中的字段命名上，Django 会将字段的名称添加“_id”作为列名，可以看到 Comment 表中 topic_id 一列。

ForeignKey 的定义如下：

```
class django.db.models.ForeignKey(to, on_delete, **options)
```

它有两个必填的参数。

to：指定所关联的 Model，它的取值可以是直接引用其他的 Model，也可以是 Model 对应的字符串名称。如果要创建递归的关联关系，即 Model 自身存在多对一的关系，可以设置为字符串 self。

on_delete：当删除关联表的数据时，Django 将根据这个参数设定的值确定应该执行什么样的 SQL 约束。在 django.db.models 中定义了 on_delete 的可选值如下。

CASCADE：级联删除，它是大部分 ForeignKey 的定义应该选择的约束。它的表现是删除了"一"，则"多"会被自动删除。以 Topic 和 Comment 的关系举例：如果删除了 Topic，那么所有与该 Topic 关联的 Comment 都会被删除。

PROTECT：删除被引用对象时，将会抛出 ProtectedError 异常。以 Topic 和 Comment 的关系举例：当一个 Topic 对象被一个或多个 Comment 对象关联时，删除这个 Topic 就会触发异常。当然，如果一个 Topic 还没有被 Comment 关联，是可以被删除的。

SET_NULL：设置删除对象所关联的外键字段为 null，但前提是设置了选项 null 为 True，否则会抛出异常。以 Topic 和 Comment 的关系举例：删除了 Topic，与之相关联的 Comment 的 topic 字段会被设置为 null。

SET_DEFAULT：将外键字段设置为默认值，但前提是设置了 default 选项，且指向的对象是存在的。以 Topic 和 Comment 的关系举例：id 是 1 的 Topic 有 2 个 Comment 关联，且 Comment 的外键字段设置了 default = 2，那么，删除了 id 是 1 的 Topic 之后，与之关联的 Comment 的外键字段就会被置为 2 了。

SET(value)：删除被引用对象时，设置外键字段为 value。value 如果是一个可调用对象，那么就会被设置为调用后的结果。以 Topic 和 Comment 的关系举例：Comment 的外键字段设置了 on_delete=models.SET(1)，删除 id 是 2 的 Topic，与之相关联的 Comment 的外键字段就会被设置为 1。

DO_NOTHING：不做任何处理。但是，由于数据表之间存在引用关系，删除关联数据，会造成数据库抛出异常。

除了必填的参数之外，ForeignKey 还有一些常用的可选参数需要关注。

to_field：关联对象的字段名称。默认情况下，Django 使用关联对象的主键（大部分情况下是 id），如果需要修改成其他字段，可以设置这个参数。但是，需要注意，能够关联的字段必须有 unique = True 的约束。

db_constraint：默认值是 True，它会在数据库中创建外键约束，维护数据完整性。通常情况下，这符合大部分场景的需求。但是，如果数据库中存在一些历史遗留的无效数据，则可以将其设置为 False，这时就需要自己去维护关联关系的正确性了。

related_name：这个字段设置的值用于反向查询，默认不需要设置，Django 会设置其为"小写模型名_set"。如果不想创建反向关联关系，可以将它设置为"+"或者以"+"结尾。

related_query_name：这个名称用于反向过滤。如果设置了 related_name，那么将用它作为默认值，否则 Django 会把模型的名称作为默认值。

2. 一对一关系类型

OneToOneField 继承自 ForeignKey，在概念上，它类似 unique = True 的 ForeignKey。它与 ForeignKey 最显著的差别体现在反向查询上：ForeignKey 反向查询返回的是一个对象实例列表，而 OneToOneField 反向查询返回的是一个对象实例。

OneToOneField 的定义如下：

```
class django.db.models.OneToOneField(to, on_delete, parent_link=False, **options)
```

根据定义可以看出，它与 ForeignKey 的参数几乎是一样的，只是多了一个可选参数 parent_link：当其设置为 True 并在继承自另一个非抽象的 Model 中使用时，那么该字段就会变成指向父类实例的应用，而不是用于扩展父类并继承父类的属性。

通常一对一关系类型用在对已有 Model 的扩展上。例如通过对内置的 User 进行扩展，添加类似爱好、签名等字段时，就可以新建一个 Model，并定义一个字段与 User 进行一对一的关联。具体实现如下：

```
from django.db import models
from django.contrib.auth.models import User
class CustomUser(models.Model):
    user = models.OneToOneField(to=User, on_delete=models.CASCADE)
    sign = models.CharField(max_length=255, help_text='用户签名')
```

3. 多对多关系类型

多对多关系也是比较常见的，例如一个作者（Author）可以写很多本书（Book），一本书也可以由多个作者共同完成，那么，Author 与 Book 之间就是多对多的关系。

Django 通过中间表来维护 Model 与 Model 之间的多对多关系。这个中间表可以是自己提供的，也可以直接使用 Django 默认生成的。

ManyToManyField 的定义如下：

```
class django.db.models.ManyToManyField(to, **options)
```

它有一个必填的参数 to，与 ForeignKey 和 OneToOneField 在概念上是一致的，都是用来指定与当前的 Model 关联的 Model。

另外，ManyToManyField 还有一些重要的可选参数需要关注。

related_name：与 ForeignKey 中的 related_name 作用相同，都是用于反向查询。

db_table：用于指定中间表的名称。如果没有提供，Django 会使用多对多字段的名称和包含这张表的 Model 的名称组合起来构成中间表的名称（仍然会有 App 的前缀）。

through：用于指定中间表。这个参数通常不需要设置，因为 Django 会默认生成隐式的 through Model。由于 Django 有自己的中间表生成策略，因此如果用户想自己去控制表之间的关联关系或者增加一些额外的信息，就可能会使用这个参数，例如，在关联表中增加描述性字段。

针对 Author 与 Book 之间的多对多关系，可以这样定义：

```
from django.db import models

class Book(models.Model):
    title = models.CharField(max_length=64, help_text='书名')

class Author(models.Model):
    name = models.CharField(max_length=32, help_text='作者姓名')
    books = models.ManyToManyField(to=Book)
```

将 Model 定义写到 post 应用中，执行数据库迁移命令之后再执行 sqlmigrate 命令，可以看到图 4-6 所示 Django 生成的 SQL 语句。

根据生成的 SQL 语句，可以看到 Django 在创建多对多关系时做了这样一些工作。

（1）post_author 表中只有两个字段：id 和 name，并没有体现与 post_book 的关联关系。

（2）除了根据定义创建的 post_book 表和 post_author 表，还会隐式创建 post_author_books 表（注意 Django 默认的命名规范），即维护关联关系的中间表。表中只有三个字段：主键 id，与 post_author 表关联的 author_id，与 post_book 表关联的 book_id。同时，可以看到为两个关联 id 创建了外键约束。

（3）为 post_author_books 表创建唯一性约束：author_id 和 book_id 的组合。

通常创建多对多的关联类型有三种方式，最简单的方式就是 Author 与 Book 的例子，让 Django 去管理这种关系。如果这种方式不能满足业务场景，可以考虑以下方式。

- 自行创建中间表，但是在 Model 的定义中不体现多对多的关联关系，利用代码去维护 Model 与 Model 之间的关系，即 Author 中不出现 books 字段的定义。

```
BEGIN;

CREATE TABLE `post_author` (
    ` id ` integer AUTO_INCREMENT NOT NULLPRIMARY KEY ,
    ` name ` varchar (
      32
    ) NOT NULL
  );

CREATE TABLE `post_book` (
    ` id ` integer AUTO_INCREMENT NOT NULLPRIMARY KEY ,
    ` title ` varchar (
      64
    ) NOT NULL
  );

CREATE TABLE `post_author_books` (
    ` id ` integer AUTO_INCREMENT NOT NULLPRIMARY KEY ,
    ` author_id ` integer NOT NULL,
    ` book_id ` integer NOT NULL
  );
ALTER TABLE `post_author_books` ADD CONSTRAINT `post_author_books_author_id` FOREIGN KEY (`author_id`) REFERENCES `post_author` (
    `id`
  );

ALTER TABLE `post_author_books` ADD CONSTRAINT `post_author_books_book_id` FOREIGN KEY (`book_id`) REFERENCES `post_book` (
    `id`
  );

ALTER TABLE `post_author_books` ADD CONSTRAINT post_author_books_author_id_book_id_uniq UNIQUE (`author_id`, `book_id`);

COMMIT;
```

图 4-6　多对多关系表生成 SQL 语句

- 自行创建中间表，并设置 Author 中的 books 字段的 through 参数，指向这张中间表。

4.2.6　Model 的继承模型

Django Model 的继承与 Python 类的继承是一样的，只是 Django 要求所有自定义的 Model 都必须继承自 django.db.models.Model。在 Django 中 Model 之间有三种继承模型，它们分别是抽象基类、多表继承和代理模型，本节就来看一看这些继承模型。

1. 抽象基类

抽象 Model 专门设计为被其他的子类继承，它将子 Model 中通用的元素聚合到一起，以便子 Model 不用多次重复定义这些通用的部分，且对于修改也只需要操作基类，节省了很多工作量。

像 BaseModel 一样，定义 Meta 内部类，并将 abstract 设置为 True，就把当前的 Model 定义为抽象基类了。这类 Model 不能被实例化，Django 不会为它创建数据表，相应地，也就没有查询管理器。

关于 Model 的元数据继承关系，遵循以下几个规则。

（1）抽象基类中定义的元数据，子类中没有定义，子类会继承基类中的元数据。

（2）抽象基类中定义的元数据，子类也定义了，子类优先级更高。

（3）子类可以定义自己的元数据，即不出现在抽象基类中的元数据。

在定义抽象基类时，需要注意，如果定义了 ForeignKey 或 ManyToManyField 类型的字段，并且设置了 related_name 或者 related_query_name 参数，由于继承关系，子类也会拥有同样的字段，所以，就需要想办法让子类中的反向名称和查询名称是唯一的。

Django 提供了特殊的语法解决这个问题。

'%(class)s'：会替换为子类的小写名称。

'%(app_label)s'：会替换为子类所属 App 的小写名称。

由于 Django 中每个 App 的名称都应该是不同的，且每个 App 中所有 Model 的名称都应该是不同的，所以，组合在一起的名称就一定是唯一的。

假如，BaseModel 中存在一个 ManyToManyField 类型的字段 m2m，引用 OtherModel，定义为：

```
from django.db import models
class BaseModel(models.Model):
    """
```

```
        post 应用中 Model 的基类
        """
        class Meta:
            abstract = True

        m2m = models.ManyToManyField(
            OtherModel,
            related_name="%(app_label)s_%(class)s_related",
            related_query_name="%(app_label)s_%(class)ss",
       )
```

那么，对于子类 Topic 和 Comment 来说：

Topic.m2m 字段的 related_name 是 post_topic_related，related_query_name 是 post_topics；

Comment.m2m 字段的 related_name 是 post_comment_related，related_query_name 是 post_comments。

如果在抽象基类中定义了与其他 Model 存在关联关系的字段，也可以不去设置 related_name 或 related_query_name 参数，使用 Django 默认生成的名称，且保证子类中不要定义这个默认名称的同名字段。

2. 多表继承

这种继承方式的效果是父 Model 和子 Model 都会有数据库表，且 Django 会自动给子 Model 添加一个 OneToOneField 类型的字段指向父 Model，而这个字段会成为子 Model 数据表的主键。

例如，可以在 Topic 的基础上定义一个分类 Topic（CategoryTopic），比 Topic 多了一个分类字段，它的定义可以是这样：

```
    from django.db import models
    class CategoryTopic(Topic):
        """
        分类 Topic
        """

        category = models.CharField(max_length=32, help_text='类别')
```

Django 会为 CategoryTopic 生成图 4-7 所示的 SQL 语句。

```
BEGIN;

CREATE TABLE `post_categorytopic` (
    ` topic_ptr_id ` integer NOT NULLPRIMARY KEY ,
    ` category ` varchar (
      32
    ) NOT NULL
  );

ALTER TABLE `post_categorytopic` ADD CONSTRAINT  `post_categorytopic_topic_ptr_id` FOREIGN KEY (`topic_ptr_id`) REFERENCES `post_topic` (
    `id`
  );

;
```

图 4-7　多表继承生成的 SQL 语句

可以看到 post_categorytopic 表中除了 category 字段之外，还多了个 topic_ptr_id 主键，且它指向了 post_topic 表。

多表继承与抽象基类有一个显著的不同点是 Meta 的继承：子类不会继承父类的 Meta 定义。但是，有两个 Meta 元选项比较特殊：ordering 和 get_latest_by，它们是会被子类继承的，所以，如果不想让它们影响子类的行为，应该覆盖这两个元选项。

3. 代理模型

代理模型的使用场景是需要给原始的 Model 添加一些方法或者修改它的 Meta 选项，但是不需要修改原始 Model 的字段定义。为原始的 Model 创建一个代理，那么对代理模型的增删改的操作都会被保存到原始的 Model 中。

创建代理模型比较简单，只需要将 Meta 中的 proxy 选项设置为 True 即可。假如，需要给 Topic 添加 title 的校验方法且查询记录按照 id 的顺序返回，那么，可以定义 ProxyTopic：

```
class ProxyTopic(Topic):
    """
    代理 Topic
    """
    class Meta:
        ordering = ['id']
        proxy = True

    def is_topic_valid(self):
        return 'django' in self.title
```

Django 不会为 ProxyTopic 创建新的数据表，它和 Topic 共用 post_topic 表，只是在查询数据的返回上有不同的排序逻辑，且 ProxyTopic 实例多了一个 is_topic_valid 方法用来校验 title 是否包含 django。

最后，需要注意，代理模型只能继承自一个非抽象的基类，并且不能同时继承多个非抽象基类。

4.3 Model 的查询操作 API

在应用中创建的每一个 Model 类，Django 都会自动添加一个名为 objects 的 Manager（django.db.models.Manager）对象，它是 Model 与数据库实现交互的入口，也被称作查询管理器。Django 应用的每一个 Model 都至少会有一个管理器，且支持自定义管理器，但是鉴于默认的 Manager 功能非常强大，因此通常不必自己定义。本节就来看看利用 Manager 怎么实现对 Model 的查询。

4.3.1 创建 Model 实例对象

在查询数据之前，首先得有一些数据可以利用，所以，先给 Topic 和 Comment 创建一些数据是必要的。

由于目前只是创建了 post 应用以及 Model 的定义，还没有功能接口可以使用，所以，接下来的操作都使用 Django Shell 来完成。

首先，在 my_bbs 项目的根目录，即 manage.py 文件所在的目录执行命令（需要启动虚拟环境）：

```
python manage.py shell
```

它与普通的 Python Shell 是一样的，只是它自动引入了当前的 my_bbs 项目环境，以便能够和项目实现交互。接下来，为了方便操作，在当前的 Shell 环境中将需要用到的模块引入进来（后面的查询操作也会用到）：

```
from post.models import Topic, Comment
from django.contrib.auth.models import User
```

Django 创建 Model 实例有两种方法，一种是直接调用 Model 的 save 方法，另一种是通过 Manager 的 create 方法。两种方法并没有本质的区别，都能够创建新的实例，但是，对于 save 方法，它还兼具了 update 实例的功能。

1. 使用 save 方法创建 Model 实例

由于 Topic 需要一个 User 对象，所以，先获取 username 是 admin（超级用户）的 User 对象，再去创建 Topic 对象，最后，利用刚刚创建的 Topic 对象去创建 Comment 对象。执行如下语句（前缀 >>> 是 Python 解释器的提示符）：

```
>>> user = User.objects.get(username='admin')
>>> topic = Topic(title='first topic', content='This is the first topic!', user=user)
>>> topic.save()
>>> comment = Comment(content='very good!', topic=topic, up=88, down=32)
>>> comment.save()
```

在创建 Topic 和 Comment 实例的过程中可以知道，创建 Model 实例就是填充它的各个字段（有默认值或者允许为 null 的字段可以不填），之后调用它的 save 方法。save 方法是没有返回值的，且只有在执行了 save 方法之后，Django 才会将对象的信息保存到数据库中。

2. 使用 create 方法创建 Model 实例

Model 的查询管理器提供了创建实例的接口 create，再次创建 Topic 和 Comment 实例可以执行如下语句：

```
>>> user = User.objects.get(username='admin')
>>> topic_2 = Topic.objects.create(title='second topic', content='This is the second
topic!', user=user)
>>> Comment.objects.create(content='good!', topic=topic_2, up=30, down=17)
<Comment: 2: good!>
```

这种创建实例的过程比较简单，create 执行之后就在数据库中插入了一条数据记录，且可以看到 create 方法会返回 Model 实例对象。

为了方便将来演示数据查询过程，这里再创建一个 Topic 和 Comment 实例对象，执行如下语句：

```
>>> topic_3 = Topic.objects.create(title='third topic', content='This is the third
topic!', user=user)
>>> Comment.objects.create(content='so bad!', topic=topic_3, up=28, down=75)
<Comment: 3: so bad!>
```

至此，已经创建了三个 Topic 和三个对应的 Comment，可以查询数据库验证 Django 是否将数据保存到数据库中了，如图 4-8 和图 4-9 所示。

```
mysql> select * from post_topic;
+----+----------------------------+----------------------------+--------------+--------------------------+-----------+---------+
| id | created_time               | last_modified              | title        | content                  | is_online | user_id |
+----+----------------------------+----------------------------+--------------+--------------------------+-----------+---------+
|  1 | 2018-08-13 14:16:02.723965 | 2018-08-13 14:16:02.725588 | first topic  | This is the first topic! |         1 |       1 |
|  2 | 2018-08-13 14:27:55.134487 | 2018-08-13 14:27:55.134521 | second topic | This is the second topic! |        1 |       1 |
|  3 | 2018-08-13 14:30:47.764556 | 2018-08-13 14:30:47.764587 | third topic  | This is the third topic! |         1 |       1 |
+----+----------------------------+----------------------------+--------------+--------------------------+-----------+---------+
```

图 4-8　post_topic 表中存储的数据

```
mysql> select * from post_comment;
+----+----------------------------+----------------------------+------------+----+------+----------+
| id | created_time               | last_modified              | content    | up | down | topic_id |
+----+----------------------------+----------------------------+------------+----+------+----------+
|  1 | 2018-08-13 14:22:45.540937 | 2018-08-13 14:22:45.541116 | very good! | 88 |   32 |        1 |
|  2 | 2018-08-13 14:28:51.639889 | 2018-08-13 14:28:51.639919 | good!      | 30 |   17 |        2 |
|  3 | 2018-08-13 14:31:36.580288 | 2018-08-13 14:31:36.580318 | so bad!    | 28 |   75 |        3 |
+----+----------------------------+----------------------------+------------+----+------+----------+
```

图 4-9　post_comment 表中存储的数据

4.3.2　返回单实例的查询方法

通常的业务场景中，根据给定的条件查询数据库记录是很普遍的。Manager 提供了查询 Model 实例的接口，这些接口通常会返回三种类型：单实例、QuerySet 和 RawQuerySet。本节就来看一看单实例的查询过程。

查询单实例，Manager 提供了 get 和 get_or_create 方法，它们的区别是：如果查询的实例不存在，get_or_create 方法会创建新的实例对象。

1. 使用 get 查询

假如，需要查询 title 是 first topic 的 Topic 对象，可以这样：

```
>>> Topic.objects.get(title='first topic')
<Topic: 1: first topic>
```

当然，如果有多个查询条件，可以同时列出：

```
>>> Topic.objects.get(id=1, title='first topic')
<Topic: 1: first topic>
```

get 方法非常简单，它会按照给定的查询条件检索数据记录并返回单实例对象。但需要注意的是，get 方法会抛出两类异常。

DoesNotExist：给定的查询条件找不到对应的数据记录。

MultipleObjectsReturned：给定的查询条件匹配了多条数据记录。

所以，使用 get 方法要确保数据记录存在且只存在一条。通常，为了保证在 get 的时候不抛出异常，可以这样做：

```
try:
    topic = Topic.objects.get(id=1, title='first topic')
except Topic.DoesNotExist:
    # do something
except Topic.MultipleObjectsReturned:
    # do something
```

特别地，Django 支持在查询的时候使用 pk 来代替主键名称。这对于自定义了主键且主键名称不是 id 的 Model 来说，是非常方便而且不易出错的。例如，查询主键是 1 的 Topic 对象，可以这样写：

```
>>> Topic.objects.get(pk=1)
<Topic: 1: first topic>
```

2. 使用 get_or_create 查询

这个方法的查询过程与 get 类似，都需要传递查询参数，但是与 get 不同的是，它返回的是一个 tuple 对象，即(object, created)。其中第一个元素是实例对象，第二个元素是布尔值，标识返回的实例对象是否是新创建的。

例如，可以根据 id 和 title 查询 Topic：

```
>>> Topic.objects.get_or_create(id=1, title='first topic')
(<Topic: 1: first topic>, False)
```

可以看到，返回的第二个元素是 False，代表没有创建新的数据记录。如果指定的查询条件匹配不到，则创建新的数据记录的同时返回 True，例如：

```
>>> Topic.objects.get_or_create(user=user, title='fourth topic', content='This is
the fourth topic!')
(<Topic: 5: fourth topic>, True)
```

需要注意的是，如果查询条件能够匹配多条数据记录，get_or_create 方法也会抛出 MultipleObjectsReturned 异常。

Manager 提供的方法中不仅有 get 和 get_or_create 方法会返回单个 Model 实例，类似的还有 first、last 等方法，完整的接口定义可以查阅官方文档或阅读源码。

4.3.3 返回 QuerySet 的查询方法

当需要返回多条数据记录时，就需要用到 QuerySet 对象。可以简单地把 QuerySet 理解为 Model 集合，它可以包含一个、多个或者零个 Model 实例。Manager 提供了很多接口可以返回 QuerySet 对象，常用的有 all、filter、exclude、reverse、order_by 等方法。

QuerySet 有个很重要的特性是惰性加载，即在真正使用它的时候才会去访问数据库检索记录。这样做的原因是 QuerySet 支持链式查询，如果每一次都去查询数据库，则很容易成为性能瓶颈。

1. 使用 all 方法获取所有的数据记录

Manager 提供的 all 方法可以获取 Model 的所有数据实例，例如，获取所有的 Topic 可以这样写：

```
>>> Topic.objects.all()
```

执行这条语句会打印所有的 Topic 记录，即会访问数据库获取结果。但是假如把这条语句赋值给一个变量，就像下面这样：

```
>>> topic_qs = Topic.objects.all()
```

由于 QuerySet 惰性求值的特性，这时不会访问数据库，因为 topic_qs 没有被使用到。

这里有一个技巧，可以通过打印 QuerySet 的 query 属性查看生成的 SQL 语句。这对于排查问题、检验查询条件特别是复杂的查询是否正确是非常有用的。针对上面的查询，想要查看实际执行的 SQL，可以这样：

```
>>> print(Topic.objects.all().query)
```

输出的 SQL 如图 4-10 所示（为方便阅读，对原始的 SQL 做了格式化处理）：

```
SELECT
    `post_topic`.`id`,
    `post_topic`.`created_time`,
    `post_topic`.`last_modified`,
    `post_topic`.`title`,
    `post_topic`.`content`,
    `post_topic`.`is_online`,
    `post_topic`.`user_id`
  FROM
    `post_topic`
  ORDER BY
    `post_topic`.`created_time` DESC
```

图 4-10　query 属性打印的 SQL 语句

可以看到输出的 SQL 最后会按照 created_time 字段倒序排列，这是因为 Topic 继承自 BaseModel，它在 Meta 中指定了 ordering 元选项。因此，如果在查询时没有指定排序字段，则默认继承基类的排序规则。

2. 使用 reverse 方法获取逆序数据记录

reverse 方法也会获取全量的数据记录，这一点与 all 方法是相同的。但是，它返回的数据记录的顺序与 all 方法相反，即逆序查询。

```
>>> Topic.objects.reverse()
```

执行上面的语句会打印出与 all 方法相反的结果，它的排序方式是：

```
ORDER BY 'post_topic'.'created_time' ASC
```

3. 使用 order_by 方法自定义排序规则

无论是 all 方法还是 reverse 方法，它们返回数据结果的排序规则都会受到 BaseModel 的影响，假如需要自定义排序规则，就需要使用 order_by 方法了。

order_by 中可以指定多个排序字段，例如，对所有的 Topic 对象先按照 title 逆序排列，再按照 created_time 正序排列：

```
>>> Topic.objects.order_by('-title', 'created_time')
```

order_by 方法在执行之前，会清除它之前的所有排序。对于传递给它的参数有两种情况比较特殊。

（1）不传递任何参数，那么查询时将不会有任何排序规则，默认的规则也不会有。

（2）传递问号：order_by('?')，这代表随机排序，这种查询可能会很慢且通常没有意义，所以很少使用。

4. 使用 filter 方法过滤数据记录

通常对数据表的检索都只会获取全量数据的一个子集，即使用 WHERE 子句过滤不符合条件的记录。filter 方法完成的就是这样的功能，它会将传递的参数转换成 WHERE 子句实现过滤查询。在不传递任何参数的情况下，查询效果和 all 方法是一样的。

在使用 filter 方法之前，先来看一看条件查询关键字。这些关键字是用来修饰字段的，例如大于、小于、包含等，使用方法就是字段名后加上双下画线再加上关键字。常用的查询关键字及含义如表 4-1 所示。

表 4-1　　常用条件查询关键字

条件查询关键字	含义	WHERE 子句
gt	大于	>
gte	大于等于	>=
lt	小于	<
lte	小于等于	<=
exact	等于	=
iexact	忽略大小写的等于	LIKE xyz
in	是否在集合中	IN (abc, xyz)
contains	是否包含	LIKE BINARY %xyz%
startswith	以……开头	LIKE BINARY xyz%
endswith	以……结尾	LIKE BINARY %xyz

对于 contains、startswith、endswith 关键字，也都有对应的忽略大小写的查询版本，只需要在关键字之前加上字母 i 就可以了，例如 icontains。

这些关键字可以用在 get、filter 等方法的查询中，例如，要查询 up 数大于等于 30 的 Comment 对象：

```
>>> Comment.objects.filter(up__gte=30)
<QuerySet [<Comment: 2: good!>, <Comment: 1: very good!>]>
```

注意，up 字段与 gte 关键字使用的连接符是双下画线。同样可以打印 query 属性验证生成的 SQL 语句的正确性，如图 4-11 所示。

```
SELECT
    `post_comment`.`id`,
    `post_comment`.`created_time`,
    `post_comment`.`last_modified`,
    `post_comment`.`content`,
    `post_comment`.`topic_id`,
    `post_comment`.`up`,
    `post_comment`.`down`
  FROM
    `post_comment`
  WHERE
    `post_comment`.`up` >= 30
  ORDER BY
    `post_comment`.`created_time` DESC
```

图 4-11　query 属性打印的 SQL 语句

表 4-1 所示的查询关键字中 exact 是比较特殊的，如果提供的查询字段没有指定查询关键字，那么默认就是 exact。例如下面的两条语句是等效的：

```
>>> Topic.objects.filter(title='title')
>>> Topic.objects.filter(title__exact='title')
```

5. 使用 exclude 方法反向过滤

exclude 方法与 filter 方法实现的功能是很类似的，都用来对提供的条件进行过滤。实际上，它们确实都是调用了同一个方法，只是用一个布尔值标记自己是正向过滤（filter）还是反向过滤（exclude）。

exclude 方法相当于在 filter 方法的前面加上一个 NOT，即过滤出来的结果是不满足给定条件的数据记录。例如，想要获取 up 不小于 29 的 Comment 对象：

```
>>> Comment.objects.exclude(up__lt=29)
<QuerySet [<Comment: 2: good!>, <Comment: 1: very good!>]>
```

6. 链式查询

由于 filter、exclude 这样的方法返回的结果是 QuerySet，所以，在它们的后面可以继续调用 filter、exclude 等方法，这样就形成了链式查询。

例如，需要 content 中包含 good、down 不大于 20 且 up 大于 20 的 Comment 对象，可以使用链式查询：

```
>>> Comment.objects.filter(
...     content__contains='good'
... ).exclude(
...     down__gt=20
... ).filter(
...     up__gt=20
... )
<QuerySet [<Comment: 2: good!>]>
```

打印 query 属性，可以看到生成了图 4-12 所示的 SQL 语句。

```
SELECT
    `post_comment`.`id`,
    `post_comment`.`created_time`,
    `post_comment`.`last_modified`,
    `post_comment`.`content`,
    `post_comment`.`topic_id`,
    `post_comment`.`up`,
    `post_comment`.`down`
  FROM
    `post_comment`
  WHERE
    (
      `post_comment`.`content` LIKE BINARY %good%
      AND NOT (`post_comment`.`down` > 20)
      AND `post_comment`.`up` > 20
    )
  ORDER BY
    `post_comment`.`created_time` DESC
```

图 4-12　链式查询打印的 SQL 语句

但是，有些方法有自己的特殊规则，链式查询的形式不一定是我们想要的结果。例如之前介绍的 order_by，由于每一个 order_by 都会清除它之前的所有排序，所以，下面的查询将只会按照 created_time 正序排列：

```
>>> Topic.objects.order_by('-title').order_by('created_time')
```

7. 使用 values 方法获取字典结果

values 方法同样会返回 QuerySet，但是它不像 all、filter 等方法那样通过迭代可以获取 Model 的实例对象，它会返回字典，字典中的键对应 Model 的字段名。

可以给 values 方法传递参数，用于限制 SELECT 的查询范围。如果没有指定，那么，查询结果将包含 Model 的所有字段。

例如，下面的查询语句只会查询 Comment 表的 id 和 up 字段：

```
>>> Comment.objects.values('id', 'up')
<QuerySet [{'id': 3, 'up': 28}, {'id': 2, 'up': 30}, {'id': 1, 'up': 88}]>
```

对于有些场景只需要表的部分字段，且不依赖 Model 实例的其他功能时，这种查询方法是非常高效的。特别是表中某一列或几列数据量很大，但又不会经常用到的情况下，values 方法会是个不错的选择。

8. 使用 values_list 方法获取元组结果

values_list 方法与 values 方法非常相似，只是对返回结果迭代得到的是元组而不是字典。同样，它也会按照传递的字段名限制 SELECT 的查询范围，且返回的元组元素顺序与传递的字段顺序相同。

例如，通过 values_list 查询 Comment 表的 id 和 up 字段：

```
>>> Comment.objects.values_list('id', 'up')
<QuerySet [(3, 28), (2, 30), (1, 88)]>
```

如果没有给 values_list 传递任何字段参数，那么，将会返回 Model 中的所有字段，顺序为字段在模型中定义的顺序。

特别地，如果只传递了一个参数，可以配合使用 flat 参数，将它设置为 True，那么迭代返回结果得到的将是字段值，例如，只查询 Comment 表的 id 字段：

```
>>> Comment.objects.values_list('id', flat=True)
<QuerySet [3, 2, 1]>
```

这样的特性在只需要处理某个表的单列数据时会很方便。注意，如果不设置 flat，其默认是 False，则返回的结果就是只有单个元素的元组。

9. 对 QuerySet 进行切片

Python 可以通过切片操作获取序列类型对象的部分元素，用来限制返回的数据结果。这种语法同样适用于 QuerySet，它在 SQL 上表现为 LIMIT 和 OFFSET。

例如，返回 Comment 表的前两个对象，可以这样写：

```
>>> Comment.objects.all()[:2]
<QuerySet [<Comment: 3: so bad!>, <Comment: 2: good!>]>
```

在对 QuerySet 进行切片的时候需要注意以下几点。

（1）QuerySet 不支持从末尾切片，即索引值不能是负数。

（2）对一个 QuerySet 执行切片操作会返回另一个 QuerySet，并不会触发数据库的查询。但是，如果使用 step 切片语法，则 Django 会触发数据库查询，并且返回 Model 实例列表，例如：

```
>>> Comment.objects.all()[1:3:2]
[<Comment: 2: good!>]
```

（3）切片后返回的 QuerySet 不能再执行过滤或排序操作，Django 认为这样的需求没有实际的意义。

对于 Manager 而言，除了 all、filter、exclude 等常用的方法会返回 QuerySet 之外，还有一些不常用的方法也会返回 QuerySet 对象，例如 distinct、only、defer 等方法，它们的使用场景不多。读者有兴趣的话可以查阅官方文档或阅读源码了解它们的使用方法。

4.3.4　返回 RawQuerySet 的查询方法

Django 的 ORM 非常强大，大部分业务场景都可以使用 ORM 语句完成。但是，对于复杂的查询来说，ORM 的表达能力可能达不到要求或者是书写起来不够灵活，那么可以使用 SQL 语句实现查询。

Manager 提供了 raw 方法允许使用 SQL 语句实现对 Model 的查询，raw 方法返回的是一个 RawQuerySet 对象，同样可以对它迭代得到 Model 实例对象。但是，与 QuerySet 不同的是，不能在 RawQuerySet 上执行 filter、exclude 等方法。接下来，就来看一看 raw 查询和 RawQuerySet 相关的特性。

1. 简单的 SQL 查询

想要查询 Model 的所有实例对象，可以直接使用 all 方法。那么，如果想使用 raw 方法配合 SQL 语句实现同样的功能，可以这样写：

```
>>> for comment in Comment.objects.raw('SELECT * FROM post_comment'):
...     print('%d: %s' % (comment.id, comment.content))
...
1: very good!
2: good!
3: so bad!
```

raw 方法会自动将数据表字段映射到 Model 对应的字段上，但是需要注意，Django 不会对传递给 raw 方法的 SQL 语句进行检查。Django 期望它会从数据库中返回一组行数据，但是并不做强制要求。如果查询的结果不是行数据，则会产生一个错误。

2. 不要拼接 SQL 语句

很多场景下需要使用参数化查询，例如根据传递的 title 查询 Topic 对象。这个时候，不能手动填充 SQL 字符串，因为这样存在 SQL 注入攻击的风险。raw 方法充分考虑到了这一点，提供了 params 参数来解决这个问题。对于参数化查询的 SQL 来说，只需要在语句中加上%s 或%(key)s 之类的占位符，例如：

```
>>> for topic in Topic.objects.raw('SELECT id FROM post_topic WHERE title = %s', ['first topic']):
...     print('%s: %s' % (topic.id, topic.title))
...
1: first topic
```

raw 方法可以接受一个列表或字典类型（SQLite 后端不支持）的参数，并将 SQL 语句中的占位符替换，最终完成查询。

传递给 raw 方法的 SQL 语句只是获取 id 这一个字段，但是仍然可以打印 Topic 的 title 字段。这也是 raw 查询的一个特性，如果访问那些没有出现在 SQL 中的字段，Django 会自动触发新的查询，获取对应的字段值。因此，对应于上面的 print 过程，其实是触发了两次数据库查询。

3. RawQuerySet 支持索引和切片

虽然 RawQuerySet 不支持很多 QuerySet 的常见操作，但也可以对它进行索引和切片，例如：

```
>>> Comment.objects.raw('SELECT * FROM post_comment')[0]
<Comment: 1: very good!>
>>> Comment.objects.raw('SELECT * FROM post_comment')[1:2]
[<Comment: 2: good!>]
```

不过，这种操作其实是比较低效的。raw 方法仍然只是执行传递给它的 SQL 语句，将所有的数据从数据库中取出，之后在 Python 代码的层面上做索引和切片操作。

虽然 Django 提供了 raw SQL 的查询方法，但是它很少被用到，因为这需要考虑不同的数据库后端的不同特性。Django 官方建议尽量使用常规的 ORM 完成查询。

4.3.5 返回其他类型的查询方法

除了之前介绍的会返回单个 Model 实例和多个 Model 实例（通过对 QuerySet 或 RawQuerySet 迭代）的查询方法之外，Django 还提供了一些非常有用的方法，它们会返回整数或者布尔类型的值，接下来，就来看看这些查询方法。

1. 返回 QuerySet 的对象数量

通过 all、filter、exclude 方法获取了 QuerySet 对象之后，如果想要知道匹配的对象数量，可以通过 len 方法获取，例如：

```
>>> len(Comment.objects.filter(id__gt=1))
2
```

虽然能够得到结果，但是这样做的效率比较低，Django 会从数据库中查询所有的数据记录，再去计算这个可迭代对象的长度。为了解决这个问题，QuerySet 提供了 count 方法：

```
>>> Comment.objects.filter(id__gt=1).count()
2
```

count 方法会在数据库上执行 SELECT COUNT(*) 操作并返回数字类型。所以，如果想获取实例对象的数量应该总是使用 count 方法。

2. 判断 QuerySet 是否包含对象

有许多场景只需要根据当前给定的条件返回是否存在匹配实例对象的布尔结果，这也比较简单，只需要判断 count 方法的返回值是否为 0 就可以了。但是，这也需要两步操作才能完成，QuerySet 提供了更加简单的方法，例如：

```
>>> Comment.objects.filter(id__gt=1).exists()
True
>>> Comment.objects.filter(id__gt=10).exists()
False
```

如果 QuerySet 中包含 Model 对象，exists 返回 True；否则，它会返回 False。应该总是使用 exists 方法校验给定的条件是否能够匹配到数据，因为，这个方法会将查询的代价最小化，在 SQL 上的表现为 LIMIT 1。

3. 使用 update 方法更新 Model 实例

在创建 Model 实例对象的时候介绍过可以使用 save 方法更新 Model 实例，即先查询出 Model 对象，之后更新字段值（更新主键会创建新的实例），再执行 save 方法就可以完成实例对象的更新，例如：

```
>>> comment = Comment.objects.get(id=1)
>>> comment.up = 90
>>> comment.save()
```

需要注意的是，虽然只是给 up 字段重新设定了值，但是 save 执行会更新 Comment 表的所有列。对于上面的更新过程，Django 会执行如图 4-13 所示的查询语句：

如果只需要更新特定的列，那么可以使用 QuerySet 提供的 update 方法，例如针对 up 和 down 字段的修改利用 update 方法可以这样实现：

```
>>> Comment.objects.filter(id=1).update(up=90, down=33)
1
```

```
UPDATE
    `post_comment`
  SET
    `created_time` = '2018-08-13 14:22:45.540937',
    `last_modified` = '2018-08-25 17:31:30.043248',
    `content` = 'very good!',
    `topic_id` = 1,
    `up` = 90,
    `down` = 32
  WHERE
    `post_comment`.`id` = 1
```

图 4-13　save 方法更新所有列的 SQL 语句

update 方法可以一次性更新多个对象，并返回一个整数，标识受影响的记录条数。针对上面的例子，由于 id 为 1 的记录只有一条，所以，更新数据记录之后返回数字 1。

4. 使用 delete 方法删除 Model 实例

之前介绍的各种方法实现了创建 Model 实例、修改 Model 实例以及查询操作，但是，如果想删除 Model 实例呢?

对于 Model 实例自身而言，可以调用它的 delete 方法完成删除操作，这样会删除一个 Model 实例。同时，QuerySet 也提供了 delete 方法，用来批量删除实例对象。其实，这两种删除数据的方式最终都会调用同样的方法，所以，它们的返回值也是一样的。

例如，需要删除 id 是 1 的 Comment 实例：

```
>>> comment = Comment.objects.get(id=1)
>>> comment.delete()
(1, {'post.Comment': 1})
```

需要删除 id 小于等于 2 的 Topic 实例：

```
>>> Topic.objects.filter(id__lte=2).delete()
(4, {'post.Comment': 2, 'post.Topic': 2})
```

delete 方法返回一个二元组：第一个元素标识删除的实例个数，第二个元素是字典类型，记录每一个 Model 类型删除的实例个数。

对于第一个删除操作，只会删除 Comment 对象自身，所以，删除的实例个数就是 1。对于第二个删除操作，会删除两个 Topic 对象，但是由于 Comment 与 Topic 存在关联关系，且设置了级联删除，所以，一共会删除 4 个 Model 对象。

需要注意，对于第二个删除操作，由于存在外键的约束，因此在删除的顺序上是先删除 Comment 对象，再删除 Topic 对象。

4.3.6　存在关联关系的查询

之前介绍过 Django 中存在三种关系模型用来维护表与表之间的关联，同时，Django 也为此提供了非常强大的关联关系查询，自动在后台处理包含 JOIN 的 SQL 语句。

1. Model 的反向查询

Django 中的每一种关联关系都可以实现反向查询，例如 Comment 中定义了 ForeignKey 指向 Topic，那么对于每一个 Topic 的实例对象都自动地会有一个管理器可以用来查询与它关联的 Comment 实例对象。

默认情况下，管理器的名称为“小写模型名_set”，对于 Topic 而言就是 comment_set。之前介绍过可以通过 related_name 参数覆盖，但是通常不需要这样做。

例如，可以通过 comment_set 实现反向查询：

```
>>> topic = Topic.objects.get(id=1)
```

```
>>> topic.comment_set.all()
<QuerySet [<Comment: 1: very good!>]>
>>> topic.comment_set.filter(content='very good!')
<QuerySet [<Comment: 1: very good!>]>
>>> topic.comment_set.exclude(content__contains='good')
<QuerySet []>
```

对于 ManyToManyField 和 OneToOneField 关系类型也可以实现类似的反向查询，但是对于 OneToOneField 类型的反向查询比较特殊。它的管理器代表的是一个单一的对象，而不是对象集合，且名称变成了小写的 Model 名。

例如之前定义的 CustomUser，它的 user 字段与 Django 的 User 存在 OneToOneField 的关系，那么，User 可以这样实现反向查询：

```
>>> user = User.objects.get(username='admin')
>>> user.customuser
<CustomUser: CustomUser object (1)>
```

需要注意，如果没有 CustomUser 对象与 User 关联，那么，上面的查询将会抛出 RelatedObjectDoesNotExist 异常。

2. 跨关联关系查询

在查询 Topic 的时候可能会考虑 Comment 的情况，这是很普遍的场景，也被称作跨关联查询。Django 将这种查询形式设计得非常简单直接，只需要使用双下画线与关联 Model 的字段名称组合在一起，并给出合适的条件就可以完成查询。

例如，想要查询所有 Topic 的 title 字段包含 first 的 Comment 对象：

```
>>> Comment.objects.filter(topic__title__contains='first')
<QuerySet [<Comment: 1: very good!>]>
```

这里需要清楚，查询的是 Comment 对象，而不是 Topic 对象。这种查询是没有深度限制的，例如继续查询 Topic 关联的 User：

```
>>> Comment.objects.filter(topic__user__username='admin')
```

Django 也支持反向的关联查询，只需要使用关联 Model 的小写名称即可。例如要查询所有 Comment 的 up 值大于等于 30 的 Topic 对象：

```
>>> Topic.objects.filter(comment__up__gte=30)
<QuerySet [<Topic: 2: second topic>, <Topic: 1: first topic>]>
```

3. 跨关联关系多值查询

之前看到的关联关系查询都是针对单个条件的，这种情况比较简单。如果关键字的参数有多个，且都是跨越外键或者多对多的情况，查询就会比较复杂。

为了更好地描述这种查询，先给 id 是 1 的 Topic 对象添加一个 Comment：

```
>>> topic = Topic.objects.get(id=1)
>>> Comment.objects.create(content='general', up=60, down=40, topic=topic)
<Comment: 5: general>
```

现在，项目中 id 为 1 的 Topic 对应两个 Comment 了，如图 4-14 所示。

```
mysql> select * from post_comment where topic_id = 1;
+----+----------------------------+----------------------------+------------+----+------+----------+
| id | created_time               | last_modified              | content    | up | down | topic_id |
+----+----------------------------+----------------------------+------------+----+------+----------+
|  1 | 2018-08-13 14:22:45.540937 | 2018-08-25 17:31:30.043248 | very good! | 90 |   33 |        1 |
|  5 | 2018-08-26 00:34:34.237996 | 2018-08-26 00:34:34.239356 | general    | 60 |   40 |        1 |
+----+----------------------------+----------------------------+------------+----+------+----------+
```

图 4-14　id 为 1 的 Topic 对应的 Comment

执行第一个查询：

```
>>> Topic.objects.filter(comment__content__contains='very', comment__up__lte=60)
<QuerySet []>
```

这个查询对应的是Comment中的content字段值包含very且up字段值小于等于60的所有的Topic对象，很显然，这样的Topic并不存在。

再执行第二个查询：

```
>>> Topic.objects.filter(comment__content__contains='very').filter(comment__up__
lte
=60)
<QuerySet [<Topic: 1: first topic>]>
```

对比第一个查询，可以发现第二个查询的条件是相同的，只是将两个条件分开，利用了两个 filter。这样的操作得到了不一样的结果。

出现这样的效果的原因是：第一个 filter 过滤得到的 QuerySet 包含 id 是 1 的 Topic 对象；第二个 filter 在上一个结果 QuerySet 中过滤出 up 小于等于 60 的 Comment 的 Topic 对象，所以，最终的结果就是 id 是 1 的 Topic。

从这两个例子中可以看出，跨关联关系的多值查询是很复杂的，不同的查询构造方式会出现不一样的结果。不仅仅是 filter 查询，exclude 的多值查询也会表现得比较“奇怪”，在实际使用时需要小心谨慎。

4.3.7 F 对象和 Q 对象查询

Django 提供了两个非常有用的工具：F 对象和 Q 对象，方便了在一些特殊场景下的查询过程。

1. F 对象查询

F 对象用于操作数据库中某一列的值，它可以在没有实际访问数据库获取数据值的情况下对字段的值进行引用。Django 支持对 F 对象引用的字段使用加减乘除、取模、幂计算等算术操作，且运算符两边可以是具体的数值或者是另一个 F 对象引用的字段。这在一些场景下非常有用，例如，Model 中不同字段的比较作为过滤条件的情况、对 Model 的单个字段值进行更新，且这种更新建立在原字段值的基础上。

使用 F 对象之前需要将它引入当前的环境中：

```
>>> from django.db.models import F
```

如果要查询 up 小于等于 down 的 Comment，使用 F 对象查询可以这样实现：

```
>>> Comment.objects.filter(up__lte=F('down'))
<QuerySet [<Comment: 3: so bad!>]>
```

可以看到，使用 F 对象将这种查询过程变得非常简单，否则，就需要将所有的 Comment 对象取出，迭代比较获取结果或者是使用 raw SQL 的方式。

如果要查询所有 up 值大于 down 值 2 倍的 Comment 对象，可以这样实现：

```
>>> Comment.objects.filter(up__gt=F('down') * 2)
<QuerySet [<Comment: 1: very good!>]>
```

F 对象功能非常强大，除了基础字段值的引用之外，它也支持跨关联关系查询。例如，需要查询所有的 Topic 的 content 字段值包含 title 字段值的 Comment 对象：

```
>>> Comment.objects.filter(topic__content__contains=F('topic__title'))
```

假如一个 Model 对象的某一个字段值的更新需要依赖这个字段值，F 对象也是非常有用的。举一个例子说明这种情况：需要给 id 为 1 的 Comment 对象的 up 值加 1，那么，更新的 up 值就会依赖原值，如果没有 F 对象，可能会使用下面的方法实现：

```
>>> comment = Comment.objects.get(id=1)
>>> comment.up += 1
>>> comment.save()
```

首先获取了 id 为 1 的 Comment 对象，之后获取 up 字段的值，并使用 Python 运算符重新对 up 字段赋值，最后保存原对象。可以查看对应的 SQL 语句验证上述过程，如图 4-15 所示。

```
UPDATE
    `post_comment`
  SET
    `created_time` = '2018-08-13 14:22:45.540937',
    `last_modified` = '2018-08-26 15:01:34.753752',
    `content` = 'very good!',
    `topic_id` = 1,
    `up` = 91,
    `down` = 33
  WHERE
    `post_comment`.`id` = 1
```

图 4-15　不使用 F 对象更新 up 字段值

这个更新过程可能会出现竞争条件，导致结果不符合预期。例如，有两个线程同时获取了同一个 Comment 对象，第一个线程对它的 up 字段值加 1 并保存，这不会出现问题。之后，第二个线程也对 up 字段值加 1 并保存，那么，第一个线程的工作就丢失了。

为了避免上述情况的发生，最好的办法是让数据库负责更新过程。这需要借助 F 对象提供的能力，实现过程如下：

```
>>> comment = Comment.objects.get(id=1)
>>> comment.up = F('up') + 1
>>> comment.save()
```

这种更新过程与之前的方式都可以实现对字段值的更新，但是实际上 F 对象描述的是 SQL 表达式，而不是 Python 的运算。上述更新过程执行的 SQL 语句如图 4-16 所示。

```
UPDATE
    `post_comment`
  SET
    `created_time` = '2018-08-13 14:22:45.540937',
    `last_modified` = '2018-08-26 15:21:45.445859',
    `content` = 'very good!',
    `topic_id` = 1,
    `up` = (`post_comment`.`up` + 1),
    `down` = 33
  WHERE
    `post_comment`.`id` = 1
```

图 4-16　使用 F 对象更新 up 字段值

2. Q 对象查询

Q 对象用于复杂查询，它把关键字参数封装在一起，并传递给 filter、exclude、get 等查询方法。多个 Q 对象可以使用“&”（与）、“|”（或）运算符组合，产生一个新的 Q 对象。可以使用“~”（非）运算符取反，即实现 NOT 查询。

使用 Q 对象之前需要将它引入当前的环境中：

```
>>> from django.db.models import Q
```

最简单的使用 Q 对象查询的例子是单个关键字参数，例如，查询 title 中包含 topic 的所有 Topic 对象：

```
>>> Topic.objects.filter(Q(title__contains='topic'))
```

如果想要查询 up 大于 60 或 down 大于 60 的所有 Comment 对象，之前的查询方法不容易实现。但是，使用 Q 对象会使这一过程变得非常简单：

```
>>> Comment.objects.filter(Q(up__gt=60) | Q(down__gt=60))
<QuerySet [<Comment: 3: so bad!>, <Comment: 1: very good!>]>
```

可以看到，这里将两个 Q 对象使用运算符“|”组合起来，形成“或”的关系，再传递给 filter 方法实现查询。当然，也可以使用与、非的组合实现更加复杂的查询。

Q 对象也可以与关键字参数组合在一起使用，但是在这种情况下，Django 规定，Q 对象必须放在前面。例如：

```
>>> Comment.objects.filter(
...     Q(up__gt=60) | Q(down__gt=60), topic__title__startswith='first'
... )
<QuerySet [<Comment: 1: very good!>]>
```

如果将 topic__title__startswith='first' 条件放在 Q 对象的前面，则会提示错误：

```
SyntaxError: positional argument follows keyword argument
```

4.3.8 聚合查询和分组查询

聚合和分组都是用来生成统计值的过程：聚合是指对 QuerySet 整体（可以理解为 Model 对象的集合）生成一个统计值；分组是为 QuerySet 中每一个对象都生成一个统计值。

1. 聚合查询

对 QuerySet 计算统计值，需要使用 aggregate 方法，提供的参数可以是一个或多个聚合函数。aggregate 是 QuerySet 的一个终止子句，它返回的是字典类型，键是聚合的标识，值是聚合的结果。

Django 提供了一系列的聚合函数，其中 Avg（平均值）、Count（计数）、Max（最大值）、Min（最小值）、Sum（加和）最为常用。

要使用这些聚合函数，需要将它们引入当前的环境中：

```
>>> from django.db.models import Avg, Count, Min, Max, Sum
```

下面看一个简单的聚合查询：

```
>>> Comment.objects.filter(topic=1).aggregate(Sum('up'))
{'up__sum': 152}
```

首先得到 id 为 1 的 Topic 的 Comment 对象，之后，计算 up 值的加和。可以看到，字典结果的键名称是 up__sum，这是 Django 根据字段名和聚合函数的名称自动拼接得到的。当然，也可以给聚合值指定一个名称，例如：

```
>>> Comment.objects.filter(topic=1).aggregate(up_s=Sum('up'))
{'up_s': 152}
```

也可以给 aggregate 传递多个聚合函数：

```
>>> Comment.objects.aggregate(l=Min('up'), h=Max('up'), m=Avg('up'))
{'l': 28, 'h': 92, 'm': 52.5}
```

2. 分组查询

第二类统计是对 QuerySet 中的每一个 Model 对象都生成一个统计值，这可以通过 annotate 方法完成。annotate 并不是结束子句，它返回的是一个 QuerySet 对象，所以，可以对结果进行“再加工”。

annotate 方法的使用过程与 aggregate 是类似的，都需要传递聚合函数，来描述统计过程。

统计每一个 Topic 对应的 Comment 的数量，利用 annotate 可以这样实现：

```
>>> for topic in Topic.objects.annotate(Count('comment')):
...     print('%d: %d' % (topic.id, topic.comment__count))
...
5: 0
3: 1
2: 1
1: 2
```

同样可以对聚合值指定一个名称，这里就不多做介绍了。由于 annotate 方法返回 QuerySet 对象，所以，可以通过打印 query 属性查看其执行的 SQL 语句，如图 4-17 所示。

```
SELECT
    `post_topic`.`id`,
    `post_topic`.`created_time`,
    `post_topic`.`last_modified`,
    `post_topic`.`title`,
    `post_topic`.`content`,
    `post_topic`.`is_online`,
    `post_topic`.`user_id`,
    COUNT(`post_comment`.`id`) AS `comment__count`
FROM
    `post_topic`
LEFT OUTER JOIN
    `post_comment`
    ON (
        `post_topic`.`id` = `post_comment`.`topic_id`
    )
GROUP BY
    `post_topic`.`id`
ORDER BY
    `post_topic`.`created_time` DESC
```

图 4-17　使用 annotate 查询 Topic 的 Comment 数量

从 SQL 语句中可以看出，annotate 按照 Topic 的主键（id）GROUP BY，且在 SELECT 中对 Comment 进行计数，所以，最终得到每一个 Topic 对象的聚合结果。

默认情况下，annotate 会对每一个 Model 对象计算统计值。但是，如果使用了 values 方法，Django 会先按照 values 中指定的字段对 Model 对象进行分组，再去对每个分组计算统计值。

例如，如果想得到每一个 Topic 的所有 Comment 的 up 加和，按照之前对 values 的解释，可能会写出如下的查询语句：

```
>>> Comment.objects.values('topic_id').annotate(Sum('up'))
```

但是，执行之后并没有得到正确的结果。这是因为 Comment 默认按照 created_time 字段排序，而这个默认的排序字段也会被自动地加入 GROUP BY 中。可以通过打印上述语句的 query 属性来验证这一行为，如图 4-18 所示。

```
SELECT
    `post_comment`.`topic_id`,
    SUM(`post_comment`.`up`) AS `up__sum`
FROM
    `post_comment`
GROUP BY
    `post_comment`.`topic_id`,
    `post_comment`.`created_time`
ORDER BY
    `post_comment`.`created_time` DESC
```

图 4-18　默认排序字段被自动加入 GROUP BY 中

要解决这个问题，可以使用不带参数的 order_by 方法将排序清除。将查询语句重写为：

```
>>> Comment.objects.values('topic_id').annotate(Sum('up')).order_by()
<QuerySet [{'topic_id': 1, 'up__sum': 152}, {'topic_id': 2, 'up__sum': 30},
{'topic_id': 3, 'up__sum': 28}]>
```

需要注意，annotate 和 values 方法的顺序非常重要，会影响实际的查询效果。

（1）values 在 annotate 的前面，Django 会按照 values 中指定的字段对 Model 对象进行分组，再对每个分组计算统计值，可以参照上述查询。

（2）values 在 annotate 的后面，那么 values 仅限制需要的字段，没有特殊的作用，例如：

```
>>> Topic.objects.annotate(cc=Count('comment')).values('id', 'cc')
<QuerySet [{'id': 5, 'cc': 0}, {'id': 3, 'cc': 1}, {'id': 2, 'cc': 1}, {'id': 1, 'cc':
2}]>
```

上述查询 annotate 对每一个 Topic 分组计算 Comment 的数量，values 获取 id 和 cc 字段。

4.4 ORM 实现原理分析

ORM 是 Django 框架的核心模块，也是使用最为频繁的功能。前几节的内容中已经介绍过，利用 ORM 提供的接口可以很方便地对数据库表实现增删改查，但是很多问题值得思考。为什么创建的 Model 会自动拥有名称为 id 的主键？查询管理器是什么？它又是怎么添加到 Model 中的？QuerySet 是什么样的结构？这些问题在之前都没有考虑过，本节就来看一看 Django 提供的 ORM 模块的实现原理。

4.4.1 Python 元类

通常，类是用来生成对象的，在 Python 中也是成立的。但是，Python 中的类又比较特殊，类同样是对象。当使用 class 关键字定义类的时候，Python 解释器就自动创建了这个对象。

既然类是对象，那么，它又是什么类型呢？Python 中查看一个对象的类型可以使用 type 方法，例如：

```
>>> class A(object):
...     pass
...
>>> type(A)
<class 'type'>
```

可以看到，类 A 的类型是 type，也就是说 type 创建了类 A。在 Python 代码中使用 type 确定对象的类型是比较常见的，实际上，type 还有一个重要的功能，就是创建类。接下来介绍如何用 type 动态地创建类。

type 接收三个参数用来创建类。

（1）类的名称，例如 A。

（2）父类的元组，由于 Python 是支持多继承的，所以，如果只有一个父类，则应注意单元素元组的写法。

（3）属性字典。

使用 type 动态地创建类 A，可以像下面这样：

```
>>> A = type('A', (), {})
>>> print(A)
<class 'A'>
```

type 的第一个参数传递了字符 A 作为类的名称；第二个参数是一个空的元组，代表不继承任何类（Python3 中所有的类都继承自 object）；第三个参数是一个空的字典，标识没有自定义属性。type 函数返回的就是类 A，即可以用它去创建实例对象了。

假如，类 A 带有一些属性，就像下面这样：

```
>>> class A(object):
```

```
...     hello = 'world'
...     def fun(self):
...         return 'fun'
```

使用 type 重新定义它，可以这样实现：

```
>>> def fun(self):
...     return 'fun'
...
>>> A = type('A', (), {'hello': 'world', 'fun': fun})
>>> a = A()
>>> a.hello
'world'
>>> a.fun()
'fun'
```

这与之前的例子类似，只是给 type 传递的字典参数包含了两个键值对，即给类 A 添加了两个属性。

最后，看一看继承关系在 type 中的表示。假如，有一个类 B 继承自类 A，它会自动拥有类 A 的属性：

```
>>> class B(A):
...     pass
...
>>> b = B()
>>> b.fun()
'fun'
```

用 type 创建类 B，可以这样实现：

```
>>> B = type('B', (A,), {})
>>> b = B()
>>> b.fun()
'fun'
```

通过以上各个实例可以看到使用 type 创建类的方法，它也就是 Python 中内建的元类。元类是用来创建类的，定义了类 A 之后，就可以创建类 A 的实例对象了。那么，类 A 自身也是对象，也需要某种“力量”将它创建出来，这就是元类。

Python 在创建类对象（不是类实例对象）的时候，首先会从当前的类定义中查询是否指定了元类，如果没有，则继续在父类中寻找指定的元类。如果在任何父类中都找不到元类的声明，就会上升到模块层次去查询。最终，如果还没有找到元类的声明，Python 就会使用内置的 type 来创建这个类。

也就是说，在定义类的时候，可以通过指定元类来改变这一默认行为。同时，Python 也允许自定义元类，目的是使用户自己去控制类的创建过程。

如果需要给类 A 添加一个描述方法，则使用自定义元类的方式可以这样实现：

```
>>> class BBSMeta(type):
...     """
...     用元类给类添加描述信息
...     """
...     def __new__(cls, name, bases, attrs):
...         attrs['desc'] = lambda self: 'django bbs'
...         return type.__new__(cls, name, bases, attrs)
...
>>> class A(metaclass=BBSMeta):
...     pass
```

```
...
>>> a = A()
>>> a.desc()
'django bbs'
```

首先需要知道，在 Python 中，__new__方法用来创建实例，__init__负责初始化实例。所以，如果要修改类的属性，就需要重写元类的__new__方法。它接收四个参数：需要实例化的类对象、类的名字、类继承的父类集合、类的属性字典。

可以看到，BBSMeta 类继承自 type，它可以作为一个元类使用，且它实现了__new__方法，并给类添加了 desc 方法。之后，类 A 指定元类为 BBSMeta，所以，A 的实例就有了 desc 方法。

通常，很少能看到使用元类的例子，因为这会使代码变得很复杂。Django 的 ORM 模块是学习元类使用方法的优秀模板，在接下来的内容中会看到，Django 是怎么使用元类重塑 Model 定义的。

4.4.2 Python 描述符

简单地说，描述符就是实现了描述符协议的对象，描述符协议包含三个方法：__get__、__set__和__delete__。只要实现了这三个方法中的任意一个，这个类对象就被称作描述符，且这个类对象的实例就有了一些特殊的特性。

这三个方法的声明如下。

__get__(self, instance, owner)：用于访问属性，返回属性的值。

__set__(self, instance, value)：设置属性的值，不返回任何内容。

__delete__(self, instance)：用于删除属性，不返回任何内容。

只实现了__get__方法的对象称为非数据描述符，这类描述符只能读取对象属性；同时实现了__get__和__set__方法的对象是数据描述符，这类描述符可以实现对属性的读写。

接下来定义一个描述符对象：

```
>>> class Example(object):
...     """
...     一个描述符的示例
...     """
...     def __init__(self, name='django'):
...         self.name = name
...     def __get__(self, instance, owner):
...         return self.name
...     def __set__(self, instance, value):
...         self.name = value
...
```

由于 Example 对象同时实现了__get__和__set__方法，所以，它是一个数据描述符对象。再定义一个将描述符对象作为类属性的类：

```
>>> class A(object):
...     x = Example()
...
>>> A.x
'django'
```

可以看到，访问 A.x 直接输出了描述符对象的 name 属性。这是因为描述符作为属性访问是被自动调用的，且对于类属性和类实例属性，有着不同的调用规则。

（1）描述符对象作为类属性：Class.x 将被转换为：

```
Class.__dict__['x'].__get__(None, Class)
```

（2）描述符对象作为实例属性：object.x 将被转换为：

```
type(object).__dict__['x'].__get__(object, type(object))
```

所以，根据上述规则，访问 A.x 实际等于：

```
>>> A.__dict__['x'].__get__(None, A)
'django'
```

针对第二种调用规则，再去定义一个将描述符对象作为实例属性的类：

```
>>> class B(object):
...     def __init__(self):
...         self.x = Example()
...
>>> b = B()
>>> b.x
<Example object at 0x109c12f60>
```

从输出可以看到，访问实例属性并没有调用__get__方法，而是直接返回了这个描述符实例对象。这是因为根据调用规则，type(b).__dict__['x']是不存在的（会抛出 KeyError 错误），所以，不会访问后面的__get__方法。

之所以在访问 b.x 的时候没有出现错误，是因为 Python 在使用实例对象访问属性时，会按照不同的优先级依次在类定义中查找，最终找到了实例属性并返回。

前面介绍了描述符及其使用方法，那么，描述符具体有什么用呢？在哪些场景下需要使用描述符呢？

简单地说，描述符的主要作用就是对属性的操作过程（获取、设置和删除）进行拦截，给用户自己定义操作属性行为的机会。也就是说，如果用户想“控制”属性，那么就可以考虑使用描述符。

考虑一个场景，假如需要一个整数对象，即这个对象只能赋值为整数值，赋值为其他类型认为是错误的，可以使用描述符实现：

```
>>> class Integer(object):
...     def __init__(self):
...         self.value = 0
...     def __get__(self, instance, owner):
...         return self.value
...     def __set__(self, instance, value):
...         if not isinstance(value, int):
...             raise TypeError("value must be int")
...         self.value = value
...
```

测试这个描述符是否可以正常工作：

```
>>> class C(object):
...     x = Integer()
...
>>> c = C()
>>> c.x = '10'
Traceback (most recent call last):
  File "<console>", line 1, in <module>
  File "<console>", line 8, in __set__
TypeError: value must be int
>>> c.x = 10
>>> c.x
10
```

可以看到，当给 c.x 赋值为字符串时，会报 TypeError 错误。这是因为在描述符的__set__方法中会对值类型进行检测，只接受 int 类型的数值。

Django 中规定，只有 Model 对象可以使用 objects（查询管理器），Model 对象实例是不允许的，这里就是借助描述符的特性做的实现。

4.4.3　继承 models.Model

之前曾多次强调，自定义的 Model 必须要继承自 models.Model，这样不需要显示的定义主键、自定义的 Model 也会自动拥有查询管理器对象，Model 元数据的集成与加工等都会由 models.Model 来完成（实际上是它的元类）。这样，Model 就可以通过 ORM API 对数据库表实现增删改查了。

1. **自动添加的自增主键**

自定义的 Model 在没有设置主键的情况下，会由 models.Model 的元类自动添加名称为 id 的自增主键字段。首先，看一下 models.Model 的定义（位于 django/db/models/base.py 文件中）:

```
class Model(metaclass=ModelBase)
```

可以看到，它指定了元类 ModelBase。根据之前对元类的说明，所有自定义的 Model 都会由 ModelBase 创建出来，所以，先来看一看 ModelBase 是怎么创建类对象的。下面的代码位于 django/db/models/base.py 文件，重要的地方已经给出了注释（由于源码内容过长，只选取了核心的部分，之后的源码也都一样处理）。

```
class ModelBase(type):
    """Metaclass for all models."""
    def __new__(cls, name, bases, attrs):
        super_new = super().__new__
        # 如果不存在父类是 Model 的子类，或者是 Model 自身
        # 都直接采用普通的创建方式构造类对象
        parents = [b for b in bases if isinstance(b, ModelBase)]
        if not parents:
            return super_new(cls, name, bases, attrs)
        ...
        ...
        # 创建类对象
        new_class = super_new(cls, name, bases, new_attrs)
        # 添加了_meta 属性，需要注意_meta 的类型
        new_class.add_to_class('_meta', Options(meta, app_label))
        # 调用从 ModelBase 继承来的_prepare()
        new_class._prepare()
        return new_class
```

从源码中可以看到，元类的__new__方法在返回之前调用了_prepare()，它是在 ModelBase 中定义的方法。下面看一看这个方法做了些什么：

```
def _prepare(cls):
    """Create some methods once self._meta has been populated."""
    opts = cls._meta
    # 由于 _meta 是 Options 的实例对象
    # 所以，这里是调用 Options 的 _prepare 方法
    opts._prepare(cls)
    ...
    ...
```

继续看 Options 的_prepare（位于 django/db/models/options.py 文件中）方法：

```
    def _prepare(self, model):
        # pk 字段没有设置
        if self.pk is None:
            # 如果存在非抽象父类
            if self.parents:
                # 取得第一个关联父类的 Field
                field = next(iter(self.parents.values()))
                # local_fields 由 add_field 方法添加
                already_created = [fld for fld in self.local_fields if fld.name ==
field.name]
                # 自己定义了与关联父类 Field 的同名字段，则使用自己定义的字段
                if already_created:
                    field = already_created[0]
                # 设置字段主键标识
                field.primary_key = True
                # 设置 pk 字段
                self.setup_pk(field)
                if not field.remote_field.parent_link:
                    raise ImproperlyConfigured(
                        'Add parent_link=True to %s.' % field,
                    )
            else:
                # 自增主键
                auto = AutoField(verbose_name='ID', primary_key=True, auto_created=
True)
                # add_to_class 最终也会调用 add_field 方法
                # 将名称为 id 的 AutoField 对象添加到类定义中
                model.add_to_class('id', auto)
```

如果自定义的 Model 没有设定主键字段且不继承自非抽象的基类 Model，那么，pk 和 parents 字段都不会被设定（如 Topic），会直接进入 else 条件。

首先，定义一个 AutoField 对象，然后调用 ModelBase 的 add_to_class 方法将它添加到类定义中，且属性名称为 id。所以，自定义的 Model 不需要显式地指定主键，元类在创建类对象的时候会动态检查并决定是否添加。

2. 自动添加的查询管理器

Django 会为每一个 Model 自动添加一个名称为 objects 的查询管理器对象，它的实现也是定义在 ModelBase 的_prepare 方法中：

```
    def _prepare(cls):
        """Create some methods once self._meta has been populated."""
        opts = cls._meta
        ...
        ...
        # managers 方法会从基类中查找 Manager 对象（包含自定义的 Manager 对象）
        # 抽象 Model 基类不存在 Manager 对象
        if not opts.managers:
            # 如果类定义中没有找到查询管理器，则不允许任何字段命名为 objects
            if any(f.name == 'objects' for f in opts.fields):
                raise ValueError(
                    "Model %s must specify a custom Manager, because it has a "
```

```
                "field named 'objects'." % cls.__name__
            )
        # 创建查询管理器对象
        manager = Manager()
        manager.auto_created = True
        # 需要注意这里，不只是将 objects 添加到类定义中，还做了其他的事
        cls.add_to_class('objects', manager)
    ...
    ...
```

从源码中可以看到，使用了 add_to_class 方法将 Manager 对象添加到类定义中。下面看一看 add_to_class 的实现：

```
def add_to_class(cls, name, value):
    # We should call the contribute_to_class method only if it's bound
    if not inspect.isclass(value) and hasattr(value, 'contribute_to_class'):
        # 这里调用了 Manager 的 contribute_to_class 方法
        # 注意 value 是 Manager()，name 是 objects
        value.contribute_to_class(cls, name)
    else:
        setattr(cls, name, value)
```

继续看 Manager 的 contribute_to_class（位于 django/db/models/manager.py 文件中）方法：

```
def contribute_to_class(self, model, name):
    ...
    # 将 Model 的 objects 属性设置为 ManagerDescriptor(self)
    # self 就是 Manager()
    setattr(model, name, ManagerDescriptor(self))
    model._meta.add_manager(self)
```

到这里，终于可以知道，Model.objects 并不是一个 Manager 实例，而是一个 ManagerDescriptor 实例。那么，ManagerDescriptor 又是什么呢？继续看源码（位于 django/db/models/manager.py 文件中）：

```
class ManagerDescriptor:
    def __init__(self, manager):
        self.manager = manager
    def __get__(self, instance, cls=None):
        # Model 实例不可以访问查询管理器
        if instance is not None:
            raise AttributeError("Manager isn't accessible via %s instances" %
cls.__name__)
        # 抽象 Model 不可以访问查询管理器
        if cls._meta.abstract:
            raise AttributeError("Manager isn't available; %s is abstract" % (
                cls._meta.object_name,
            ))
        ...
        ...
```

ManagerDescriptor 其实是一个描述符，是对 Manager 访问的一种保护，其主要目的就是实现对 Model 实例和抽象 Model 的拒绝访问。

这样，继承自 models.Model 的类就自动拥有了主键（id）和查询管理器（objects），这些已经能够满足大多数场景的需要了。Django 通过元类实现它们，在创建自定义 Model 对象的时候这些就已

经完成了，这是非常优雅的做法，也是非常值得学习和借鉴的。

4.4.4 实现 Manager

在之前的很多例子中可以看到，利用 Manager（objects）就可以实现对 Model 的增删改查，而且很多方法会返回 QuerySet 对象，这是怎么实现的呢？

首先，看一看 Manager 的定义（位于 django/db/models/manager.py 文件中）：

```
class Manager(BaseManager.from_queryset(QuerySet)):
    pass
```

Manager 并没有定义什么，只是继承自 BaseManager.from_queryset(QuerySet)，看这个方法的定义：

```
def from_queryset(cls, queryset_class, class_name=None):
    if class_name is None:
        # cls.__name__ 是 BaseManager, queryset_class.__name__ 是 QuerySet
        # 所以最终 class_name 就是 BaseManagerFromQuerySet
        class_name = '%sFrom%s' % (cls.__name__, queryset_class.__name__)
    class_dict = {
        # 这个属性会在 get_queryset 方法中用到
        '_queryset_class': queryset_class,
    }
    # 这里将 QuerySet 中的大部分方法添加到 class_dict 中
    class_dict.update(cls._get_queryset_methods(queryset_class))
    # 利用 type 创建 BaseManagerFromQuerySet 类对象，继承自 BaseManager
    # 将 QuerySet 中的方法注入创建的类中
    return type(class_name, (cls,), class_dict)
```

所以，Manager 实际继承自 BaseManagerFromQuerySet 类，拥有 QuerySet 的大部分方法，也就是说之前看到的 get、create、filter 等方法都来自 QuerySet。

最后，看一看_get_queryset_methods 都注入了哪些方法给 Manager：

```
def _get_queryset_methods(cls, queryset_class):
    def create_method(name, method):
        def manager_method(self, *args, **kwargs):
            # self.get_queryset() 返回的就是 QuerySet 对象实例
            return getattr(self.get_queryset(), name)(*args, **kwargs)
        ...
        return manager_method
    new_methods = {}
    # 遍历 QuerySet 的方法定义
    for name, method in inspect.getmembers(queryset_class, predicate=inspect.
isfunction):
        # 跳过 BaseManager 中的同名方法
        if hasattr(cls, name):
            continue
        queryset_only = getattr(method, 'queryset_only', None)
        # 1. 跳过 queryset_only 标记为 True 的方法
        # 2. 没有标记 queryset_only 且名称以 '_' 开头的方法也会被跳过
        if queryset_only or (queryset_only is None and name.startswith('_')):
            continue
        # 将当前方法注入 new_methods 中
        new_methods[name] = create_method(name, method)
```

```
        return new_methods
```

从源码实现中可以得出结论，Manager 的查询过程其实是依赖 QuerySet 的，Django 通过非常巧妙的方式将 QuerySet 中大部分方法注入 Manager 的基类 BaseManagerFromQuerySet 中，自此 Manager 就有了查询 Model 的能力。

4.4.5　一次完整的 ORM 实现过程

Django ORM 的实现依赖 Manager，Manager 又会依赖 QuerySet，所以，最终查询的实现过程都可以从 QuerySet 中找到答案，接下来就以最常用且最具有代表性的 filter 函数来完整地看一看 ORM 的实现过程。

通常，使用 filter 函数都会传递一些查询条件（如果不传递查询条件，filter 函数相当于 all），例如：

```
>>> Topic.objects.filter(id__lte=2)
```

objects 调用的 filter 函数其实就是 QuerySet 中的 filter，首先看一看 filter 函数的定义（位于文件 django/db/models/query.py 中）：

```
def filter(self, *args, **kwargs):
    return self._filter_or_exclude(False, *args, **kwargs)
```

filter 调用了_filter_or_exclude，且传递的第一个参数是 False。exclude 函数与 filter 实现的功能是类似的，所以，它们都是用_filter_or_exclude 实现的，只是 exclude 传递的第一个参数是 True。

```
def _filter_or_exclude(self, negate, *args, **kwargs):
    if args or kwargs:
        # self.query 是 Query 对象实例，判断当前 QuerySet 是否可以执行 filter
        # 对 QuerySet 做了切片处理之后，不能继续 filter，除非不传递过滤条件
        # 例如：Topic.objects.filter(id__lte=2)[0:1].filter()可以执行
        assert self.query.can_filter(), \
            "Cannot filter a query once a slice has been taken."
    # 得到当前 QuerySet 的副本，主要目的是支持链式查询
    clone = self._chain()
    if negate:
        clone.query.add_q(~Q(*args, **kwargs))
    else:
        # filter 传递的 negate 是 False，所以执行到了这里
        # 调用 Query 的 add_q 方法
        clone.query.add_q(Q(*args, **kwargs))
    return clone
```

_filter_or_exclude 函数首先对当前的查询做出判断，决定是否可以执行 filter；之后，使用_chain 得到当前 QuerySet 的副本，同时，也是最终的返回值；Query 对象的 add_q（位于文件 django/db/models/sql/query.py 中）方法比较复杂，其核心目标就是将当前的查询条件（Q 对象）与之前的查询条件合并在一起，且关系设置为 AND。

这样，filter 函数就返回了，但是并没有实际访问数据库获取数据记录。这也就是 QuerySet 被称为惰性查询的原因。

那么，什么时候 QuerySet 才会真正访问数据库呢？根据之前的查询示例可以知道，在对 QuerySet 进行迭代的时候或者获取实例对象个数（len）的时候就会去查询。这里以迭代 QuerySet 为例看一看这个过程都做了些什么。

在 Python 中，只要对象定义了可以返回迭代器的__iter__方法，那么它就是一个可迭代的对象，

所以，查看 QuerySet 的__iter__的定义：

```
def __iter__(self):
    self._fetch_all()
    return iter(self._result_cache)
```

可以看出，核心实现都应该在_fetch_all 中，继续看_fetch_all 的定义：

```
def _fetch_all(self):
    if self._result_cache is None:
        # self._iterable_class 在 __init__ 中设置的是 ModelIterable
        self._result_cache = list(self._iterable_class(self))
    ......
```

从源码中可以得出结论，QuerySet 会将查询结果保存到 _result_cache 中缓存，只有当缓存不存在的时候（例如第一次查询）才会使用 ModelIterable 获取结果。在查看 ModelIterable 的源码之前，先去看一看 Query（QuerySet 中定义了 query 属性，它实际是 Query 的对象实例）中的 get_compiler 方法（位于文件 django/db/models/sql/query.py 中）：

```
def get_compiler(self, using=None, connection=None):
    if using is None and connection is None:
        raise ValueError("Need either using or connection")
    if using:
        # connections 是一个全局变量，定义位于 django/db/__init__.py 中
        # 这里会触发 ConnectionHandler 的 __getitem__ 方法（Python 语言特性）
        connection = connections[using]
    # 返回对应于查询的 Complier
    return connection.ops.compiler(self.compiler)(self, connection, using)
```

继续查看 ConnectionHandler 的__getitem__方法，确定 connection 是什么（位于文件 django/db/utils.py 中）：

```
def __getitem__(self, alias):
    ...
    # self.databases 在 settings.py 文件中定义 DATABASES（数据库配置字典）
    db = self.databases[alias]
    # 针对当前项目的配置，db['ENGINE']得到的是 django.db.backends.mysql
    # load_backend 将数据库后端引擎加载进来
    backend = load_backend(db['ENGINE'])
    conn = backend.DatabaseWrapper(db, alias)
    setattr(self._connections, alias, conn)
    # 这里返回的就是 DatabaseWrapper 对象
    # 定义在 django/db/backends/mysql/base.py 文件中
    return conn
```

由此 Django 确定了需要使用的数据库后端，并将它加载进来。最后，只需要得到 get_compiler 方法的返回值。

查看 DatabaseWrapper 的定义可以知道 connection.ops 实际是 DatabaseOperations（位于文件 django/db/backends/mysql/base.py 中），继续查看它的 compiler 方法（DatabaseOperations 自身没有定义 compiler，而是来自它的基类 BaseDatabaseOperations，位于文件 django/db/backends/base/operations.py 中）：

```
def compiler(self, compiler_name):
    if self._cache is None:
        # self.compiler_module 定义于 DatabaseOperations，其值为
```

```
            # django.db.backends.mysql.compiler
            self._cache = import_module(self.compiler_module)
        # 所以，这里就是要返回 django.db.backends.mysql.compiler 模块中
        # 定义的 compiler_name 类或者其子类
        return getattr(self._cache, compiler_name)
```

compiler_name 是通过 connection.ops.compiler(self.compiler) 传递进来的，所以，它的定义应该位于 Query 对象中，经过查看 Query 的定义，可以确定其值为 SQLCompiler。

所以，最终 get_compiler 方法会返回 SQLCompiler 的对象实例（位于文件 django/db/backends/mysql/compiler.py 中）。

需要注意，get_compiler 最终会返回什么是由 compiler_name 决定的，例如，对于 Query 对象的子类 UpdateQuery，返回的就是 SQLUpdateCompiler。

明白了 get_compiler 方法的实现过程和最终的返回依据，接下来查看 ModelIterable 的实现源码（位于文件 django/db/models/query.py 中）：

```
    class ModelIterable(BaseIterable):
        """Iterable that yields a model instance for each row."""
        def __iter__(self):
            queryset = self.queryset
            db = queryset.db
            # Query 获取对应的 Complier，针对本次查询，获取的是：
            # django.db.backends.mysql.compiler.SQLCompiler
            compiler = queryset.query.get_compiler(using=db)
            # 在这里生成 SQL 语句，连接数据库并执行 SQL 查询，获取原始数据结果
            results = compiler.execute_sql(chunked_fetch=self.chunked_fetch,
                chunk_size=self.chunk_size)
            select, klass_info, annotation_col_map =
               (compiler.select, compiler.klass_info,
                                   compiler.annotation_col_map)
            model_cls = klass_info['model']
            ...
            ...
            for row in compiler.results_iter(results):
                # 将原始数据结果封装成 Model 对象实例
                obj = model_cls.from_db(db, init_list,
                    row[model_fields_start:model_fields_end])
                ...
                ...
                yield obj
```

execute_sql 方法来自 django/db/models/sql/compiler.py 中，首先会利用 as_sql 完成 SQL 查询语句的拼接，之后建立与数据库的连接并获取游标，最后完成查询获取数据记录。

execute_sql 返回的 results 在迭代的过程中，利用 model_cls.from_db（对于当前的查询 model_cls 就是 Topic 对象，from_db 来自其基类 models.Model）方法将原始查询结果封装成 Model 实例对象。

至此，一个完整的 ORM 查询过程实现就分析完了。最后，仍然以 Topic 的 filter 查询为例对 Django 的 ORM 实现进行完整的总结。

（1）定义 Topic 对象，继承自抽象类 BaseModel，BaseModel 又继承自 models.Model，所以，Topic 由元类 ModelBase 创建。

（2）ModelBase 在创建 Topic 的过程中添加了主键字段和查询管理器，查询管理器克隆了 QuerySet 的大部分方法，所以，可以实现对 Model 的查询，且查询管理器实际是 ManagerDescriptor 对象。

（3）filter 函数来自 QuerySet，首先得到当前 QuerySet 的副本，再将当前的查询条件与之前的条

件合并，最后返回 QuerySet 对象，支持链式查询。

（4）filter 并没有执行数据库查询，这是 Django 的延迟加载策略，只有当真正需要数据的时候才会执行，例如对其进行迭代。

（5）QuerySet 调用 Query 获取对应的 SQLCompiler。

（6）SQLCompiler 生成 SQL 语句，连接数据库执行查询，获取数据记录，并完成原始数据到 Model 对象实例的转换。

Django 的 ORM 实现过程是比较复杂的，使用了很多 Python 的高级技巧。但是，经过前面对示例的分析可以看出，其代码组织非常合理，脉络清晰，针对特定的查询，只需要一步步跟踪代码的执行路径就能够理解其实现原理，所以，面对复杂的问题，细心拆解，也会将复杂的问题简单化。同样，如果读者感兴趣的话，也可以对 get、exclude、all 等查询方法的实现过程进行分析总结。

05

第5章　Django管理后台

Django 的 ORM 模块提供了丰富的 API 用于实现对 Model 的增删改查，但是对于 Web 站点的管理运营人员来说，学习它们的成本较高，且误操作的可能性较大。自己去构建管理界面当然是可以的，但是当系统越来越复杂，Model 越来越多，就会增加很多重复性的工作，这种过程就会变得索然无味。Django 完全考虑到了这一点，它可以让开发人员几乎不用写代码就能拥有一个功能强大的 Model 管理后台。本章将介绍 Django 提供的这个强大的功能。

5.1　将 Model 注册到管理后台

5.1.1　启用管理后台的准备工作

Django 提供的管理后台位于 django.contrib.admin 包中，查看它的目录结构可以知道，它也是一个应用，是 Django 框架内置的应用。要启用管理后台（Admin）应用，也需要做一些准备工作，虽然这些工作在之前创建 my_bbs 项目的时候都已经完成了，但是没有系统地说明，下面简单地对这些必要条件进行说明。

1. settings.py 文件中的配置

Django 项目在启动的时候会根据 settings.py 文件中定义的 INSTALLED_APPS 加载应用，由于 Admin 也是一个应用，所以，想要使用它就需要把 django.contrib.admin 加入 INSTALLED_APPS 中。添加 Admin 应用是 Django 的默认行为，这一步在创建项目生成目录结构的时候就已经完成了。

Admin 应用有四个依赖应用，它们都位于 django.contrib 包中，所以，同样需要将它们加入 INSTALLED_APPS 中。

django.contrib.auth：用户与权限认证应用。

django.contrib.contenttypes：对 Model 提供更高层次抽象接口的应用，同时 auth 应用也需要依赖它。

django.contrib.sessions：保存用户状态的会话应用。

django.contrib.messages：消息应用。

这四个应用默认会在创建项目的时候自动添加，所以，这一步也是由 Django 自动完成的，不需要额外配置。

有些应用需要与中间件配合使用，所以，还要在 MIDDLEWARE 中加入需要的中间件。

django.contrib.sessions.middleware.SessionMiddleware：实现会话应用的会话中间件。

django.middleware.common.CommonMiddleware：对 URL 执行重写的中间件。

django.contrib.auth.middleware.AuthenticationMiddleware：验证用户身份的认证中间件。

django.contrib.messages.middleware.MessageMiddleware：用来支持消息应用的中间件。

以上这些中间件同样不需要手动添加，也是由 Django 自动添加的。需要注意的是，中间件的顺序是非常重要的，改变其定义的顺序可能会导致应用不可用。

TEMPLATES 是关于模板相关的配置，要使用管理后台，需要在 DjangoTemplates 后端的 context_processors（上下文处理器）选项中添加。

django.contrib.auth.context_processors.auth：用来在模板中访问用户和权限的上下文处理器。

django.contrib.messages.context_processors.messages：用来支持消息应用的上下文处理器。

模板的配置同样是由 Django 来完成的，所以，不需要对这里进行改动。

2. 应用数据库迁移

配置了需要加载的应用（INSTALLED_APPS）之后，就可以使用 Django 提供的数据库迁移命令创建各个应用定义的数据表。这在创建项目的时候已经完成了，所以，不需要重复操作。

经过查看数据库中生成的表可以知道，Admin 应用在数据库迁移过程中只创建了 django_admin_log 一张表，用于记录通过管理后台完成的对 Model 的添加、更改和删除操作。表结构如图 5-1 所示。

```
mysql> desc django_admin_log;
+-----------------+----------------------+------+-----+---------+----------------+
| Field           | Type                 | Null | Key | Default | Extra          |
+-----------------+----------------------+------+-----+---------+----------------+
| id              | int(11)              | NO   | PRI | NULL    | auto_increment |
| action_time     | datetime(6)          | NO   |     | NULL    |                |
| object_id       | longtext             | YES  |     | NULL    |                |
| object_repr     | varchar(200)         | NO   |     | NULL    |                |
| action_flag     | smallint(5) unsigned | NO   |     | NULL    |                |
| change_message  | longtext             | NO   |     | NULL    |                |
| content_type_id | int(11)              | YES  | MUL | NULL    |                |
| user_id         | int(11)              | NO   | MUL | NULL    |                |
+-----------------+----------------------+------+-----+---------+----------------+
```

图 5-1 django_admin_log 表结构

其中 id 是自增的主键字段，不需要太多关注，这里看一下其他字段的含义。

action_time：datetime 类型，保存操作发生的日期和时间。

object_id：longtext 类型，保存修改对象的主键。

object_repr：varchar 类型，保存修改后的对象执行 repr 函数的值，repr 是 Python 的内置函数，用于将对象转换为字符串。

action_flag：无符号 smallint 类型，用于记录操作类型 ADDITION（值为 1，表示添加）、CHANGE（值为 2，表示更新）、DELETION（值为 3，表示删除）。

change_message：longtext 类型，用于保存修改对象的详细描述。

content_type_id：int 类型，外键关联 ContentType 对象。

user_id：int 类型，外键关键 User 对象（默认值），记录执行操作的用户。

3. 创建用户并授予访问权限

在管理后台中可以实现对 Model 实例对象的增加、删除和修改，这是非常简单且方便的，但同时这又是非常危险的，不应该每个用户都有这样的权限。

由于还没有介绍 Django 内置的权限认证系统，因此这里只需要知道“超级用户”拥有所有的权限。在之前创建项目的内容中，使用了 manage 的 createsuperuser 命令创建名称为 admin 的超级用户，接下来就以这个用户登录管理后台并对 Model 进行操作。

至此，启用管理后台功能的准备工作就已经结束了。这些都是 Django 的默认配置项，不需要做任何修改。如果没有特殊的要求或限制，应该遵循 Django 的建议，开启后台管理功能。

5.1.2 实现 Model 的注册

在之前已经看到 Admin 管理后台中有用户和组两个 Model，这是 Django 内置的应用注册的。对于 my_bbs 项目来说，post 应用定义了 Topic 和 Comment 两个 Model，将它们注册到管理后台是非常简单的。下面来看注册 Model 的方法。

1. 在 admin.py 文件中声明

简单地说，把自定义的 Model 注册到管理后台就是要告诉 Django 哪些 Model 需要显示出来，即声明它们。

manage 的 startapp 命令在创建 post 应用的时候会自动创建 admin.py 文件，想要把自定义的 Model 注册到管理后台，就需要在这个文件中进行声明：

```
from django.contrib import admin
from post.models import Topic, Comment
admin.site.register([Topic, Comment])
```

可以看到，只需要给 register 方法传递 Model 对象的列表就完成了注册过程。当 Django 看到这个定义，就会使用预设的页面呈现管理后台，虽然没有附加定制化的功能，但是这对于简单的增删改操作已经足够了。

2. 设定管理后台的路由

设定路由就是指定一个页面的入口，在之前已经看到访问管理后台的路径是 http://127.0.0.1:8000/admin/。这也是需要配置的，Django 的路由系统会根据用户的配置确定应该打开的页面。由于还没有对路由系统进行介绍，这里只需要知道这个概念。

Django 项目的路由配置由 settings.py 文件的 ROOT_URLCONF 变量指定，对应于 my_bbs 项目就是 my_bbs/urls.py 文件。默认情况下，Django 已经设定了管理后台的路由，这也是创建项目之后就可以打开管理后台的原因。

经过这两步操作，就将 Topic、Comment 两个 Model 注册到管理后台中了。此时，启动项目并在浏览器中打开管理后台可以看到图 5-2 所示的界面。

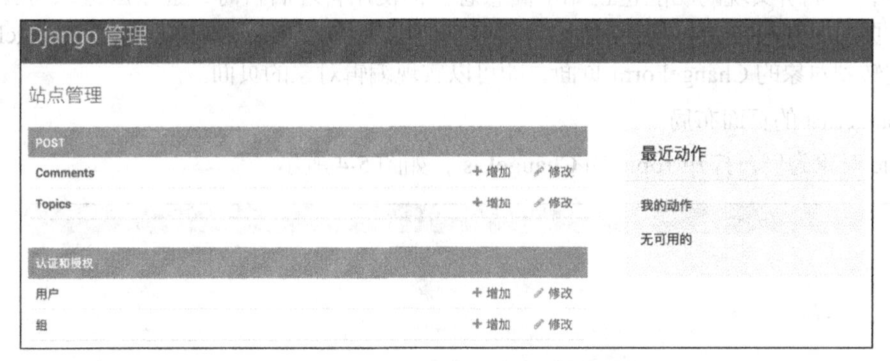

图 5-2 注册 post 应用 Model 到管理后台

可以看到，相比之前的页面，多出了 post 应用的 Topic 和 Comment 的管理入口，且默认情况下 Django 会在 Model 的名字后面加上字母 s 显示。如果要自定义这个名称，可以在 Model 的 Meta 中声明，例如：

```
class Topic(BaseModel):
    class Meta:
        verbose_name = u'话题'
        verbose_name_plural = u'话题'

class Comment(BaseModel):
    class Meta:
        verbose_name = u'话题评论'
        verbose_name_plural = u'话题评论'
```

刷新管理后台可以看到显示的名称发生了变化，如图 5-3 所示。

图 5-3　自定义 Model 显示的名称

完成注册之后，拥有权限的管理员就可以用可视化的方式实现对 Model 对象实例的增删改查操作，下一节将会介绍这种方式。

5.2 使用管理后台操作 Model 对象实例

管理后台最重要的功能就是对当前系统中的表数据实现可视化的操作，Django 为此做了很多工作，例如根据字段的类型选择使用合适的窗口控件、友好的错误提示以及操作历史记录等。

5.2.1　管理后台中的基本操作

在管理后台的首页（登录进去展示的页面），对应于每一个 Model，在其右边都会有两个按钮：增加和修改，它们所实现的功能也正如字面意思。但使用管理后台时，通常应进入对应 Model 的 ChangeList 页面。管理后台中列出 Model 对象实例的页面称为 ChangeList，单击 ChangeList 中的对象实例会跳转到对象的 ChangeForm 页面，即可以实现编辑对象的页面。

1. ChangeList 的页面布局

以 Topic 对象为例，打开 Topic 的 ChangeList，如图 5-4 所示。

图 5-4　Topic 的 ChangeList 页面

默认的 ChangeList 页面看上去比较“简陋”，它主要包含 4 个区域。

（1）动作工具栏：常被用于对实例对象的批处理操作。目前只有“删除所选的话题”一个动作可以使用，勾选实例，单击“执行”按钮，可以将其从数据表中删除。

（2）Model 实例对象列表：这里会展示 Topic 对应数据表的数据记录，数据记录的名称取自__str__函数的返回值。这个区域会自动分页展示，默认每页 100 条数据。另外需要注意，这里展示的数据记录除了会按照自定义的顺序排序之外，还会自动地加上按照主键倒序排列。

（3）Model 实例对象总数：位于实例列表的下方（如图 5-4 中显示的“3 话题”），Django 会使用 SELECT COUNT(*)的方式获取记录总数。

（4）增加 Model 实例对象：位于页面的右上角，单击此按钮即可跳转到 Model 的添加页面。

需要注意，页面的标题“选择话题来修改”和 Model 实例对象上面的加粗“话题”都是由 Topic 中 Meta 的 verbose_name 指定的。

2. 通过 ChangeForm 修改字段值

单击 Topic 在 ChangeList 中展示的第一个实例对象（并无特别含义），进入实例对象的 ChangeForm 页面，如图 5-5 所示。

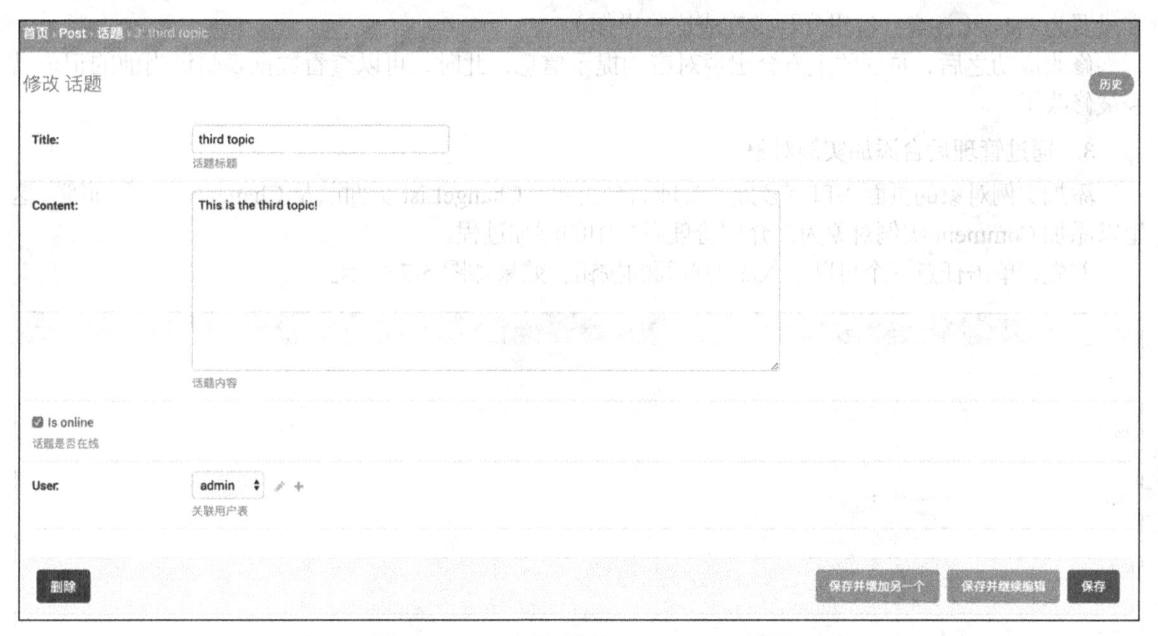

图 5-5 Topic 实例对象的 ChangeForm 页面

对于 ChangeForm 页面，需要知道它的一些重要特性。

（1）字段展示的顺序与在 Model 中定义的顺序相同，但是需要注意，主键和不可编辑的字段不会显示。如页面中所示，Topic 的 created_time 和 last_modified 字段没有显示在 ChangeForm 中，因为它们分别设置了 auto_now_add 和 auto_now，Django 将会把 editable 设置为 False，即不可编辑。

（2）字段展示的控件由字段类型决定，例如字符类型的 title 用文本框展示、布尔类型的 is_online 用复选框展示等。

（3）字段下方的文字提示由字段定义的 help_text 参数指定，例如 title 字段显示的“话题标题”。

（4）对字段的修改内容如果不合法，页面会给出错误提示。

（5）页面最下方的按钮实现字面意思的功能，对于删除操作需要注意，级联删除的特性可能会导致其他 Model 对象实例被删除。

（6）右上角的历史按钮可以查看从当前管理页面操作当前实例对象的记录。

了解 ChangeForm 的特性之后，尝试修改当前实例的 title 字段。首先，将 title 字段的内容清空并单击“保存并继续编辑”（与“保存”按钮的不同之处是它会停留在当前的页面，单击“保存”按钮会跳转到 ChangeList 页面）按钮，效果如图 5-6 所示。

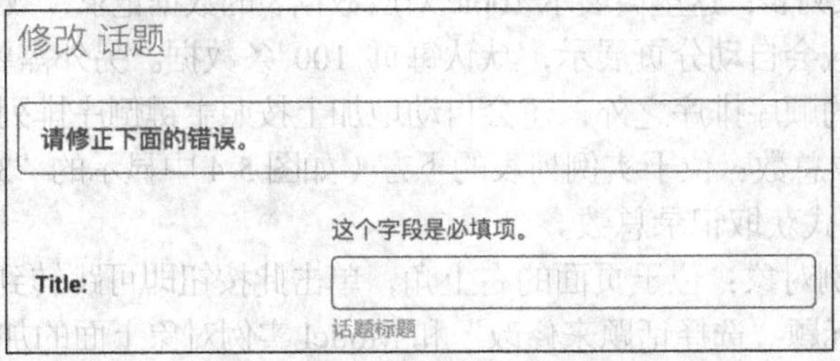

修改 话题

请修正下面的错误。

这个字段是必填项。

Title:

话题标题

图 5-6　清空 title 并保存的错误提示

正如之前所说，Django 发现了错误，并给出了错误提示，这个时候修改并没有发生，所以，也不会影响数据表记录。

重新尝试修改 title 字段，将它修改为 third topic!之后，再将当前的 Topic 实例下线，即 is_online 字段置为 False（注意，这里分两步完成这些操作）。

修改成功之后，页面的上方会出现对应的提示信息，此时，可以查看数据表验证当前的记录已经被修改了。

3. 通过管理后台添加实例对象

添加实例对象的页面入口有多处：管理后台首页、ChangeList 页面以及 ChangeForm 页面等。这里以添加 Comment 实例对象为例介绍管理后台中的添加过程。

首先，单击任意一个可以进入添加页面的按钮，效果如图 5-7 所示。

首页 › Post › 话题评论 › 增加 话题评论

增加 话题评论

Content:

话题评论

Topic: --------- +

关联话题表

Up: 0

支持

Down: 0

反对

保存并增加另一个　保存并继续编辑　保存

图 5-7　Comment 实例对象的添加页面

对于 content、up 和 down 这一类基本字段类型的填充比较简单，这里不多做介绍。对于 topic 字段，它是与 Topic 实例对象关联的外键，这里呈现为下拉框，单击下拉框会展示当前系统中所有的 Topic 实例对象以供选择。

可以注意到当前 topic 字段下拉框右边的第一个笔形符号按钮是不可用状态，暂时不需要考虑。可以单击第二个“+”按钮，单击之后会打开 Topic 实例对象的添加页面，如果此时利用这个页面创建了一个 Topic 实例，那么返回后当前 Comment 的 topic 字段会自动选择刚刚创建的 Topic 实例。

选择 id 为 1 的 Topic 实例对象（并无特别含义）后，当前页面 topic 字段展示效果如图 5-8 所示。

图 5-8　选择 id 为 1 的 Topic 实例对象

可以看到，下拉框右边的第一个笔形按钮变成可用，单击之后发现，它会打开对应当前 Topic 的实例修改页面。

设置其他的字段，并单击页面右下角任意一个按钮就可以完成添加 Comment 实例对象的操作。

4. 通过管理后台删除实例对象

管理后台删除实例对象有两个入口：ChangeList 中的动作工具栏和 Model 实例对象 ChangeForm 页面。其中，动作工具栏的入口支持批量删除。

不管是批量删除还是单实例删除，其功能实现都是类似的，这里以单实例删除为例，在 Model 实例的 ChangeForm 页面单击“删除”按钮即可。由于删除操作是比较危险的，所以，Django 管理后台为此做了一个中间页用于确认删除，如图 5-9 所示。

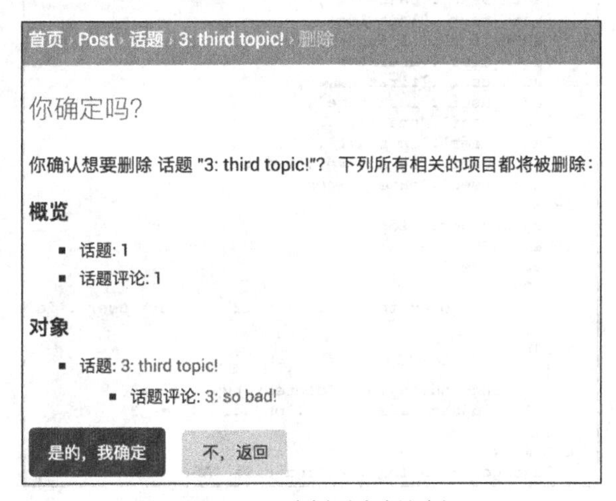

图 5-9　Model 实例删除确认中间页

可以看到，管理后台会展示当前删除操作影响的 Model 实例对象的相关信息。单击“是的，我确定”按钮完成删除操作，单击“不，返回”按钮会回到之前的 ChangeForm 页面。

Django 对管理后台的实现做了很多工作，而且也考虑了很多问题，例如针对不同的字段类型选用不同的控件、对错误的字段赋值操作给出提示、避免实例被误删除提供了确认中间页等，目的就是给使用管理后台的管理员提供一种简单的操作环境，将使用管理后台的学习成本最小化。

5.2.2　管理后台操作历史

之前在管理后台中对 id 为 3 的 Topic 实例对象有过修改操作，这种操作会被管理后台记录下来，接下来就来看一看这些修改记录。

1. 管理后台展示变更历史

首先进入 id 为 3 的 Topic 实例对象的 ChangeForm 页面，单击页面右上角的“历史”按钮进入变更历史页，如图 5-10 所示。

可以看到，变更历史页非常简单，只有三列数据。需要注意，对于变更历史的展示，Django 并不仅展示当前用户对实例的修改操作，它会把对当前实例的所有修改操作展示出来，即与用户无关。为了验证这个特性，可以查看执行的 SQL 查询语句，如图 5-11 所示。

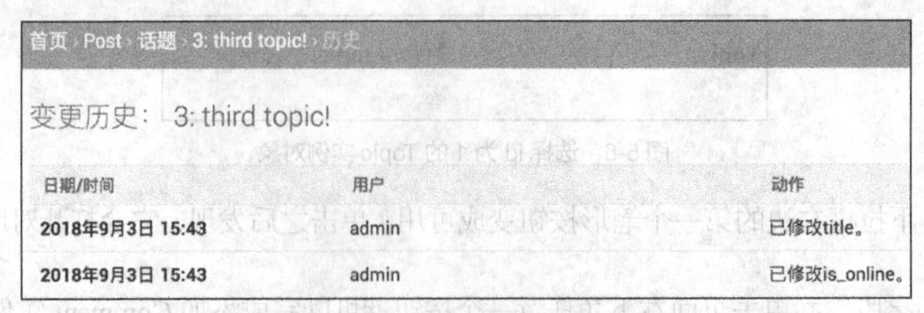

图 5-10　Model 实例对象变更历史

```
SELECT
    `django_admin_log`.`id`,
    `django_admin_log`.`action_time`,
    `django_admin_log`.`user_id`,
    `django_admin_log`.`content_type_id`,
    `django_admin_log`.`object_id`,
    `django_admin_log`.`object_repr`,
    `django_admin_log`.`action_flag`,
    `django_admin_log`.`change_message`,
    `auth_user`.`id`,
    `auth_user`.`password`,
    `auth_user`.`last_login`,
    `auth_user`.`is_superuser`,
    `auth_user`.`username`,
    `auth_user`.`first_name`,
    `auth_user`.`last_name`,
    `auth_user`.`email`,
    `auth_user`.`is_staff`,
    `auth_user`.`is_active`,
    `auth_user`.`date_joined`
  FROM
    `django_admin_log`
  INNER JOIN
    `auth_user`
      ON (
        `django_admin_log`.`user_id` = `auth_user`.`id`
      )
  WHERE
      (
        `django_admin_log`.`content_type_id` = 8
        AND `django_admin_log`.`object_id` = '3'
      )
  ORDER BY
    `django_admin_log`.`action_time` ASC
```

图 5-11　查询变更历史的 SQL 语句

从查询 SQL 语句中可以看出，django_admin_log 表通过与 auth_user 表做内连接获取用户相关信息，所以，用户那一列会显示 admin。变更历史的展示会按照 action_time 正序排列。

2. django_admin_log 表数据记录

如之前所说，管理后台的操作历史记录于 django_admin_log 表中。对于当前的变更历史信息，我们来看它们在数据表中是怎么存储的，如图 5-12 所示。

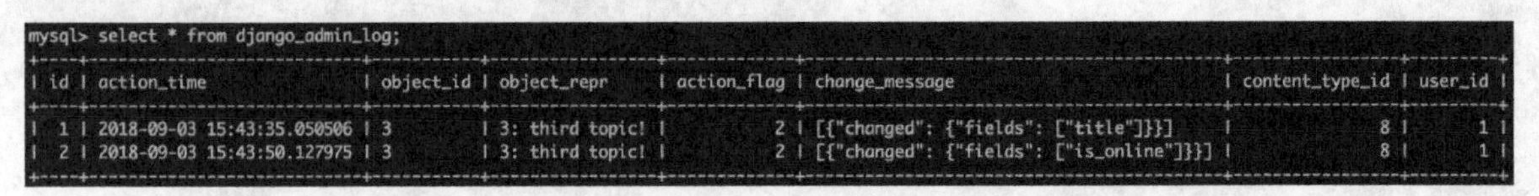

mysql> select * from django_admin_log;

id	action_time	object_id	object_repr	action_flag	change_message	content_type_id	user_id
1	2018-09-03 15:43:35.050506	3	3: third topic!	2	[{"changed": {"fields": ["title"]}}]	8	1
2	2018-09-03 15:43:50.127975	3	3: third topic!	2	[{"changed": {"fields": ["is_online"]}}]	8	1

图 5-12　django_admin_log 表中记录的实例变更历史

接下来，对表中部分字段（像 action_time 这种字段比较简单，不多做解释）存储数据进行解释。

（1）表中两条数据的 action_flag 列值都是 2，代表的是 CHANGE 操作，即更新数据记录。

（2）change_message 列根据操作内容填充对应的操作描述，这里将描述的内容存储为 JSON 格式，在变更历史页展示时会对这个字段值进行解释。

（3）content_type_id 列存储的是 django_content_type 表的主键值，用来标识 Model 对象。

表中 content_type_id 列存储的值是 8，对应地查询 django_content_type 表，结果如图 5-13 所示。

```
mysql> select * from django_content_type where id = 8;
+----+-----------+-------+
| id | app_label | model |
+----+-----------+-------+
|  8 | post      | topic |
+----+-----------+-------+
```

图 5-13 id 为 8 的 django_content_type 表数据记录

django_content_type 表记录了项目中 Model 的元数据信息，表中的每一条记录都对应某一个应用的 Model。可以通过 django_content_type 表的主键确定 Model 对象，再通过 Model 实例的 id 找到具体的实例对象，例如：

```
>>> from django.contrib.contenttypes.models import ContentType
>>> ct = ContentType.objects.get(id=8)
>>> ct.get_object_for_this_type(pk=3)
<Topic: 3: third topic!>
```

对 django_content_type 表暂时只介绍这么多，后面会对它进行详细的介绍。

5.3 使用 ModelAdmin 自定义管理后台

之前已经介绍过，默认的管理后台提供了操作 Model 的能力，但是总体感觉在功能和样式上还比较“简陋”。Django 当然也考虑到了这一点，因此提供了 ModelAdmin 用来自定义管理后台的功能和样式。ModelAdmin 功能强大，包含了许多内置属性，自定义管理后台的过程其实就是调整这些属性的过程。下面来介绍如何利用 ModelAdmin 定制管理后台。

5.3.1 注册 Model 到 Admin 的两种方式

5.1 节已经介绍了将 Model 注册到 Admin 中，这是最简单的注册方式，在显式地提供 ModelAdmin 时，有两种方式可以完成注册过程：给 register 提供自定义的 ModelAdmin 子类或者使用 admin.register 装饰器。

不管是使用哪一种方法注册，首先都需要有自定义的 ModelAdmin 类对象，由于还没有介绍到它的内置属性，这里以最简单的形式定义 TopicAdmin 和 CommentAdmin：

```
from django.contrib import admin
class TopicAdmin(admin.ModelAdmin):
    pass
class CommentAdmin(admin.ModelAdmin):
    pass
```

1. 使用 register 方法注册

这种注册方式与之前的很像，只是需要将 ModelAdmin 传递进去：

```
admin.site.register(Topic, TopicAdmin)
admin.site.register(Comment, CommentAdmin)
```

需要注意，Django 规定，每一个 Model 只可以注册一次，所以，需要将之前的注册语句注释掉或者直接删除，否则会抛出 django.contrib.admin.sites.AlreadyRegistered 异常。

刷新管理后台页面，可以发现，功能与显示样式没有发生任何变化，这是因为目前还没有定制 ModelAdmin 的任何属性。

2. 使用 admin.register 装饰器注册

这种方式能够实现与 register 方法同样的功能，但更为简单，只需要在 ModelAdmin 类上使用装饰器标注需要注册的 Model 就可以了：

```
@admin.register(Topic)
class TopicAdmin(admin.ModelAdmin)

@admin.register(Comment)
class CommentAdmin(admin.ModelAdmin)
```

同样需要将之前的注册语句删除，再次刷新管理后台页面，就能够看到默认的管理后台样式了。

两种注册方式实现的功能是一样的，装饰器的形式会更加简单，下面介绍 ModelAdmin 都支持哪些常用的属性，并配置对应的属性构建一个自己想要的管理后台。

5.3.2 ModelAdmin 的常用属性

通过配置 ModelAdmin 的一些属性，可以给管理后台增加许多有用的功能，例如在动作工具栏中添加“动作”、给 ChangeList 添加额外的列、在 ChangeForm 中重新编排字段的展示样式等。接下来就详细地介绍一些 ModelAdmin 的常用属性以及它们的使用方法。

1. 利用 actions 丰富动作工具栏

ChangeList 中的动作工具栏默认只包含“删除所选的 XX”，它可以实现批量删除 Model 实例对象的操作。批量操作是一个非常有用的特性，例如针对用户发布的 Topic，如果能在动作工具栏中实现批量地上线和下线（对应 is_online 字段），会给管理员操作多个 Topic 时带来很多方便。这时，可以选择使用 actions 属性来实现。

对于动作工具栏中的每一个 action 都有这样的几个特性。

（1）通常将它实现为一个函数，且带有三个参数。

① 当前的 ModelAdmin。

② 当前的请求 HttpRequest。

③ 勾选的 Model 实例对象 QuerySet。

（2）可以给 action 函数添加 short_description 属性，给出当前 action 的行为描述，否则 Django 会使用函数名。

（3）可以通过设置 django.contrib.admin.ModelAdmin.message_user() 给用户提示操作结果。

通常，会将 action 定义为 ModelAdmin 的方法，并在 actions（注意区分 action 是动作，actions 是 ModelAdmin 的属性）中配置，例如：

```
@admin.register(Topic)
class TopicAdmin(admin.ModelAdmin):
    actions = ['topic_online', 'topic_offline']

    def topic_online(self, request, queryset):
        rows_updated = queryset.update(is_online=True)
        self.message_user(request, '%s topics online' % rows_updated)
    topic_online.short_description = u'上线所选的 %s' % Topic._meta.verbose_name

    def topic_offline(self, request, queryset):
        rows_updated = queryset.update(is_online=False)
        self.message_user(request, '%s topics offline' % rows_updated)
    topic_offline.short_description = u'下线所选的 %s' % Topic._meta.verbose_name
```

这里给 TopicAdmin 添加了两个方法，topic_online 实现批量上线，topic_offline 实现批量下线，同时将函数名添加到 actions 属性列表中。它们的实现过程都很简单，只是调用了 QuerySet 的 update 方法修改了 is_online 字段，利用 rows_updated 收集受影响的记录条数，并利用 message_user 方法提示给用户。最后给函数添加了描述信息。

将上述代码置于 admin.py 文件中，刷新管理后台，进入 Topic 的 ChangeList 页面，可以看到动作工具栏多出了两个“动作”，如图 5-14 所示。

这里的名称就是 short_description 所起的作用。随意选中几个实例对象，执行“上线所选的话题”动作，返回后可以看到图 5-15 所示的效果。

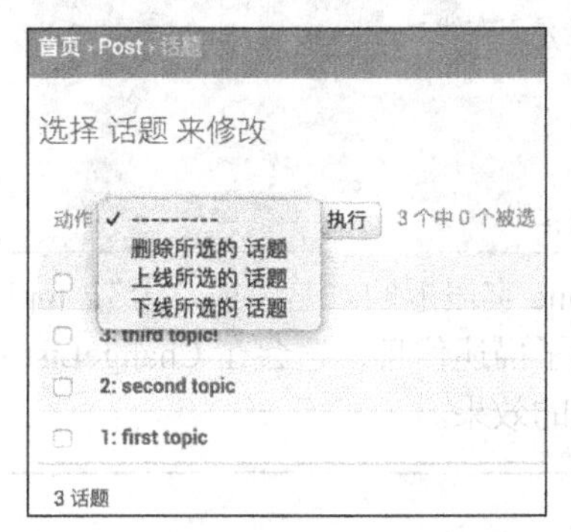

图 5-14 Topic 动作工具栏增加了上线和下线话题

图 5-15 动作执行结果提示

页面上方显示“2 topics online”，这就是 message_user 方法所起的作用，其中数字 2 就是 rows_updated 变量的值。此时可以查看数据表记录，验证当前的动作是否生效。

这里给出的例子比较简单，通常批量操作都会遍历 QuerySet，依据不同的条件修改实例对象，但本例对于介绍 actions 属性的使用方法已经足够了。最后，如果需要批量操作的功能，那么只需要按照规则定义动作，并加入 actions 的属性列表中即可。

2. 利用 list_display 修改 ChangeList 的显示列

默认情况下，Model 的 ChangeList 页面只会显示一列，内容是实例对象的__str__()函数返回值。如果想多显示一些列值数据，那么可以通过 ModelAdmin 的 list_display 属性来实现。

首先，看一个简单的例子：

```
@admin.register(Topic)
class TopicAdmin(admin.ModelAdmin):
    list_display = ('title', 'content', 'is_online', 'user', 'created_time')
```

list_display 中填充了 Topic 的 5 个字段，这样，管理后台在显示 Topic 的 ChangeList 时就会显示这 5 列，且列的名称与字段名称是对应的，如图 5-16 所示。

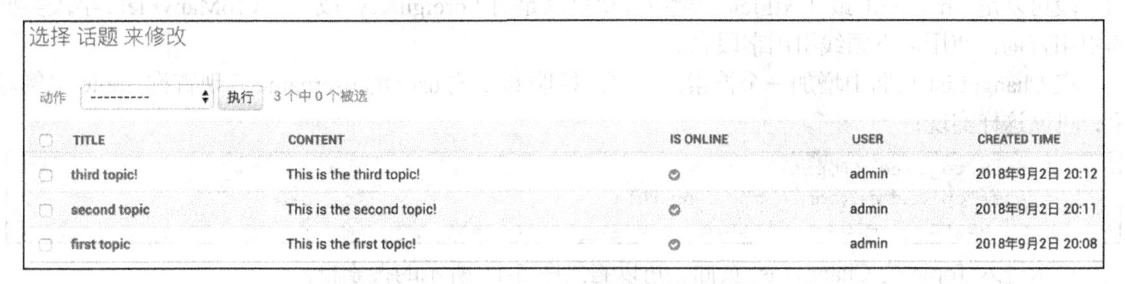

图 5-16 ChangeList 显示自定义的 5 列数据

这种情况下，Django 会将 list_display 中的第一项作为 link，即可以单击进入实例对象的 ChangeForm 页面。

list_display 中除了可以配置 Model 的字段名之外，还可以接收函数，且这个函数接收一个 Model 实例对象作为参数。通常会将函数定义在 ModelAdmin 中，例如：

```
@admin.register(Topic)
class TopicAdmin(admin.ModelAdmin):
    list_display = ('title', 'topic_content', 'topic_is_online', 'user')

    def topic_is_online(self, obj):
        return u'是' if obj.is_online else u'否'
    topic_is_online.short_description = u'话题是否在线'

    def topic_content(self, obj):
        return obj.content[:30]
    topic_content.short_description = u'话题内容'
```

如上 ModelAdmin 的定义，topic_is_online 根据 is_online 字段返回“是”或“否”，topic_content 则截取 content 字段的前 30 个字符。两个函数都对应添加了描述信息，这会在 ChangeList 中的列名体现。修改 list_display，刷新页面，可以看到图 5-17 所示的效果。

选择 话题 来修改

动作 --------- 执行 3 个中 0 个被选

	TITLE	话题内容	话题是否在线	USER
☐	third topic!	This is the third topic!	是	admin
☐	second topic	This is the second topic!	否	admin
☐	first topic	This is the first topic!	是	admin

图 5-17　list_display 中配置自定义函数

在使用 list_display 时需要特别注意它的两个特性。

（1）对于 Foreignkey 类型的字段，显示的是 obj.__str__()返回的值，例如当前 Topic 页面的 user 字段显示为 admin。

（2）不支持 ManyToManyField 类型的字段，如果确实需要展示，可以使用自定义方法实现需求。

3. 利用 search_fields 给 ChangeList 添加搜索框

根据某个字段或者某几个字段的值对当前的实例列表进行搜索是很有意义的，例如，对于 Topic 实例，管理员想要搜索 title 包含 XX 字符的需求就是很常见的。

Django 考虑到了这一点，提供了 search_fields 属性，在 ChangeList 中表现为一个搜索框，查询的字段可以是 CharField 或 TextField 类型的，也可以是对 ForeignKey 或 ManyToManyField 字段类型的引用查询，使用双下画线引用字段名。

在 ChangeList 页面中增加一个搜索框，可以按照 title 或 user 的 username 实现查询 Topic 实例对象，可以这样实现：

```
@admin.register(Topic)
class TopicAdmin(admin.ModelAdmin):
    search_fields = ['title', 'user__username']
```

再次进入 Topic 的 ChangeList 页面，可以看到图 5-18 所示的搜索框。

在搜索框中输入 first，并单击“搜索”按钮，会匹配 id 为 1 的 Topic。此时，Django 实现的查询语句 WHERE 条件如下：

```
'post_topic'.'title' LIKE '%first%' OR 'auth_user'.'username' LIKE '%first%'
```

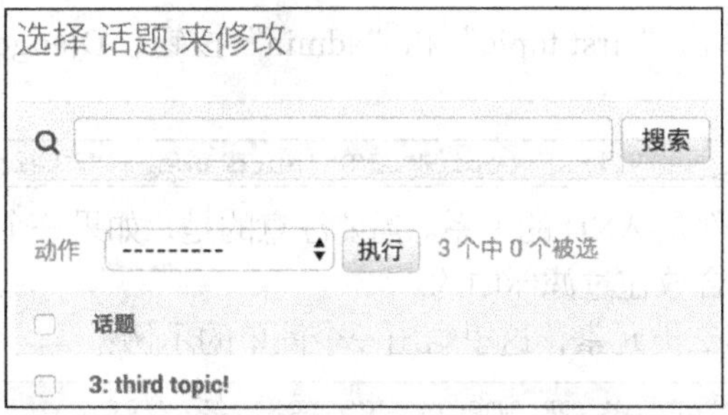

图 5-18　可以按照 title 或 username 实现查询的搜索框

对于搜索框中的输入词，Django 会将其分割成多个关键字，并返回所有包含这些关键字的实例对象，需要注意的是，每个关键字都必须是 search_fields 中的至少一个。这样的解释听起来会比较模糊，举个例子，对于当前的搜索框而言，输入 first admin（注意，两个词之间有空格），单击“搜索”按钮，Django 会执行如下所示的 WHERE 查询条件：

```
(('post_topic'.'title' LIKE '%first%' OR 'auth_user'.'username' LIKE '%first%') AND
('post_topic'.'title' LIKE '%admin%' OR 'auth_user'.'username' LIKE '%admin%'))
```

除此之外，还可以在字段名的前面添加元字符限制搜索行为，例如添加 ^ 会限制匹配关键字的开头，添加 = 将成为完全匹配。例如，将之前的 search_fields 修改为：

```
search_fields = ['^title', '=user__username']
```

再次输入 first 并搜索，WHERE 查询条件变成：

```
'post_topic'.'title' LIKE 'first%' OR 'auth_user'.'username' LIKE 'first'
```

4. 利用 list_filter 给 ChangeList 添加过滤器

配置 list_filter 属性，可以在 Model 的 ChangeList 页面的右侧添加过滤器，且各个过滤条件是 AND 的关系。

list_filter 是列表或者元组类型，通常使用它会传递两类元素：Model 的字段名或继承自 django.contrib.admin.SimpleListFilter 的类。

对于 Model 的字段名，字段类型必须属于 BooleanField、CharField、DateField、DateTimeField、IntegerField、ForeignKey 或 ManyToManyField 中的一种。同样也可以使用双下画线实现跨表关联。

例如对于如下配置：

```
@admin.register(Topic)
class TopicAdmin(admin.ModelAdmin):
    list_filter = ['title', 'user__username']
```

刷新管理后台，可以看到图 5-19 所示的过滤器。

图 5-19　Model 字段名定义的过滤器

对于当前的过滤器，单击“first topic”和“admin”按钮，Django 会执行如下 WHERE 查询条件：

```
'post_topic'.'title' = 'first topic' AND 'auth_user'.'username' = 'admin'
```

这也验证了各个过滤条件是 AND 的关系。需要注意的是，如果一个过滤条件（字段）包含的不同值有很多个，那么是不适合放在过滤器中的。

对于 list_filter 支持的第二类元素，这里给出一个简单的示例：

```
from django.utils.translation import ugettext_lazy as _

@admin.register(Topic)
class TopicAdmin(admin.ModelAdmin):
    class TitleFilter(admin.SimpleListFilter):
        title = _('标题过滤')
        parameter_name = 'tf'

        def lookups(self, request, model_admin):
            return (
                ('first', _('包含 first')),
                ('!first', _('不包含 first')),
            )

        def queryset(self, request, queryset):
            if self.value() == 'first':
                return queryset.filter(title__contains=self.value())
            elif self.value() == '!first':
                return queryset.exclude(title__contains=self.value()[1:])
            else:
                return queryset

    list_filter = [TitleFilter, 'user__username']
```

继承自 django.contrib.admin.SimpleListFilter 的类需要提供 4 个属性。

（1）title 字段：过滤器的标题。

（2）parameter_name 字段：查询时 URL 中携带的参数名。

（3）lookups 方法：返回一个列表或者元组，其中的每一个元素都是一个二元组。二元组中的第一个元素作为查询参数，可以使用 self.value() 方法获取；第二个元素作为过滤选项展示。

（4）queryset 方法：过滤器根据查询条件返回的结果。

对于当前的 list_filter 配置，ChangeList 页面展示的效果如图 5-20 所示。

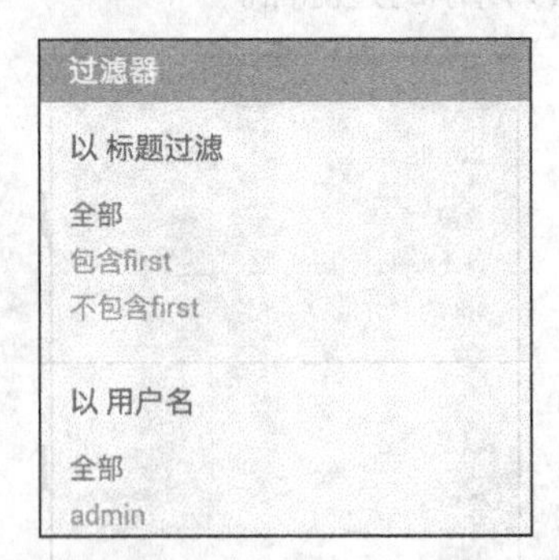

图 5-20　SimpleListFilter 定义的过滤器

5. 利用 ordering 重新定义 Model 实例的顺序

这个属性用于定义 ChangeList 中展示的 Model 实例的顺序，属性的值可以是元组或者列表，定义的方式与 Model 中 Meta 的 ordering 声明是相同的。如果没有指定的话，则默认按照 Model 的排序规则。

例如，可以配置 ordering 属性使 Model 按照 id 正序排列：

```
@admin.register(Topic)
class TopicAdmin(admin.ModelAdmin):
    ordering = ['id']
```

ModelAdmin 还可以实现 get_ordering 方法进行动态排序，例如：

```
@admin.register(Topic)
class TopicAdmin(admin.ModelAdmin):

    def get_ordering(self, request):
        if request.user.is_superuser:
            return ['id']
        else:
            return self.ordering
```

get_ordering 方法接收一个 HttpRequest 类型的参数，返回元组或者列表。上面的例子判断 user 是否是超级用户返回不同的排序规则。

6. 分页相关的属性

ChangeList 页面在默认情况下每页会显示 100 个 Model 实例对象，这是通过分页器 django.core.paginator.Paginator 实现的。这种默认行为可以通过 list_per_page 属性修改，这个参数可以指定每页显示多少条数据记录，它的默认值是 100。

由于当前的 Topic 只有 3 条数据记录，这里将 list_per_page 设置为 1，所以，会显示为 3 页，如图 5-21 所示。

图 5-21 数据记录分成 3 页

分页的效果符合预期，但是需要注意，页面中多了“显示全部”的链接，单击之后页面中就会显示所有的 Model 实例对象。

这是 list_max_show_all 属性的作用，它的默认值是 200，当 Model 的总数据记录数小于等于它的时候就会出现“显示全部”的链接。所以，如果这样配置分页：

```
@admin.register(Topic)
class TopicAdmin(admin.ModelAdmin):
    list_per_page = 1
    list_max_show_all = 2
```

由于 Topic 总记录数是 3，比 list_max_show_all 大，所以，页面中不会出现“显示全部”的链接。

7. 利用 get_queryset 限制返回的数据记录

ChangeList 页面中的数据记录由 get_queryset 方法返回，如果想要定制返回特定的数据记录，就需要重写这个方法。

例如，如下 ModelAdmin 只会返回 title 中包含 first 的 Topic 实例对象：

```
@admin.register(Topic)
class TopicAdmin(admin.ModelAdmin):
    def get_queryset(self, request):
        return self.model._default_manager.filter(title__contains='first')
```

get_queryset 方法接收一个 HttpRequest 类型的参数，并返回 QuerySet。对于上述实现，刷新管理后台，可以看到图 5-22 所示的 ChangeList，显示当前只有一个“话题”。

图 5-22　只显示 title 中包含 first 的 Topic

这个方法是非常有用的，特别是针对比较大的数据集时。假如 Topic 表有上百万条数据，那么将它们都显示在管理后台中不仅会给数据库造成很大压力，而且也是没有意义的。通常重写 get_queryset 方法会考虑两种场景。

（1）可以从 HttpRequest 中拿到当前的用户，根据用户去判断需要展示哪些数据。

（2）展示近期的数据，对于数据库表，一般都会有“创建时间”和“最后更新时间”，那么就可以根据“创建时间”只返回最近 7 天的数据等类似的查询条件。

ModelAdmin 的属性已经介绍了很多，可以发现，以上这些属性都是用来配置 ChangeList 页面的。针对 ChangeForm 页面，ModelAdmin 同样提供了许多属性可以实现自定义，接下来，就来看一看这些可以改变 ChangeForm 的属性配置。

8. 利用 fields 自定义显示 Model 的字段

默认情况下 ChangeForm 页面中会显示除了主键和不可编辑字段之外所有的字段，但是有些时候可能想隐藏一些敏感的字段或者不需要显示的字段，此时可以使用 fields 属性指定哪些字段可以显示。

例如，如果不想显示 Topic 的 content 字段，可以这样设置 fields 属性：

```
@admin.register(Topic)
class TopicAdmin(admin.ModelAdmin):
    fields = ['user', 'title', 'is_online']
```

注意，fields 中设置的字段顺序也会体现在 ChangeForm 中。所以，根据当前的设置，user 会显示在最上面，中间是 title，最下面是 is_online，如图 5-23 所示。

在使用 fields 时还需要注意，它同样会影响 Model 的“增加”页面。所以，如果想在管理后台中增加 Model 实例对象，就要慎重使用这个属性，它可能会造成新增失败的情况。

exclude 属性实现的功能与 fields 相反，它会排除设定的字段。所以，如果不想显示 Topic 的 content 字段，可以利用 exclude 这样实现：

图 5-23 不显示 content 的 ChangeForm 页面

```
    @admin.register(Topic)
    class TopicAdmin(admin.ModelAdmin):
        exclude = ['content']
```

但是需要注意，这不会影响其他字段的显示顺序，只是会屏蔽 content 字段。

fields 属性还有个小技巧，它可以让多个字段在同一行中显示。实现的方式也很简单，只需要将在一行中显示的字段组合放在元组中就可以了。例如，将 user 和 title 字段放在一行中，可以这样做：

```
    @admin.register(Topic)
    class TopicAdmin(admin.ModelAdmin):
        fields = [('user', 'title'), 'content', 'is_online']
```

此时，ChangeForm 页面的样式如图 5-24 所示。

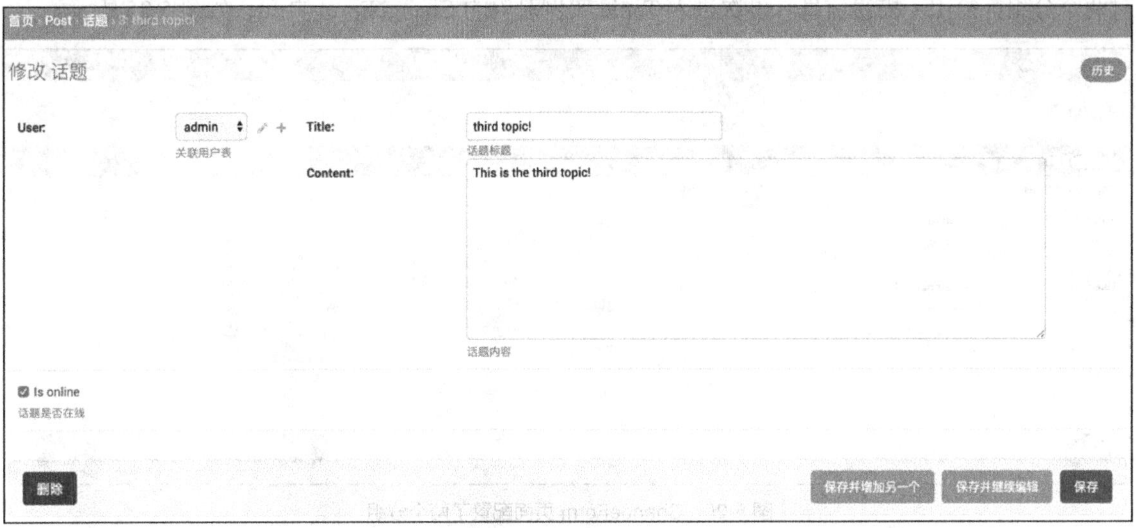

图 5-24 多个字段在同一行中显示的 ChangeForm 页面

fields 属性可以实现自定义字段顺序和隐藏部分字段，但是它的使用场景并不是很多，通常会使用 fieldsets 属性实现对 ChangeForm 更复杂的布局。

9. 利用 fieldsets 将 ChangeForm 中的字段分组显示

fieldsets 可以实现将 Model 中的字段分组显示在 ChangeForm 中（同样会影响“增加”页面），它的配置方式也显得相对复杂。

fieldsets 是一个二元组的列表，其中的每一个二元组都是一个字段分组，且二元组的格式为：

(name, field_options)。name 标识分组的名称，field_options 是字段分组信息的字典，其中包括了当前分组的字段列表。

field_options 字典的键可以使用以下关键字。

（1）fields：这是一个必填项，标识要在分组中显示的字段，设置方法与 fields 属性类似，同样也可以将多个字段组合为一个元组显示在一行中。

（2）classes：这是一个包含 CSS 类的列表或元组，是一个选填项。两个常用的样式是 collapse 和 wide，collapse 将当前分组折叠起来，wide 给当前分组额外的水平空间。

（3）description：用于在分组的顶部显示描述信息，它同样是一个可选项。

根据 fieldsets 的特性，可以尝试自定义 Topic 的 ChangeForm 页面：

```
@admin.register(Topic)
class TopicAdmin(admin.ModelAdmin):
    fieldsets = (
        ('Topic Part A', {
            'fields': ('title', 'user'),
            'description': 'Topic 的 title 和 user'
        }),
        ('Topic Part B', {
            'fields': ('content', 'is_online'),
            'classes': ['collapse', 'wide'],
            'description': 'Topic 的 content 和 is_online'
        })
    )
```

可以看到，这里将 Topic 的字段分成了两个部分，第二个部分（Topic Part B）会被折叠起来，且对两个分组都给出了描述信息。再次进入 Topic 实例对象的 ChangeForm 页面，如图 5-25 所示。

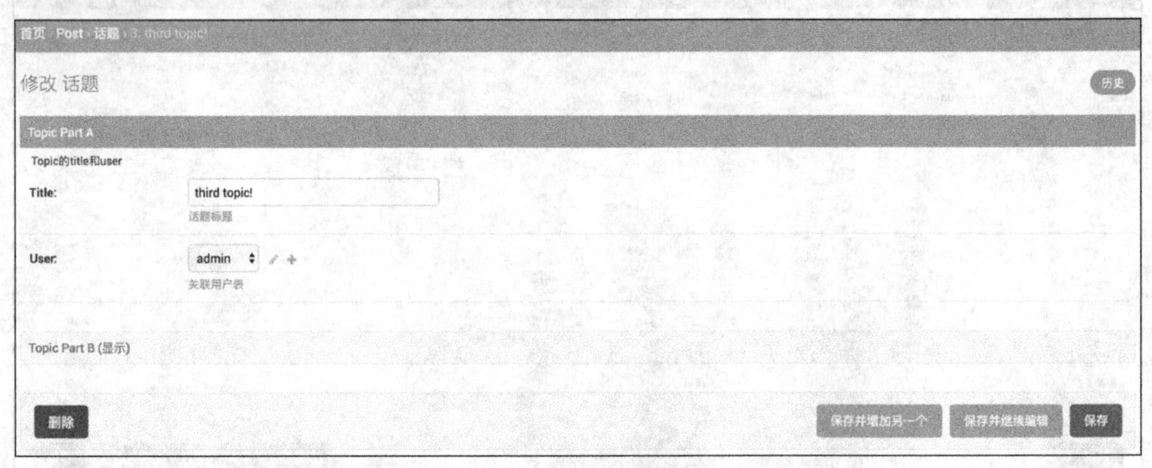

图 5-25　ChangeForm 页面配置了两个分组

页面中第二个分组没有直接显示出来，需要手动单击“显示”按钮，这就是 collapse 的折叠效果。同时可以看到，description 指定的描述信息显示在分组的顶部，如图 5-25 所示的 title 字段的上方。

10. 利用 readonly_fields 将部分字段设置为只读

默认情况下，ChangeForm 中显示的所有字段都是可编辑的，这本身并没有什么问题，但是，对于业务系统而言，这可能会导致一些错误。例如，对于每一个 Topic 实例对象，user（发布话题的用户）应该是确定的，不能被更改。

ModelAdmin 为此提供了 readonly_fields，它是一个列表或元组，可以将字段的名称置于其中，这些字段将不可编辑。它还可以接收 Model 中的方法或 ModelAdmin 的方法，这将会在页面中展示这些方法的返回值。

下面给出一个简单的例子：

```
@admin.register(Topic)
class TopicAdmin(admin.ModelAdmin):
    readonly_fields = ('user', 'title', 'content_length')

    def content_length(self, obj):
        return len(obj.content)
    content_length.short_description = u'话题内容长度'
```

对于当前的 ModelAdmin，user 和 title 字段将会不可编辑，同时，还加入了一个方法，用于显示 content 的长度。此时，Topic 实例的 ChangeForm 页面如图 5-26 所示。

图 5-26　ChangeForm 中部分字段不可编辑

如图 5-26 所示，Django 会把不可编辑的字段置于 ChangeForm 页面的“底部”，即在可编辑字段的后面。当然，这种顺序可以使用 fields 或 fieldsets 重新指定，但是，在配合使用这些属性的时候还需要注意另外的问题。对于如下配置：

```
@admin.register(Topic)
class TopicAdmin(admin.ModelAdmin):
    fields = [('user', 'title'), 'is_online', 'content_length']
    readonly_fields = ('user', 'content', 'content_length')

    def content_length(self, obj):
        return len(obj.content)
    content_length.short_description = u'话题内容长度'
```

刷新管理后台，可以看到图 5-27 所示的页面。

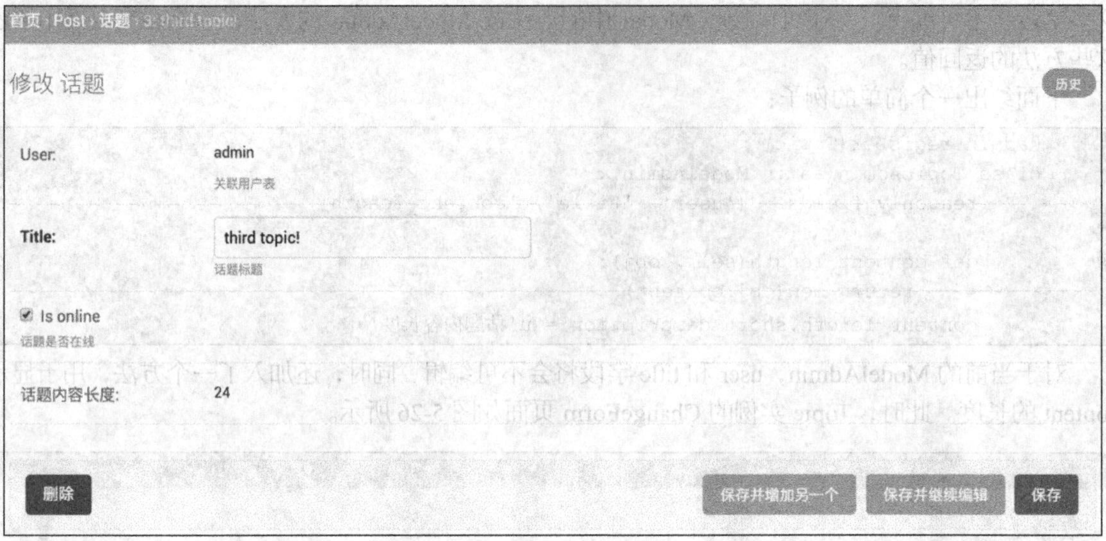

图 5-27　readonly_fields 配合 fields 一起使用

当前的 ChangeForm 中并没有显示 content 字段，这也是 Django 的特性：当设定了只读字段，而且同时设置了 fields 或 fieldsets 属性，但是只读字段没有出现在 fields 或 fieldsets 中时，这些字段会被忽略，不会显示。

11. 利用 raw_id_fields 降低数据库检索开销

在增加或修改 Model 实例对象的页面中，对于 ForeignKey 或 ManyToManyField 类型的字段，Django 会把它们对应的所有 Model 实例对象检索出来，以下拉选择框的形式显示在前端页面中。如果这些表中的数据记录非常多，那么会给数据库造成非常大的压力。

raw_id_fields 是一个元组或者列表，其中包含的每一个字段必须是 ForeignKey 或 ManyToManyField 类型。Django 对于其中的每一个字段会以输入框的形式展现，用于输入关联 Model 实例的主键，对于 ManyToManyField 类型，则是逗号分隔的主键。

除了与默认前端展现样式上的不同之外，Django 不会再去检索所有的关联 Model 实例，而是把这个操作留给了用户，让用户决定是否需要查询。

例如，对于 Topic，可以将 user 字段置于 raw_id_fields 属性中：

```
@admin.register(Topic)
class TopicAdmin(admin.ModelAdmin):
    raw_id_fields = ('user',)
```

此时，可以看到 user 字段显示为输入框（在 ChangeForm 中），如图 5-28 所示。

图 5-28　user 字段显示为输入框

输入框的右边分别有一个放大镜和“admin”按钮。单击放大镜按钮可以进入 User 实例对象的选择页面，单击“admin”按钮可以进入当前 User 实例对象的 ChangeForm 页面。需要注意的是，对于新增页面，只有选择实例对象的放大镜图标。

在设置了 raw_id_fields 之后，Django 不再主动地检索全量数据，而是让用户去决定，这在很大程度上降低了数据库检索开销。

12. 利用 save_model 定制实例对象的保存操作

重写 save_model 方法允许管理员在“保存”实例对象时添加一些额外的操作。它接受 4 个参数（HttpRequest 对象），代表一次请求、Model 实例、ModelForm 实例和标记是否添加或修改实例的布尔值。

这是一个非常有用的方法，它允许用户在保存前或保存后做一些自定义的操作。例如，考虑一种场景，对于 Topic 实例，如果将它删除，那么应该给它一个标记用来识别这是用户还是管理员的行为。

为了区别这两类删除行为，可以使用 save_model 方法对管理后台的删除行为做一些额外的加工。例如，删除 Topic 的时候，在 title 中加入一些提示性信息：

```
@admin.register(Topic)
class TopicAdmin(admin.ModelAdmin):

    def save_model(self, request, obj, form, change):
        if change and 'is_online' in form.changed_data and not obj.is_online:
            self.message_user(request, 'Topic(%s) 被管理员删除了' % obj.id)
            obj.title = '%s(%s)' % (obj.title, '管理员删除')
        super(TopicAdmin, self).save_model(request, obj, form, change)
```

注意这里的判断条件：首先，判断 change 是否为 True，确定这是一个修改动作，而不是新建实例；之后，判断 is_online 是否出现在 form.changed_data 中，form.changed_data 是一个列表，记录了哪些字段被修改；最后，判断 is_online 是否为 False，代表实例被删除（标记删除）。

确定了 Topic 实例被删除之后，利用 message_user 给管理员发送了一条消息，同时在 title 中加入了额外的删除信息。

从管理后台删除（is_online 字段置为 False）id 为 3 的 Topic 实例对象，效果如图 5-29 所示。

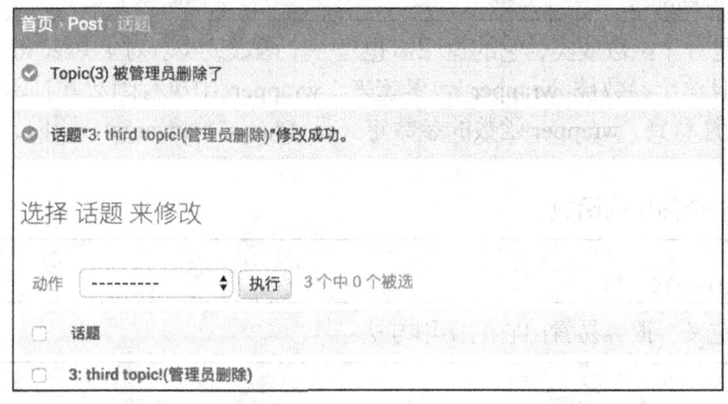

图 5-29 使用 save_model 定制实例的保存操作

在删除 Topic 实例之后，图 5-29 所示页面上方给出了提示信息，且被删除实例的 title 中加入了删除相关的描述信息。

不仅仅在保存实例的时候可以做一些额外的操作，ModelAdmin 还提供了 delete_model 方法，可以在删除（数据库级别的删除）实例的前后做一些处理。

至此，已经介绍了很多 ModelAdmin 的常用属性和方法，通过对它们的学习和理解，读者可以根据自己的喜好或实际的需求通过配置相关的属性自定义管理后台的样式和功能。接下来，分析 Django

管理后台的实现原理。

5.4 管理后台实现原理分析

从之前对管理后台的介绍可以知道，在使用管理后台之前需要先“注册”Model，这可以使用 admin.site.register 方法或@admin.register 装饰器来完成，之后可以使用 ModelAdmin 自定义管理后台的样式和功能。那么，它们的实现原理是什么？Django 都做了哪些工作来实现这些功能呢？

5.4.1 Python 装饰器

在介绍装饰器之前，先考虑一个问题：怎样打印函数的执行时间？也许可以在函数执行的开头记录当前的时间，在函数返回前拿当前时间减去记录的时间，就获得了函数的执行时间。

这当然可以获取想要的结果，但是，如果有更多的函数需要打印执行时间呢？假如每一个函数都这样做，那简直就是噩梦，系统中会充斥着大量的重复代码，也不利于以后的系统维护。

1. 简单装饰器

上述的问题可以通过 Python 的装饰器去解决，如下定义了一个装饰器，用于打印函数的执行时间：

```
import time
def exec_time(func):
    def wrapper(*args, **kwargs):
        start = time.time()
        res = func(*args, **kwargs)
        print('%ss elapsed for %s'
              % (time.time() - start, func.__name__))
        return res
    return wrapper
```

装饰器本质上是一个函数或类，它的返回值也是一个函数或类。对于 exec_time 来说，它接受一个函数作为参数，且这个参数被 wrapper 包裹起来，wrapper 中执行函数并打印执行时间，最后将 wrapper 返回。可以注意到，wrapper 函数的参数定义是 (*args, **kwargs)，所以，它可以接受任意参数的调用。

接下来，定义一个简单的函数：

```
def foo():
    time.sleep(0.35)
```

根据装饰器的定义，很容易看出它的使用方法：

```
>>> exec_time(foo)()
0.35227108001708984s elapsed for foo
```

将 foo 函数对象传递给 exec_time，此时获取的返回值是 wrapper 函数对象，所以，最终调用的其实就是 wrapper 函数。

装饰器的这种使用方式仍然不够方便，因此 Python 给它提供了语法糖@。把装饰器放在函数的定义处，并执行函数，如下所示：

```
@exec_time
def foo():
    time.sleep(0.35)
```

```
>>> foo()
0.3502802848815918s elapsed for foo
```

有了@语法糖，使用装饰器就方便多了。从这个简单的例子可以看到，需要给函数添加额外的功能，可以不需要修改函数定义，也不需要修改函数的调用方式。这其实就是面向切面编程的效果，而 Python 则将它提升到了语法层。

2. 带参数的装饰器

如果需要给装饰器传递参数，那么实际上需要写一个返回装饰器的函数。明白了这一点，对于如下装饰器的定义也就不难理解了：

```
import time
def exec_time_with_name(name):
    def decorator(func):
        def wrapper(*args, **kwargs):
            start = time.time()
            res = func(*args, **kwargs)
            print('(%s): %ss elapsed for %s'
                % (name, time.time() - start, func.__name__))
            return res
        return wrapper
    return decorator
```

实际上，exec_time_with_name 装饰器就是对之前简单装饰器的函数封装，使用它时需要传递一个 name 参数：

```
@exec_time_with_name('Django')
def foo():
    time.sleep(0.35)

>>> foo()
(Django): 0.3502058982849121s elapsed for foo
```

目前，已经介绍了两类装饰器，它们都实现了所需要的功能。但是，在使用装饰器的时候，也会有一些“副作用”。例如，对于使用 exec_time_with_name 装饰器的 foo 函数来说，打印它的__name__属性：

```
>>> foo.__name__
'wrapper'
```

可以看到，函数的名字不再是 foo，变成了 wrapper。根据装饰器的定义可以知道，这是装饰器中返回的 wrapper 函数的名字。

要解决这个问题，需要使用 Python 内置的 functools.wraps 装饰器，它的作用是将原函数对象的属性复制到包装函数对象。重新定义 exec_time_with_name 装饰器：

```
import time
import functools
def exec_time_with_name(name):
    def decorator(func):
        @functools.wraps(func)
        def wrapper(*args, **kwargs):
            start = time.time()
            res = func(*args, **kwargs)
            print('(%s): %ss elapsed for %s'
                % (name, time.time() - start, func.__name__))
            return res
        return wrapper
```

```
        return decorator
```

重新定义 foo 函数，并再次打印__name__属性，可以发现其已经正常了。对于 exec_time 装饰器也采用类似的方式：

```
import time
import functools
def exec_time(func):
    @functools.wraps(func)
    def wrapper(*args, **kwargs):
        start = time.time()
        res = func(*args, **kwargs)
        print('%ss elapsed for %s'
            % (time.time() - start, func.__name__))
        return res
    return wrapper
```

装饰器有非常多的使用场景，例如，打印日志、事务处理、权限校验等。通过装饰器，可以将原本在函数中但又与函数功能本身无关的代码抽离出来，解耦的同时也提高了代码的重用性。Django 中的许多模块都使用到了装饰器，例如注册 Model 的@admin.register。

5.4.2 contenttypes 应用分析

contenttypes（django.contrib.contenttypes）是 Django 的一个内置应用，它会记录项目中所有 App 和 model 的对应关系，并记录于 ContentType 中。

首先来看 ContentType 的定义（位于文件 django/contrib/contenttypes/models.py 中）：

```
class ContentType(models.Model):
    app_label = models.CharField(max_length=100)
    model = models.CharField(_('python model class name'), max_length=100)
    objects = ContentTypeManager()

    class Meta:
        db_table = 'django_content_type'
        unique_together = (('app_label', 'model'),)
        ...
    ...
```

可以看到，ContentType 就是一个 Django Model，且它显式地声明了数据表的名字：django_content_type。这个 Model 只定义了两个字段：app_label 标识应用名称和 model 标识应用中定义的 Model。同时，在 Meta 中将这两个字段声明为联合唯一。

在使用 django-admin 创建 Django 项目的时候，INSTALLED_APPS 就已经包含了 contenttypes 应用，经过数据库迁移之后，就生成了 django_content_type 表，且记录了 Django 内置应用的 Model 信息。之后，加入新的 Model 时，将会自动地创建 ContentType 实例。

ContentType 并不只是记录 App 和 Model 的对应关系，它更为强大的功能是可以通过这些记录的信息动态地访问 Model 对象。接下来，看一看这是如何实现的。

1. model_class 方法

这是 ContentType 最为核心的方法，用于获取当前 ContentType 实例所对应的 Model 对象。首先来看这个方法的定义（位于文件 django/contrib/contenttypes/models.py 中）：

```
def model_class(self):
    try:
        return apps.get_model(self.app_label, self.model)
    except LookupError:
```

```
            return None
```

这个方法的实现很简单，只是调用了 apps.get_model 方法，apps 是一个全局变量，它定义在 django/apps/registry.py 文件中：

```
    apps = Apps(installed_apps=None)
```

可以看到，apps 是 Apps 类实例，它是已安装应用程序的注册表，记录了当前已安装应用和应用中定义的 Model 的相关信息。下面看一看它的 get_model 方法定义：

```
    def get_model(self, app_label, model_name=None, require_ready=True):
        ...
        # 返回 app_label 所对应应用程序的 AppConfig
        app_config = self.get_app_config(app_label)
        if not require_ready and app_config.models is None:
            app_config.import_models()
        # 通过 AppConfig 的 get_model 方法返回 model_name 对应的 Model 实例
        return app_config.get_model(model_name, require_ready=require_ready)
```

AppConfig 记录应用程序的元数据，如应用程序的完整 Python 路径（name）、应用目录的文件系统路径（path）、应用程序的 Model 信息（models）等。

应用程序的 Model 信息用字典结构（有序字典）保存，其中 key 是小写的 Model 名、value 是 Model 对象。所以，app_config.get_model 方法最终会返回 Model 对象，它的实现如下（位于 django/apps/config.py 文件中）：

```
    def get_model(self, model_name, require_ready=True):
        ...
        try:
            return self.models[model_name.lower()]
        except KeyError:
            raise LookupError(
                "App '%s' doesn't have a '%s' model."
                   % (self.label, model_name))
```

可以看到，这里在获取 Model 对象的时候传递的是 model_name.lower()，所以，model_name 是对大小写不敏感的。

这样，通过 ContentType 实例的 model_class 方法就获取到了 Model 对象，从而可以实现对 Model 的操作。

2. get_object_for_this_type 方法

这个方法在之前已经介绍过，通过传递关键字参数可以获取到 Model 实例对象。它的定义如下（位于 django/contrib/contenttypes/models.py 文件中）：

```
    def get_object_for_this_type(self, **kwargs):
        # 相当于 Model.objects.get(**kwargs)
        return self.model_class()._base_manager.using(self._state.db).get(**kwargs)
```

它首先通过 model_class 方法获取到了 Model 对象，再使用查询管理器 get 到匹配关键字参数的实例对象。

3. get_all_objects_for_this_type 方法

这个方法根据提供的关键字参数返回 QuerySet，其实现原理与 get_object_for_this_type 是类似的，它的定义如下（位于 django/contrib/contenttypes/models.py 文件中）：

```
    def get_all_objects_for_this_type(self, **kwargs):
        # 相当于 Model.objects.filter(**kwargs)
```

```
        return self.model_class()._base_manager.using(self._state.db).filter(**kwargs)
```

通过 ContentType 中的这些方法，可以方便地获取到 Model 实例对象。另外，还需要注意，ContentType 自己提供了查询管理器 ContentTypeManager，为获取 ContentType 实例对象提供了便利。它的定义如下（位于 django/contrib/contenttypes/models.py 文件中）：

```
class ContentTypeManager(models.Manager):
    ...
    def __init__(self, *args, **kwargs):
        super().__init__(*args, **kwargs)
        # ContentType 缓存，所有以 get_for 开头的方法共享
        self._cache = {}
```

可以看到，ContentTypeManager 继承自 models.Manager，所以，像 get、filter 等方法都直接继承自父类。在介绍获取 ContentType 实例对象的方法之前，先来看一看_cache 是怎样的结构，即怎样给它赋值的。设置缓存的方法是_add_to_cache，它的定义如下：

```
def _add_to_cache(self, using, ct):
    # key 是一个二元组，由应用名称和 Model 名称组成
    key = (ct.app_label, ct.model)
    # 每次缓存都设置两个键值对（using 是使用的数据库），_cache 的内容类似
    # {'default': {('app_label', 'model'): ContentType, 8: ContentType}}
    self._cache.setdefault(using, {})[key] = ct
    self._cache.setdefault(using, {})[ct.id] = ct
```

在清楚了_cache 的存储结构之后，接下来分析 ContentTypeManager 的两个重要方法。

4. get_for_id 方法

这个方法通过 id 获取 ContentType 实例对象，它与 get 方法的不同之处是首先尝试从缓存中获取，获取不到才会从数据表中检索。因此，如果是通过 id 查询，那么应该尽量使用这个方法。该方法的定义如下：

```
def get_for_id(self, id):
    try:
        # 尝试从缓存中获取实例
        ct = self._cache[self.db][id]
    except KeyError:
        # 缓存中不存在，则使用 get 方法检索数据表
        ct = self.get(pk=id)
        # 将获取到的实例加入缓存中
        self._add_to_cache(self.db, ct)
    return ct
```

5. get_for_model 方法

这个方法根据传递的 Model 或 Model 实例获取对应的 ContentType 实例对象。方法的定义如下：

```
def get_for_model(self, model, for_concrete_model=True):
    # 通过 Model 或 Model 实例获取 Model 元数据
    opts = self._get_opts(model, for_concrete_model)
    ...
    try:
        # 通过 get 方法检索数据表
        ct = self.get(app_label=opts.app_label, model=opts.model_name)
    except self.model.DoesNotExist:
        # 数据表中不存在记录，则创建一条记录
```

```
            # 使用 get_or_create 是为了避免竞争条件
            ct, created = self.get_or_create(
                  app_label=opts.app_label,
                  model=opts.model_name,
            )
        # 将获取到的实例加入缓存中
        self._add_to_cache(self.db, ct)
        return ct
```

需要注意到第二个默认为 True 的参数：for_concrete_model。这个参数是与代理模型相关的，默认为 True，获取到的实际是原始模型对应的 ContentType 实例。如果将其设置为 False，则获取的就是代理模型对应的 ContentType 实例。

利用 ContentType 中记录的 Model 元数据信息可以直接访问到 Model 对象，从而实现对 Model 数据记录的操作，这在 Django 的许多场景中都会用到。另外，通过提供自定义的查询管理器，可以反向从 Model 或 Model 实例获取到对应的 ContentType 实例，这也是非常方便的。

5.4.3 Model 的注册过程分析

Model 的两种注册方法原理是一样的，装饰器其实就是对 admin.site.register 方法的包装，接下来首先分析在 admin.site.register 方法中都做了些什么，然后再去看装饰器的实现。

1. admin.site.register 分析

admin 即管理后台应用，site 是在 django/contrib/admin/sites.py 文件中定义的全局变量，是 AdminSite 类型的实例，代表当前的管理后台站点。所以，register 就是 AdminSite 的一个方法，下面介绍这个方法的定义：

```
    def register(self, model_or_iterable, admin_class=None, **options):
        # 没有指定 admin_class，默认使用 ModelAdmin
        if not admin_class:
            admin_class = ModelAdmin
        # 如果传递的是单个 Model 对象，将它变成列表
        if isinstance(model_or_iterable, ModelBase):
            model_or_iterable = [model_or_iterable]
        # 注册传递进来的 Model 对象
        for model in model_or_iterable:
            # 抽象 Model 不能注册
            if model._meta.abstract:
                raise ImproperlyConfigured(
                      'The model %s is abstract, so it cannot be registered with admin.'
                            % model.__name__
                )
            # Model 不能重复注册
            if model in self._registry:
                raise AlreadyRegistered('The model %s is already registered'
                      % model.__name__)
            if not model._meta.swapped:
                # 如果设置了 options，动态创建 ModelAdmin，并将 options 设置为属性
                if options:
                      options['__module__'] = __name__
                      admin_class = type("%sAdmin" % model.__name__,
                          (admin_class,), options)
                # _registry 字典存储的结构为：model_class class -> admin_class instance
```

```
            self._registry[model] = admin_class(model, self)
```

注册方法看起来非常简单，其最终将 Model 对象作为键，admin_class 实例作为值加入_registry 字典中。

2. @admin.register 分析

装饰器的源码位于 django/contrib/admin/decorators.py 文件中，它的定义如下：

```
def register(*models, site=None):
    from django.contrib.admin import ModelAdmin
    from django.contrib.admin.sites import site as default_site, AdminSite

    def _model_admin_wrapper(admin_class):
        # 没有传递 Model，抛出异常
        if not models:
            raise ValueError('At least one model must be passed to register.')
        # 如果没有传递 site，默认使用 AdminSite 实例
        admin_site = site or default_site
        # admin_site 必须是 AdminSite 或子类的实例
        if not isinstance(admin_site, AdminSite):
            raise ValueError('site must subclass AdminSite')
        # admin_class 必须是 ModelAdmin 的子类
        if not issubclass(admin_class, ModelAdmin):
            raise ValueError('Wrapped class must subclass ModelAdmin.')
        # 最终调用的是 admin.site.register 实现注册
        admin_site.register(models, admin_class=admin_class)

        return admin_class
    return _model_admin_wrapper
```

由于 register 装饰器的第一个参数是*models，因此，可以传递任意多个 Model 对象。site 是一个可选的关键字参数，如果传递，则它必须是一个 AdminSite 或子类的实例。

可见，装饰器最终还是会调用 admin.site.register 实现 Model 对象的注册，也就是将 Model 对象加入_registry 字典中。

5.4.4 管理后台入口实现分析

管理后台的入口 URL 是 admin/（urls.py 文件中定义），它所对应的视图函数是 admin.site.urls，函数的定义如下：

```
@property
def urls(self):
    return self.get_urls(), 'admin', self.name
```

这个函数使用@property 装饰器修饰为属性，它的返回值是一个元组，这里需要关注元组的第一个元素 get_urls 方法的返回值。get_urls 方法的定义如下：

```
def get_urls(self):
    from django.urls import include, path, re_path
    from django.contrib.contenttypes import views as contenttype_views

    def wrap(view, cacheable=False):
        ...
        return update_wrapper(wrapper, view)
```

```
        # 登录、注销、修改密码等 url 和视图函数的对应关系
        urlpatterns = [
            path('', wrap(self.index), name='index'),
            path('login/', self.login, name='login'),
            path('logout/', wrap(self.logout), name='logout'),
            ...
        ]

        # 为注册的每一个 Model 生成 URL 和视图函数对应关系
        for model, model_admin in self._registry.items():
            urlpatterns += [
                path('%s/%s/' % (model._meta.app_label, model._meta.model_name),
                     include(model_admin.urls)),
            ]
            ...
        ...
        return urlpatterns
```

由于还没有介绍到视图和路由系统，故这里暂时不需要知道它们的运行原理，只需要明白 path 函数的第一个参数对应 URL，第二个参数对应视图函数即可。调用 URL 就对应着执行它所指定的视图函数。

get_urls 中定义了一个 urlpatterns 列表变量，里面存储了 URL 和视图函数的对应关系，并最终返回。除了管理后台自身的视图（登录、注销、修改密码等）之外，其最核心的地方是遍历了_registry 字典，给注册的 Model 生成了增删改查的 URL。

model_admin 是 ModelAdmin 的实例，查看 model_admin.urls 的定义（位于文件 django/contrib/admin/options.py 中）：

```
    @property
    def urls(self):
        return self.get_urls()
```

urls 方法同样被@property 装饰器修饰为属性，它调用了 get_urls 方法，继续查看它的定义：

```
    def get_urls(self):
        from django.urls import path

        def wrap(view):
            def wrapper(*args, **kwargs):
                ...
            return update_wrapper(wrapper, view)

        info = self.model._meta.app_label, self.model._meta.model_name
        # 给当前的 Model 生成的 URL 和视图函数映射关系
        urlpatterns = [
            path('', wrap(self.changelist_view), name='%s_%s_changelist' % info),
            path('add/', wrap(self.add_view), name='%s_%s_add' % info),
            path('autocomplete/', wrap(self.autocomplete_view),
                name='%s_%s_autocomplete' % info),
            path('<path:object_id>/history/', wrap(self.history_view),
                name='%s_%s_history' % info),
            path('<path:object_id>/delete/', wrap(self.delete_view),
                name='%s_%s_delete' % info),
            ...
        ]
        return urlpatterns
```

至此，我们讲解了为什么注册 Model 之后其会在管理后台首页中出现，且针对每一个 Model 都会有增删改查的功能。

同时，这也解释了为什么可以通过自定义 ModelAdmin 修改 Model 在管理后台的样式和功能。因为实际上在管理后台中操作 Model，就是在根据 ModelAdmin 中的属性执行对应的 ModelAdmin 中的方法。例如，进入 Model 的 ChangeList 页面，调用的是 changelist_view 方法，对应的 URL 是 /admin/app/model。

5.4.5 Django 加载应用 admin 的过程分析

前面已经介绍了 Model 的注册过程和管理后台的实现原理，但是，还有个问题，Django 是什么时候加载应用的 admin 的？

进入 django/contrib/admin/__init__.py 文件中，可以看到 autodiscover 函数的定义：

```
def autodiscover():
    autodiscover_modules('admin', register_to=site)
```

从这个函数的名字可以知道，它实现的就是自动加载功能。它内部调用了 autodiscover_modules 方法，传递了两个参数：admin 字符串和一个关键字参数 register_to。

register_to 参数的值是 AdminSite 实例。继续看 autodiscover_modules 方法的定义（位于文件 django/utils/module_loading.py 中）：

```
def autodiscover_modules(*args, **kwargs):
    from django.apps import apps
    # register_to 变量指向 AdminSite 实例
    register_to = kwargs.get('register_to')
    # apps.get_app_configs()返回 INSTALLED_APPS 中每个应用的 AppConfig
    for app_config in apps.get_app_configs():
        for module_to_search in args:
            try:
                ...
                # module_to_search 对应 admin
                # 所以，在这里完成每个应用 admin 的加载
                import_module('%s.%s' % (app_config.name,
                    module_to_search))
            except Exception:
                ...
```

所以，Django 加载 admin 就是调用了 autodiscover 方法。那么，Django 是在哪里调用了 autodiscover 方法呢？

由于在启动了 Django 项目之后，管理后台就已经可用了，所以，调用 autodiscover 的地方就应该在启动命令（python manage.py runserver）执行的过程中。

manage.py 是在创建项目的时候自动生成的，查看文件可以发现，启动命令实际会调用这个方法：

```
execute_from_command_line(sys.argv)
```

sys.argv 即命令行中的参数，可以将它打印出来，对应于当前的启动命令，它的值是：['manage.py', 'runserver']。

进入当前方法中，可以看到它的定义（位于文件 django/core/management/__init__.py 中）：

```
def execute_from_command_line(argv=None):
    utility = ManagementUtility(argv)
```

```
        utility.execute()
```

继续查看 ManagementUtility 的 execute 方法定义：

```
    def execute(self):
        try:
            # 命令行的第二个参数是 runserver
            subcommand = self.argv[1]
        except IndexError:
            subcommand = 'help'
        ...

        if settings.configured:
            if subcommand == 'runserver' and '--noreload' not in self.argv:
                try:
                    autoreload.check_errors(django.setup)()
                except Exception:
                    ...
        ...
```

从当前方法定义可以看出，这里会执行 autoreload.check_errors。它其实是一个装饰器，定义（位于文件 django/utils/autoreload.py 中）如下：

```
    def check_errors(fn):
        def wrapper(*args, **kwargs):
            global _exception
            try:
                fn(*args, **kwargs)
            except Exception:
                ...
        return wrapper
```

可注意到 wrapper 中执行了 fn(*args, **kwargs)，这里的 fn 就是 django.setup，所以，继续看 django.setup 的方法定义（位于文件 django/__init__.py 中）：

```
    def setup(set_prefix=True):
        ...
        apps.populate(settings.INSTALLED_APPS)
```

这个方法比较简单，其中调用了 apps.populate 方法，方法定义（位于文件 django/apps/registry.py 中）如下：

```
    def populate(self, installed_apps=None):
        # 初始化 app_configs
        for entry in installed_apps:
            if isinstance(entry, AppConfig):
                app_config = entry
            else:
                app_config = AppConfig.create(entry)
            ...
            self.app_configs[app_config.label] = app_config
            app_config.apps = self

        # 执行每个 AppConfig 的 ready 方法，其中就包含 AdminConfig
        for app_config in self.get_app_configs():
            app_config.ready()
        ...
```

查看 AdminConfig 的定义（位于文件 django/contrib/admin/apps.py 中），可以得出答案。

```
class AdminConfig(SimpleAdminConfig):
    def ready(self):
        super().ready()
        # 在这里完成 autodiscover 方法的调用
        self.module.autodiscover()
```

至此，Django 就将应用的 admin 加载进来了，从而完成了 Model 的加载工作。可以看到，Django 将管理后台的各个功能模块划分得非常清晰，如 AdminSite 负责管理后台的入口、ModelAdmin 负责 Model 的样式和功能操作、AdminConfig 负责加载 Model 等。把这些主线理清楚之后，再去看管理后台的实现，就清晰多了。

06 第6章 视图

在 Web 站点上的许多操作都需要与后端交互，此时需要发起一个 Http 请求，并等待后端服务返回一个 Http 响应。对于 Django 来说，这里会涉及两个重要的概念：URL 和视图。它们是一一对应的关系，每一个请求对应一个 URL，URL 映射到具体的视图函数（类），传递 HttpRequest，视图处理之后返回 HttpResponse。本章将介绍怎样实现视图、视图的相关特性以及视图的工作原理等。

6.1 视图初探

6.1.1 定义第一个视图

正如之前所说，每一个视图都会接收一个请求，对请求进行自定义处理，最后返回一个响应，这就包含了一个视图的完整定义。关于视图写在哪里，要包含哪些逻辑，Django 是没有要求的。但是，对于项目的规范性而言，通常会将视图放置于项目或应用的 views.py 文件中。

查看 post 应用，可以看到应用目录下面已经有 views.py 文件了，这是 Django 在创建应用的时候自动创建的。接下来，在这个文件中定义第一个视图函数：

```
from django.http import HttpResponse

def hello_django_bbs(request):
    html = "<h1>Hello Django BBS</h1>"
    return HttpResponse(html)
```

这段代码非常简单，只有四句话，但是已经包含了一个视图的完整功能了。下面依次对这四句话进行解释。

（1）引入 HttpResponse，作为视图的返回类型。

（2）视图函数声明，当前的函数名是 hello_django_bbs，它仅仅描述自身的用途，Django 对此不做要求。视图函数的第一个参数是 HttpRequest 类型的对象，且通常定义为 request，同样，Django 对此也没有要求，是一种约定俗成的习惯。

（3）函数内部定义业务处理逻辑，这里简单定义了视图的响应内容。

（4）视图最后返回一个 HttpResponse 对象，标识一次 Web 请求的结束。

在介绍管理后台的时候，我们已经见到过如何在 my_bbs/my_bbs/urls.py 文件中配置 URL 到视图的映射。这里可以仿照 admin 的书写方式，将当前的视图与一个 URL 进行映射。例如：

```
from django.contrib import admin
from django.urls import path

from post import views

urlpatterns = [
    path('admin/', admin.site.urls),
    path('post/hello/', views.hello_django_bbs)
]
```

此时，可以在浏览器或者其他能发送 Http 请求的工具（如 Postman）中请求 http://127.0.0.1:8000/post/hello/，之后就可以看到定义的 html 打印出来了。

当前已经定义了视图和对应的 URL 映射，似乎已经完成了“定义第一个视图”的目标。但是 urls.py 文件中有一大段注释内容，这是在创建项目时 Django 自动生成的，那么，要先把这段注释弄明白，再做其他的决定。

这段注释介绍了 Django 中三种定义 URL 配置的方法，下面依次看这三种配置方法。

第一种，针对基于函数的视图：首先将视图定义文件引入（import），然后利用 path 定义 URL 和视图的对应关系，这与当前 hello_django_bbs 视图配置的形式是一样的。需要注意，当前给 path 函数传递了两个参数，第一个参数定义了 URL 的匹配规则，第二个参数定义了映射的视图函数，这两个参数都是必填项，在将来会看到 path 函数还可以接受其他的参数。

第二种，针对基于类的视图：首先将视图类对象引入，之后用类似的方法配置 URL 和视图类的对应关系。注释中的一个示例配置如下所示：

```
from other_app.views import Home
path('', Home.as_view(), name='home')
```

第三种，针对项目中存在多 App 的场景：利用 include 实现 App 与项目的解耦。include 将 App 的 URL 配置文件导入，之后就可以实现根据不同的 App 来分发请求，实现每个 App 自己管理自己的视图与 URL 映射，配置管理 App 的模式。注释中给的示例如下：

```
from django.urls import include, path
path('blog/', include('blog.urls'))
```

根据 Django 的提示，重新实现 hello_django_bbs 的映射关系，应该在 post 应用中添加一个 URL 配置文件，然后在项目的 urls.py 文件中引入。

首先，在 post 应用下创建 urls.py 文件（注意，这是 post 应用的 URL 配置文件，对应文件路径是 my_bbs/post/urls.py），并将如下配置填充到文件中：

```
from django.urls import path
from post import views

urlpatterns = [
    path('hello/', views.hello_django_bbs)
]
```

同时，修改项目的 urls.py 文件（注意区分项目和应用的概念）内容：

```
urlpatterns = [
    path('admin/', admin.site.urls),
    path('post/', include('post.urls'))
]
```

经过这样的配置，以 post/开头的请求都会交给 post 应用的 URL 配置去处理，即实现了根据 App 来分发不同的请求。同时，这样的配置也更加清晰，便于维护，特别是当项目越来越大，应用越来越多时，这种方式会显得更加优雅。

可见，Django 为简化开发者的开发思考了很多，特别是在规范性方面，给出了很多提示和建议。在项目开发的过程中，如果不确定应该使用哪一种方式，那么，遵循 Django 的建议往往是个不错的选择。

6.1.2 视图的请求与响应对象

目前已经定义了一个视图，且执行了调用，在浏览器中看到了它的返回。这个过程中会涉及两个对象：HttpRequest 和 HttpResponse，即请求与响应对象。接下来，就详细看一看这两个对象包含了哪些属性以及它们都有哪些特点。

1. HttpRequest

HttpRequest 对象定义于 django/http/request.py 文件中，每当请求到来的时候，Django 就会创建一个携带有请求元数据的 HttpRequest 对象，传递给视图函数的第一个参数。

视图函数中的处理逻辑就是根据这些元数据做出相应的动作。HttpRequest 定义了很多属性和方法，下面就来看一看平时最常用到的部分。

（1）method

method 是一个字符串类型的值，标识请求所使用的 HTTP 方法，例如 GET、POST、PUT 等。这是最常用到的一个属性，在视图函数中用这个属性判断请求的类型，再给出对应的处理逻辑。所以，常常可以看到如下的视图定义：

```
if request.method == 'GET':
    get_something()
elif request.method == 'POST':
    post_something_()
elif request.method == 'PUT':
    put_something_()
...
```

之所以可以这样，是因为 Django 框架在路由分发时，不会考虑请求所使用的 HTTP 方法。也就是说，对于同一个 URL，不论是使用 GET 还是 POST 都会路由到同一个视图函数去处理。

例如，对于 hello_django_bbs 而言，给它添加 @csrf_exempt 装饰器，用 POST 方法请求对应的 URL，可以获得与 GET 请求同样的响应：

```
from django.views.decorators.csrf import csrf_exempt

@csrf_exempt
def hello_django_bbs(request):
    html = "<h1>Hello Django BBS</h1>"
    return HttpResponse(html)
```

但有时候，可能需要明确只能接受特定的请求方法，Django 也对此提供了支持，利用 @require_http_methods 装饰器指定视图可以接受的方法。例如，只允许 hello_django_bbs 接受 GET 和 POST 请求，那么，可以这样配置：

```
from django.views.decorators.csrf import csrf_exempt
from django.views.decorators.http import require_http_methods

@csrf_exempt
@require_http_methods(["GET", "POST"])
```

```
    def hello_django_bbs(request):
        html = "<h1>Hello Django BBS</h1>"
        return HttpResponse(html)
```

当向这个视图发送 GET、POST 之外的方法时（如 PUT），Django 将会抛出 405 错误，并显示如下错误信息：

```
    Method Not Allowed (PUT): /post/hello/
```

另外，为了简化使用，Django 提供了几个简单的装饰器指定可以接受的请求方法，它们定义于 django/views/decorators/http.py 文件中，如 require_GET 只允许 GET 方法、require_POST 只允许 POST 方法等。

（2）scheme

这是一个被@property 装饰的方法，返回字符串类型的值。它可以被当作属性直接调用（request.scheme）。它用来标识请求的协议类型（http 或 https）。

（3）path

其为字符串类型，返回当前请求页面的路径，但是不包括协议类型（scheme）和域名。例如，对于请求 http://127.0.0.1:8000/post/hello/，path 返回的是 /post/hello/。

（4）GET

这是一个类字典对象，包含 GET 请求中的所有参数。大多数 HTTP 请求都会携带有参数，例如，将之前访问的 URL 修改成 http://127.0.0.1:8000/post/hello/?a=1&b=2&c=3，就可以通过 GET 属性获取到 a、b、c 三个参数了。

GET 属性中的键和值都是字符串类型，所以，可能需要对获取到的参数值进行类型转换。通常，获取参数的方法有两种。

① request.GET['a']：这样可以获取到参数 a，但是使用这种方式需要确保参数 a 是存在的，否则会抛出 MultiValueDictKeyError 错误。

② request.GET.get('d', 0)：这种方式尝试从 GET 属性中获取属性 d，获取不到，则返回数字 0，与第一种方式相比更加安全。

对于 GET 属性需要注意，它并不是 Python 中的字典类型，实际上它是一个 QueryDict（django.http.QueryDict）类型的实例，且它是只读的。如果需要修改它，可以通过 copy 方法获取它的副本，并在副本上执行修改。

（5）POST

与 GET 属性类似，POST 属性中保存的是 POST 请求中提交的表单数据，同样，它也是一个 QueryDict 类型的实例对象。

获取 POST 属性中参数的方式与操作 GET 属性是类似的，可以通过 request.POST['a']或 request.POST.get('d', 0) 的方式得到。

需要注意的是，在使用 POST 方法上传文件时，文件相关的信息不会保存在 POST 中，而是保存在 FILES 属性中。

（6）FILES

这个属性只有在上传文件的时候才会用到，它也是一个类字典对象，包含所有的上传文件数据。FILES 属性中的每个键是<input type="file" name="" />中的 name 值，FILES 中的每个值是一个 UploadedFile。

（7）COOKIES

它是一个 Python 字典（dict）对象，键和值都是字符串，包含了一次请求的 Cookie 信息（如果对 Cookie 不了解，可以先学习 HTTP）。

（8）META

它也是一个 Python 字典对象，包含了所有的 HTTP 头部信息（具体可用的头部信息还需要依赖客户端和服务器）。这里简单介绍一些常用的请求头。

CONTENT_LENGTH：标识请求消息正文的长度，对于 POST 请求来说，这个请求头是必需的。

CONTENT_TYPE：请求正文的 MIME 类型，对应于/post/hello/请求，它的值可以是 text/plain。

HTTP_HOST：客户端发送的 HTTP 主机头。

HTTP_USER_AGENT：通常被称为 UA，用于标识浏览器的类型，如果视图返回的数据是需要区分浏览器的，那么这个字段会非常有用。

REMOTE_ADDR：客户端的 IP 地址，这个字段通常用于记录日志或根据 IP 确定地域再做处理。

REMOTE_HOST：客户端的主机名。

REQUEST_METHOD：标识 HTTP 请求方法，例如 GET、POST 等。

SERVER_NAME：服务器的主机名。

SERVER_PORT：服务器的端口号，用一个字符串标识，例如“8000”。

（9）user

标识当前登录用户的 AUTH_USER_MODEL 实例，它其实是 Django 用户系统中的 User（auth.User）类型。这个属性由 AuthenticationMiddleware 中间件完成设置，在用户未登录的情况下，即匿名访问，user 会被设置为 AnonymousUser 类型的实例。

因为 Web 站点通常都会针对特定的用户提供服务（账户系统），所以，这个属性几乎在每个视图处理逻辑中都会用到。

2. HttpResponse

HttpResponse 对象定义于 django/http/response.py 文件中，在视图中主动创建并返回。下面介绍 HttpResponse 的属性、方法和它常用的子类。

（1）status_code

状态码（status_code）是 HttpResponse 最重要的属性，用来标识一次请求的状态。常见的状态码有 200 标识请求成功、404 标识请求的资源不存在、500 标识服务器内部错等。

（2）content

存储响应内容的二进制字符串。

（3）write 方法

这个方法将 HttpResponse 视为类文件对象，可以向其中添加响应数据。例如，可以将视图函数 hello_django_bbs 修改为：

```
def hello_django_bbs(request):
    response = HttpResponse('<h1>Hello Django BBS</h1>')
    response.write('<h2>Hello Django BBS</h2>')
    response.write('<h3>Hello Django BBS</h3>')
    return response
```

（4）操作响应头

由于 HttpResponse 对象定义了__getitem__、__setitem__和__delitem__，所以，可以像操作字典一样操作 HttpResponse 实例对象，且它控制的是响应头信息。

例如，可以在 hello_django_bbs 视图中给 HttpResponse 添加响应头：

```
def hello_django_bbs(request):
    html = "<h1>Hello Django BBS</h1>"
    response = HttpResponse(html)
    response['project'] = 'BBS'
    response['app'] = 'post'
```

```
        del response['Python']
        return response
```

重新访问视图，查看响应头已经有了 project 和 app，如图 6-1 所示。

Response Headers	
app	post
Content-Length	25
Content-Type	text/html; charset=utf-8
Date	Thu, 13 Sep 2018 03:20:20 GMT
project	BBS
Server	WSGIServer/0.2 CPython/3.7.0
X-Frame-Options	SAMEORIGIN

图 6-1　添加响应头

但同时注意到，视图代码中删除响应头的地方没有报错，这是__delitem__方法做的特殊处理，用 try…catch 将 KeyError 捕获了，所以，即使删除的头字段不存在，也不会抛出异常。

为简化开发过程，Django 提供了许多方便使用的 HttpResponse 子类，用来处理不同类型的 HTTP 响应。下面介绍常用的 HttpResponse 子类对象。

① JsonResponse。JsonResponse 是最常用的子类对象，用于创建 JSON 编码的响应值，定义于 django/http/response.py 文件中：

```
class JsonResponse(HttpResponse):
    def __init__(self, data, encoder=DjangoJSONEncoder, safe=True,
                 json_dumps_params=None, **kwargs):
        if safe and not isinstance(data, dict):
            raise TypeError(
                'In order to allow non-dict objects to be serialized set the '
                'safe parameter to False.'
            )
        if json_dumps_params is None:
            json_dumps_params = {}
        kwargs.setdefault('content_type', 'application/json')
        data = json.dumps(data, cls=encoder, **json_dumps_params)
        super().__init__(content=data, **kwargs)
```

如源码中所示，JsonResponse 将响应头 Content-Type 设置为 application/json，标识响应消息格式为 JSON。默认的 JSON 序列化器是 DjangoJSONEncoder，可以根据需要自行替换，但是，通常没有必要这样做。

safe 参数默认值为 True，指定 data 需要是字典类型，如果传递非字典类型的对象，则会抛出 TypeError 错误。例如：

```
>>> from django.http import JsonResponse
>>> response = JsonResponse({'project': 'BBS'})
>>> response.content
b'{"project": "BBS"}'
```

如果将 safe 设置为 False，那么，data 能接受任何可以 JSON 序列化的对象，例如，给 data 传递 list 对象：

```
>>> response = JsonResponse([1, 2, 3], safe=False)
>>> response.content
b'[1, 2, 3]'
```

② HttpResponseRedirect。HttpResponseRedirect 用于实现响应重定向，返回的状态码是 302。它有一个必填的参数，用于指定重定向的 URL 地址。这个地址可以是一个特定的 URL 地址，例如 http://www.example.com；也可以是一个针对当前路径的相对路径地址，例如 test/，浏览器将会完成

URL 的拼接；还可以是一个绝对路径地址，例如/post/test。

③ HttpResponseNotFound。HttpResponseNotFound 继承自 HttpResponse，只是将状态码修改为 404。当请求的资源不存在时，可以使用这个响应对象。

与之类似地，Django 还定义了 HttpResponseBadRequest（错误请求，状态码是 400）、HttpResponseForbidden（禁止访问，状态码是 403）、HttpResponseServerError（内部服务器错，状态码是 500）等子类对象。

6.1.3　基于类的视图

之前已经介绍过，视图可以是函数，也可以是类，类视图同样能够实现视图的功能。类视图最大的特点是可以利用不同的实例方法响应不同的 HTTP 请求方法（GET、POST），且可以利用面向对象的技术将代码分解为可重用的组件。

1. 一个简单的类视图定义

这里将 hello_django_bbs 利用类视图重新实现，同时，添加一个可以接受 POST 请求的方法，如下所示：

```
from django.utils.decorators import method_decorator
from django.views import View
from django.views.decorators.csrf import csrf_exempt

class FirstView(View):
    html = '(%s) Hello Django BBS'

    def get(self, request):
        return HttpResponse(self.html % 'GET')

    def post(self, request):
        return HttpResponse(self.html % 'POST')

    @method_decorator(csrf_exempt)
    def dispatch(self, request, *args, **kwargs):
        return super(FirstView, self).dispatch(request, *args, **kwargs)
```

FirstView 继承自 View，它是所有基于类的视图的基类。其中定义了 get 和 post 方法，映射到 GET 和 POST 请求类型。

另外，FirstView 重写了父类的 dispatch 方法，dispatch 根据 HTTP 类型实现请求分发。例如，如果是 GET 请求，则分发给 get 方法。如果 View 中没有实现对应请求类型的方法，则会返回 HttpResponseNotAllowed。

类对象中定义的方法与普通的函数并不相同，所以，应用于函数的装饰器不能直接应用到类方法上，需要将它转换为类方法的装饰器。可以看到在 dispatch 方法上添加了@method_decorator 装饰器，这个装饰器可以将函数装饰器转换为类方法装饰器，因此，csrf_exempt 装饰器可以被用在类方法上了。

Django 的 URL 解析器会将请求发送到一个函数而不是一个类，所以，需要用到 View 提供的 as_view 方法完成 URL 的定义。将 post 应用的 urlpatterns 修改为：

```
from post.views import FirstView
urlpatterns = [
    path('hello/', views.hello_django_bbs),
    path('hello_class/', FirstView.as_view()),
]
```

对应当前类视图的请求 URL 为 http://127.0.0.1:8000/post/hello_class/。可以尝试发送 GET 或 POST

请求到当前的 URL，验证响应结果。但是如果发送 PUT 请求，Django 会提示不可访问的信息：Method Not Allowed (PUT): /post/hello_class/。

2. 设置类属性

在 FirstView 中定义了一个类属性 html，这是很常见的设计，将公用的部分放在类属性中，所有的方法都能看到。如果要设置类属性，那么有两种方法可以做到。

第一种方法是 Python 的语言特性，实现子类并覆盖父类中的属性。例如，SecondView 继承自 FirstView，并重新定义了 html 属性：

```
class SecondView(FirstView):
    html = 'Second: (%s) Hello Django BBS'
```

第二种方法是直接在配置 URL 的时候在 as_view 方法中指定类属性，看起来更为简单直接：

```
path('second_hello_class/', FirstView.as_view(html='Second: (%s) Hello Django BBS'))
```

基于类的视图，每个请求到来的时候，Django 都会实例化一个类的实例，但是 as_view 中设置的类属性只在 URL 第一次导入时设置。

3. 利用 Mixin 实现代码复用

一个 Mixin 就是一个 Python 对象，但是这个类不一定需要有明确的语义，其主要目的是实现代码的复用。Mixin 在表现形式上是多重继承，在运行期间，实现动态改变类的父类或类的方法。一个视图类可以继承多个 Mixin，但是只能继承一个 View，写法上通常会把 Mixin 放在 View 的前面。

例如，将 FirstView 中重写的 dispatch 方法放到 Mixin 里，同时，将第 5 章中定义的可以打印方法执行时间的装饰器也加入进去，可以这样实现：

```
class ExecTimeMixin(object):
    @method_decorator(csrf_exempt)
    @method_decorator(exec_time)
    def dispatch(self, request, *args, **kwargs):
        return super(ExecTimeMixin, self).dispatch(request, *args, **kwargs)
```

重新定义 FirstView 如下：

```
class FirstView(ExecTimeMixin, View):
    ...
```

注意，不需要在 FirstView 中重写 dispatch 方法了。重新访问视图对应的 URL，可以看到会打印视图函数的执行时间。

Django 自身也定义了一些 Mixin 简化开发，例如 LoginRequiredMixin 验证当前请求必须是登录用户，否则就会禁止访问或重定向到登录页。

基于函数的视图被称作 FBV（Function-Based Views），基于类的视图被称作 CBV（Class-Based Views），Django 并没有对这两种实现视图的方式做出评价，所以，不存在哪一种方式更好的说法。更多的时候，是用户根据自己的偏好或业务的需求选择合适的方式去实现的。

6.1.4 动态路由

因为视图函数也是普通的 Python 函数，所以，除了 Django 规定的第一个 HttpRequest 参数之外，还可以定义额外的参数。那么，对于视图函数中的其他参数，需要怎么给它们传值呢？这就引出了动态路由的概念，即 URL 不是固定的，URL 中包含了传递给视图的参数变量。

相对于动态路由的概念，之前定义的视图映射的 URL 都可以被称作静态路由，即 URL 是固定的。同样，配置动态路由也需要用到 path 函数，只是 URL 配置的语法上有些不同。

1. 使用 path 配置动态路由

在分析它的用法之前，先简单地看一个接受其他参数的视图示例：

```
def dynamic_hello(request, year, month, day):
    html = "<h1>(%s) Hello Django BBS</h1>"
    return HttpResponse(html % ('%s-%s-%s' % (year, month, day)))
```

dynamic_hello 中除了第一个 request 参数之外，还定义了 year、month 和 day 三个参数标识年月日。因为这些参数有具体的含义，所以，它们也应该有具体的类型。

在 post 应用的 urlpatterns 加入如下路由定义：

```
path('dynamic/<int:year>/<int:month>/<int:day>/', views.dynamic_hello)
```

之后，在浏览器中输入 http://127.0.0.1:8000/post/dynamic/2018/9/14/，就可以看到带有打印日期的欢迎语了：(2018-9-14) Hello Django BBS。

path 中定义的类似<int:year>规则会捕获到 URL 中的值，映射到视图中的同名参数 year，并根据指定的转换器将参数值转换为对应的类型，这里对应 int（大于等于 0 的数）。之所以需要定义转换器，有两个原因：第一是可以将捕获到的字符值转换为对应的类型；第二是对 URL 中传值的一种限制，避免视图处理出错。

例如，可以尝试访问 http://127.0.0.1:8000/post/dynamic/2018/9/x/，此时会响应 404，标识当前的资源不存在，如图 6-2 所示。

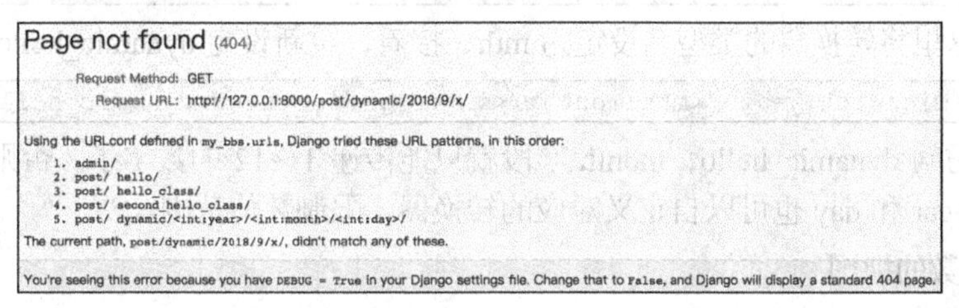

图 6-2　动态路由访问出错

从图中可看到，错误页面的最下方已经给出了提示，当前处于 DEBUG 状态，所以，会在当前页面打印方便调试的信息。

除了 int 之外，Django 还提供了其他的转换器。

（1）str：匹配除了“/”（路径分隔符）之外的非空字符串，它是默认的转换器，即如果没有指定转换器，例如 <day>，那么，相当于 <str:day>。

（2）slug：匹配字母、数字、连字符和下画线组成的字符串。

（3）uuid：匹配格式化的 UUID（通用唯一识别码），并将捕获到的参数值转换为 UUID 实例对象。

（4）path：匹配任意的非空字符串，包含了路径分隔符。

2. 自定义转换器

Django 内置的转换器都定义于 django/urls/converters.py 文件中，下面介绍 int 转换器的源码分析转换器的实现方法：

```
class IntConverter:
    regex = '[0-9]+'

    def to_python(self, value):
        return int(value)

    def to_url(self, value):
        return str(value)
```

它包含三个部分，也是每一个转换器都需要实现的三要素。

（1）regex：字符串类型的类属性，根据属性名可以猜测，这是一个正则表达式，用于匹配 URL 对应位置的参数值。

（2）to_python：参数 value 是从 URL 中匹配到的参数值，通过强转成对应的类型传递给视图函数。需要注意，这里可能因为强转抛出 ValueError。

（3）to_url：将一个 Python 类型的对象转换为字符串，to_python 的反向操作。

dynamic_hello 的 URL 配置虽然能实现将捕获到的参数值转换为 int，但是并没有做参数含义的校验。例如，访问 http://127.0.0.1:8000/post/dynamic/2018/15/14/也没问题，但是，月份显然不能大于 12，所以，可以自定义一个转换器捕获一个正确的月份：

```
from django.urls.converters import IntConverter
class MonthConverter(IntConverter):
    regex = "0?[1-9]|1[0-2]"
```

由于月份也是数字，所以，只需要继承自 IntConverter，并重新定义 regex 规定匹配规则就可以了。

定义好了转换器，还需要完成注册才能使用，在 post 应用的 urls.py 文件中注册：

```
from django.urls import register_converter
from post.views import MonthConverter
register_converter(MonthConverter, 'mth')
```

可以看到，这里将转换器的类型名设定为 mth，接着，重新设定 dynamic_hello 视图的 URL：

```
path('dynamic/<int:year>/<mth:month>/<int:day>/', views.dynamic_hello)
```

此时，再去访问 dynamic_hello，month 字段就只能传递 1～12 的数字了。否则，会返回 404 响应。同样，对于 year 和 day 也可以自定义对应的转换器，限制数值范围。

3. 带默认参数的视图

由于视图是普通的 Python 函数，所以，视图中的参数也可以带有默认值。例如，给 dynamic_hello 中的 day 添加默认值：

```
def dynamic_hello(request, year, month, day=15):
    html = "<h1>(%s) Hello Django BBS</h1>"
    return HttpResponse(html % ('%s-%s-%s' % (year, month, day)))
```

同时，给视图配置两个 URL 模式：

```
path('dynamic/<int:year>/<mth:month>/', views.dynamic_hello),
path('dynamic/<int:year>/<mth:month>/<int:day>/', views.dynamic_hello)
```

那么，此时，类似 http://127.0.0.1:8000/post/dynamic/2018/12/的请求也可以访问到 dynamic_hello，对应到第一个 URL 模式（不含 day），且 day 直接使用默认值 15。

4. 正则表达式

Python 的正则表达式中命名分组的语法为：(?P<name>pattern)，其中 name 是分组名，pattern 是匹配模式。引用分组可以使用分组名，也可以使用分组编号。例如：

```
>>> import re
>>> r = re.compile('(?P<year>[0-9]{4})')
>>> s = r.search('2018')
>>> s.group('year')
'2018'
>>> s.group(1)
'2018'
```

path 方法定义于 django/urls/conf.py 文件中，同时，这个文件中还定义了一个与它很像的方法：re_path，可以使用命名分组来定义 URL。

使用 re_path 的理由是 path 方法和转换器都不能满足需求。其使用方法与 path 类似，例如，可以将 dynamic_hello 的 URL 模式使用 re_path 重新定义：

```
from django.urls import re_path
re_path('re_dynamic/(?P<year>[0-9]{4})/(?P<month>[0-9]{2})/(?P<day>[0-9]{2})/',
    views.dynamic_hello),
```

这样可以实现与之前 path 结合转换器类似的匹配功能，但是有两点需要注意。

（1）year 命名分组匹配四位整数，int 转换器可以匹配任意大于等于 0 的整数，所以，两者之间的匹配范围不同（month 和 day 也有同样的特性）。

（2）命名分组传递到视图中的参数是字符串类型，需要根据视图逻辑自行调整。

6.1.5 给 post 应用添加视图

根据已经介绍的关于视图的实现方法和 URL 配置技巧，可以给 post 应用添加一些视图，丰富应用的功能。例如，可以查看当前站点中所有的 Topic 列表信息，查看单个 Topic 的详细信息，给某一个 Topic 添加评论等。

视图中的代码应该尽量简洁，复杂的业务逻辑不应该出现在视图中，因此，通常会把逻辑或者 service 部分单独放到一个文件中，如 post_service.py。

1. 实现 Topic 列表视图

由于还没有讲解到模板，所以，这里暂时不把视图的结果渲染出来，而是采用返回 JSON 格式数据的方式，即返回 JsonResponse。

首先，创建存储业务处理逻辑的文件 post/post_service.py（位于 post 应用下），并实现构造 Topic 实例对象基本信息的业务逻辑：

```
def build_topic_base_info(topic):
    """
    构造 Topic 基本信息
    :param topic:
    :return:
    """
    return {
        'id': topic.id,
        'title': topic.title,
        'user': topic.user.username,
        'created_time':
            topic.created_time.strftime('%Y-%m-%d %H:%M:%S')
    }
```

build_topic_base_info 仅返回一个 Topic 实例的基本信息，这些信息用于展示 Topic 列表已经够用了。但是，需要注意，这样的实现其实并不安全，因为并没有对传递进来的参数进行校验，例如，它可能不是一个 Topic 类型的实例对象，可能是 None（空对象）等。

接下来，在 post/views.py 文件中定义 Topic 列表信息的视图函数：

```
from post.models import Topic
from post.post_service import build_topic_base_info

def topic_list_view(request):
    """
```

```
        话题列表
        :param request:
        :return:
        """
        topic_qs = Topic.objects.all()
        result = {
            'count': topic_qs.count(),
            'info': [build_topic_base_info(topic) for topic in topic_qs]
        }
        return JsonResponse(result)
```

这个视图实现的功能非常简单：先获取当前所有的 Topic 实例对象，之后返回数量和每一个 Topic 对象的基本信息。

需要注意，当前的视图也仅实现了基本的功能，还有很多不完善的地方，例如没有过滤已经被删除的 Topic（is_online 为 False）、没有对 Topic 列表进行分页等。

做实际的业务处理逻辑可能需要思考更多的问题，更细致化地实现功能。本书中给出的示例程序更加专注于介绍实现方法和过程，因此不会考虑太多“可能出现的问题”。

最后，一个完整的视图还需要 URL 配置，在 post/urls.py 文件中添加：

```
path('topic_list/', views.topic_list_view)
```

到此，Topic 列表视图就已经完成了。打开 http://127.0.0.1:8000/post/topic_list/ 可以看到 JSON 格式的 Topic 列表数据，如图 6-3 所示（经过了格式化处理）。

```
{
  "count": 3,
  "info": [
    {
      "id": 1,
      "title": "first topic",
      "user": "admin",
      "created_time": "2018-09-02 20:08:17"
    },
    {
      "id": 2,
      "title": "second topic",
      "user": "admin",
      "created_time": "2018-09-02 20:11:09"
    },
    {
      "id": 3,
      "title": "third topic!(管理员删除)",
      "user": "admin",
      "created_time": "2018-09-02 20:12:54"
    }
  ]
}
```

图 6-3　JSON 格式的 Topic 列表数据

2. 实现 Topic 实例对象信息视图

有了 Topic 列表信息，再根据列表信息中提供的 id（Topic 主键字段）查看每一个 Topic 的详细信息就很简单了。

首先，每一个 Topic 都有可能会有多个 Comment，展示一个 Topic 的详细信息，应该把 Comment 也展示出来，所以，需要一个构造 Comment 信息的方法：

```
def build_comment_info(comment):
    """
```

```
        构造 Comment 信息
        :param comment:
        :return:
        """
        return {
            'id': comment.id,
            'content': comment.content,
            'up': comment.up,
            'down': comment.down,
            'created_time': comment.created_time.strftime('%Y-%m-%d %H:%M:%S'),
            'last_modified': comment.last_modified.strftime('%Y-%m-%d %H:%M:%S')
        }
```

接下来，定义构造 Topic 详细信息的方法：

```
    from post.models import Comment
    def build_topic_detail_info(topic):
        """
        构造 Topic 详细信息
        :param topic:
        :return:
        """
        comment_qs = Comment.objects.filter(topic=topic)
        return {
            'id': topic.id,
            'title': topic.title,
            'content': topic.content,
            'user': topic.user.username,
            'created_time':
                topic.created_time.strftime('%Y-%m-%d %H:%M:%S'),
            'last_modified':
                topic.last_modified.strftime('%Y-%m-%d %H:%M:%S'),
            'comments': [build_comment_info(comment) for comment in comment_qs]
        }
```

除了 Topic 自身的基本信息之外，这里还利用 build_comment_info 将它所对应的所有 Comment 的信息展示出来。

之后，在 post/views.py 文件中完成 Topic 详细信息的视图：

```
    from post.models import Topic
    from post.post_service import build_topic_detail_info

    def topic_detail_view(request, topic_id):
        """
        话题详细信息
        :param request:
        :param topic_id:
        :return:
        """
        result = {}
        try:
            result = build_topic_detail_info(Topic.objects.get(pk=topic_id))
        except Topic.DoesNotExist:
            pass
        return JsonResponse(result)
```

首先根据传递的 topic_id 通过 get 方法获取到 Topic 实例对象，注意，可能会抛出 DoesNotExist

异常，代表实例不存在；之后，传递给构造详细信息的方法，获取结果字典；最后，返回 JsonResponse。

在 post/urls.py 文件中添加如下 URL 模式：

```
path('topic/<int:topic_id>/', views.topic_detail_view)
```

topic_id 字段带有 int 转换器，所以，不能传递一个小于 0 或者非整数的值，这也符合 id 字段的基本要求。打开 http://127.0.0.1:8000/post/topic/1/，结果如图 6-4 所示。

```
{
  "id": 1,
  "title": "first topic",
  "content": "This is the first topic!",
  "user": "admin",
  "created_time": "2018-09-02 20:08:17",
  "last_modified": "2018-09-02 20:08:17",
  "comments": [
    {
      "id": 1,
      "content": "very good!",
      "up": 88,
      "down": 32,
      "created_time": "2018-09-02 20:09:29",
      "last_modified": "2018-09-02 20:09:29"
    }
  ]
}
```

图 6-4　JSON 格式的 Topic 详细信息

3. 给 Topic 实例对象添加评论的视图

用户在 BBS 站点上看到 Topic 的信息，给 Topic 添加评论也是一个很常见的需求。首先，还是先写出添加评论的业务逻辑。

```
from post.models import Comment
def add_comment_to_topic(topic, content):
    """
    给话题添加评论
    :param topic:
    :param content:
    :return:
    """
    return Comment.objects.create(topic=topic, content=content)
```

这里简单地根据传递的 Topic 实例对象和评论内容（content）创建了 Comment 实例对象。注意，up 和 down 可以使用默认值，不需要指定。

接下来，编写视图函数：

```
from post.models import Topic
from django.http import JsonResponse

@csrf_exempt
def add_comment_to_topic_view(request):
    """
    给话题添加评论
    :param request:
    :return:
```

```
    """
    topic_id = int(request.POST.get('id', 0))
    content = request.POST.get('content', '')
    topic = None

    try:
        topic = Topic.objects.get(pk=topic_id)
    except Topic.DoesNotExist:
        pass

    if topic and content:
        return JsonResponse({'id': add_comment_to_topic(topic, content).id})

    return JsonResponse({})
```

GET 方法通常用于从服务器中获取一些资源，而 POST 方法用来通过表单向服务器提交一些资源，所以，当前方法的请求类型是 POST。视图内部对传递的参数做了简单的校验，并调用 add_comment_to_topic 方法创建了一条评论。之后，返回 Comment 对象的主键字段。

最后，在 post/urls.py 文件中添加 URL 模式：

```
path('topic_comment/', views.add_comment_to_topic_view)
```

目前，已经给 post 应用添加了三个视图：Topic 列表、Topic 详细信息、给 Topic 添加评论，这也是最常用的功能。当然，可以根据自己的需要对应用功能进行扩展，例如，给评论添加赞同（up）和反对（down）的功能等，以进一步丰富应用。

6.2 视图的高级特性和快捷方法

6.2.1 URL 的反向解析

在处理业务需求的过程中可能会需要视图的 URL 模式，如返回重定向或在模板中用于链接到其他的视图。但是，由于 URL 可能随着业务调整发生变化，因此将 URL 硬编码到代码中并不友好。Django 为了解决这个问题，提供了 URL 反向解析的方法，通过给 URL 模式命名即可反向解析得到完整的 URL。

1. reverse 方法

之前已经看到在配置 URL 模式的时候使用了 path 方法，且传递了两个参数：URL 模式和视图。除了这两个最低配置之外，path 还可以接受一个 name 参数，用于指定当前 URL 模式的名字。URL 的反向解析就可以利用这个指定的 name 去完成。

给之前定义的 dynamic_hello 视图的 URL 模式添加 name 参数，如下所示：

```
path('dynamic/<int:year>/<mth:month>/<int:day>/', views.dynamic_hello,
     name='dynamic_hello')
```

接下来，看能够实现反向解析的 reverse 方法的定义：

```
reverse(viewname, urlconf=None, args=None, kwargs=None, current_app=None)
```

除了第一个 viewname 是必填参数之外，其他参数都是可选的，下面依次介绍每个参数的含义。

（1）viewname：它可以是 URL 模式的名字，即 name 所指定的名称；也可以是可调用的视图对象，例如 dynamic_hello 视图。

（2）urlconf：这个属性用于决定当前的反向解析使用哪个 URLconf 模块，默认是根 URLconf。

（3）args：它用于传递参数，可以是元组或者列表，顺序填充 URL 中的位置参数。

（4）kwargs：它与 args 一样，也用于传递参数；但它是字典类型的，使用关键字指定参数和数值。需要注意，args 与 kwargs 不可以同时出现。

（5）current_app：它指示当前执行的视图所属的应用程序。

介绍了 reverse 方法之后，可以尝试在项目的 Shell 环境中使用 reverse 方法反向获取 URL，例如可以通过传递 name 指定的名称：

```
>>> from django.urls import reverse
>>> reverse('dynamic_hello', args=(2018, 9, 16))
'/post/dynamic/2018/9/16/'
```

可以看到，args 中的参数按照顺序依次安装到 URL 中的特定位置。同样，可以使用字典类型的 kwargs 指定参数：

```
>>> reverse('dynamic_hello', kwargs={'year': 2018, 'day': 16, 'month': 9})
'/post/dynamic/2018/9/16/'
```

除了可以传递 name，也可以向 reverse 中传递视图对象：

```
>>> reverse(dynamic_hello, kwargs={'year': 2018, 'day': 16, 'month': 9})
'/post/dynamic/2018/9/16/'
```

reverse 方法常常用于视图的重定向，例如，定义如下视图：

```
from django.urls import reverse
def dynamic_hello_reverse(request):
    return HttpResponseRedirect(reverse('dynamic_hello', args=(2018, 9, 16)))
```

可以给这个视图配置 URL 并做个试验，当请求到 dynamic_hello_reverse 视图之后浏览器就会重定向到 http://127.0.0.1:8000/post/dynamic/2018/9/16/。

Django 项目可以包含多个应用（App），每一个应用都可能会定义很多视图，从而会有很多 URL 模式，那么，URL 命名冲突就是很常见的事了。为了解决这个问题，需要学习命名空间的概念。

2. 命名空间

URL 命名空间使得即使在不同的应用中定义了相同的 URL 名称，也能够反向解析到正确的 URL。

URL 命名空间分为两部分：应用命名空间（app_name）和实例命名空间（namespace）。

（1）app_name：Django 对它的解释是正在部署的应用名称，应用的每一个实例都有相同的命名空间。所以，可以通过组合 app_name 和 name（URL 名称）区分不同应用的 URL，它们之间使用“:”连接。

（2）namespace：它用来标识一个应用的特定实例，主要功能是区分同一个应用部署的多个不同实例。

为了更好地理解命名空间的概念，这里将之前的示例进行改造。首先，在项目的 urls.py 文件中给 post 应用添加 namespace：

```
path('post/', include('post.urls', namespace='bbs_post'))
```

在 post 应用的 urls.py 中给出 app_name 的声明：

```
app_name = 'post'
```

最后，需要修改 dynamic_hello_reverse 视图的定义：

```
def dynamic_hello_reverse(request):
    return HttpResponseRedirect(reverse('post:dynamic_hello', args=(2018, 9, 16),
                                        current_app=request.resolver_match.namespace))
```

这样设置了命名空间之后，即使是不同的应用存在同名的 URL 也不会出现问题了。

URL 反向解析不仅可以用在视图的重定向中，还可以用在模板中。Django 的模板语言中，使用 URL 模板标签同样可以通过 URL 的 name 获取到 URL 地址（可以结合命名空间），这将在模板一节中介绍。

6.2.2　视图重定向

之前已经介绍过使用 HttpResponseRedirect 完成视图的重定向，除此之外，Django 在 django/shortcuts.py 文件中提供了重定向的快捷方法 redirect。它比 HttpResponseRedirect 更加强大，除了传递 URL，还可以接受对象和视图完成重定向。接下来介绍这个方法的相关特性。

1. 永久重定向和临时重定向

HttpResponseRedirect 响应的状态码（status_code）是 302，它也被称为临时重定向。同时，还可以使用 HttpResponsePermanentRedirect 完成重定向，它与 HttpResponseRedirect 唯一的区别是状态码为 301，其被称为永久重定向。

HTTP 对 301 的解释是被请求的资源已经永久移动到新的位置，将来任何对此资源的引用都应该使用本响应返回的若干个 URI 之一，它最常用到的场景是域名跳转。

302 表示当前请求的资源临时从不同的 URI 响应，常用在同一个站点内的跳转，如未登录用户访问页面重定向到登录页。

2. redirect 方法

在介绍 redirect 的用法之前，先来看它的定义：

```
redirect(to, *args, permanent=False, **kwargs)
```

*args 和**kwargs 最终会传递到 reverse 方法中，所以，它们是用来标注 URL 的参数。permanent 默认为 False，实现 302 重定向（HttpResponseRedirect），如果设置为 True，则是 301 重定向（HttpResponsePermanentRedirect）。

redirect 方法只有一个必填参数 to，它可以接受三种类型的参数。

（1）带有 get_absolute_url 属性（方法）的对象，例如，可以定义如下视图：

```
def hello_redirect(request):
    class A:
        @classmethod
        def get_absolute_url(cls):
            return '/post/topic_list/'
    return redirect(A)
```

此时访问 hello_redirect 视图将跳转到话题列表页。当然，这只是一个示例，更常见的用法是在 Model 中定义 get_absolute_url 方法，传递 Model 实例对象到 redirect 方法中，跳转到 Model 实例的详细信息页。例如，可以给 Topic 对象添加 get_absolute_url 方法：

```
class Topic(BaseModel):
    ...
    def get_absolute_url(self):
        return '/post/topic/%s/' % self.id
```

（2）传递 URL 模式的名称，即 path 中配置的 name 值（如果配置了命名空间，也需要指定）。内部实现是通过 reverse 方法反向解析得到 URL。例如：

```
def hello_redirect(request):
    return redirect('post:dynamic_hello', 2018, 9, 16)
```

（3）传递绝对或相对 URL，即直接指定需要跳转的位置。例如，可以指定重定向到话题列表页：

```
def hello_redirect(request):
    return redirect('/post/topic_list/')
```

相对 URL 传递可以使用 ./ 和 ../ 的形式，与文件系统路径类似。例如：

```
def hello_redirect(request):
    return redirect('./xxx/')
```

假设对于当前的视图 URL 是 /post/hello_redirect/，那么，当访问它时，会重定向到 /post/hello_redirect/xxx/。对于第二种形式：

```
def hello_redirect(request):
    return redirect('../topic_list/')
```

它会回到当前 URL 的“上一层”，再与传递的相对路径拼接，最终得到话题列表的 URL：/post/topic_list/。

redirect 是 Django 为方便使用重定向定义的快捷方法，除此之外，在 django/shortcuts.py 文件中还定义了一些其他常用的快捷方法，接下来介绍这些快捷方法的定义以及它们的用法。

6.2.3 常用的快捷方法

Django 提供的这些快捷方法非常有用，在许多场景下可以减少重复性代码的编写，所以，读者需要认真学习这些快捷方法，理解它们的用法和特性。

1. render 方法

这个方法将给定的模板和上下文字典组合，渲染返回一个 HttpResponse 对象。首先，看这个方法的定义：

```
render(request, template_name, context=None, content_type=None, status=None, using=None)
```

可以看到，render 方法可以接受的参数非常多，除了前两个是必需的之外，其他都是可选的。下面，依次介绍它的每一个参数。

（1）request：HttpRequest 对象，即视图函数的第一个参数。

（2）template_name：可以是字符串或字符串列表。字符串代表模板的完整路径；如果是列表，则按顺序找到第一个存在的模板。

（3）context：默认是一个空字典，可以通过传递它渲染模板。

（4）content_type：生成文档的 MIME 类型，默认为 DEFAULT_CONTENT_TYPE 设定的值。

（5）status：响应状态码，默认为 200。

（6）using：用于指定加载模板的模板引擎。

理解了 render 的各个参数之后，使用它就变得很简单了。例如，可以将话题列表页修改为：

```
from django.shortcuts import render

def topic_list_view(request):
    """
    话题列表
    :param request:
    :return:
    """
    topic_qs = Topic.objects.all()
    result = {
        'count': topic_qs.count(),
        'info': [build_topic_base_info(topic) for topic in topic_qs]
```

```
    }
    return render(request, 'post/topic_list.html', result)
```

这样，话题列表页的展示就会使用 result 字典渲染 post/topic_list.html 模板（模板相关的内容将在以后介绍）。

2. render_to_response 方法

这个方法的功能与 render 是一样的，根据一个给定的上下文字典渲染模板并返回 HttpResponse。方法定义如下：

```
render_to_response(template_name, context=None, content_type=None,
    status=None, using=None)
```

从定义中可以看出，它与 render 方法的区别是不需要传递 request 参数，其他都是相同的。由于没有传递 request，因此其在模板中的使用会受到一定的限制，如不能直接通过 request 对象获取它的相关属性。所以，如果需要在模板中使用 request，应该使用 render，而不是 render_to_response。另外，Django 在源码中给出了提示，这个方法可能在将来被废弃，所以，在应用开发中首先考虑使用 render 方法。

3. get_object_or_404 方法

这个方法通过 Model 对象的 get 方法获取实例对象，但是当实例不存在的时候，它会捕获 DoesNotExist 异常，并返回 404 响应。同样，看一看它的定义：

```
get_object_or_404(klass, *args, **kwargs)
```

其中*args 和 **kwargs 是查询对象时用到的查询参数，且应该是 get 和 filter 可以接受的格式。klass 可以是 Model 对象、Manager 或 QuerySet 实例。

需要注意，虽然 get_object_or_404 不会抛出 DoesNotExist 异常，但是如果传递的条件匹配了多个实例对象，则仍然会抛出 MultipleObjectsReturned 异常。

接下来，以 Topic 对象为例，看它的几种使用方法。首先，传递 Topic 对象：

```
>>> from post.models import Topic
>>> from django.shortcuts import get_object_or_404
>>> get_object_or_404(Topic, pk=1)
<Topic: 1: first topic>
```

通过 Topic 对象并指定主键值获取了 id 为 1 的实例对象。这里需要理解，这个方法在正常执行时返回的是 Model 实例对象，并不是 HttpResponse。

还可以给它传递 Manager 实例：

```
>>> get_object_or_404(Topic.objects, pk=1)
<Topic: 1: first topic>
```

由于可以传递 Manager 实例，所以，也可以这样应用：

```
>>> topic = Topic.objects.get(pk=1)
>>> get_object_or_404(topic.comment_set, pk=1)
<Comment: 1: very good!>
```

如果已经从其他地方获取了 Topic 的 QuerySet 实例，那么，直接把 QuerySet 传递到方法中是非常方便的：

```
>>> topic_qs = Topic.objects.filter(id__gte=1)
>>> get_object_or_404(topic_qs, pk=1)
<Topic: 1: first topic>
```

以上的这些都是“正常”情况，即可以根据传递的条件唯一地获取到 Topic 实例对象。但是，如果传递的参数匹配不了，例如：

```
>>> get_object_or_404(Topic, pk=10)
```

则会返回 404：

```
django.http.response.Http404: No Topic matches the given query.
```

4. get_list_or_404 方法

根据这个方法的名字可以知道，它是用来获取 Model 实例对象的列表，当获取的结果为空时，返回 404 响应。方法的定义如下：

```
get_list_or_404(klass, *args, **kwargs)
```

可以看到，它接受的参数与 get_object_or_404 是一样的，只是在做匹配时使用 filter 方法而不是 get 方法。

使用 get_list_or_404 最简单的形式是只传递 Model 对象，例如：

```
>>> from post.models import Topic
>>> from django.shortcuts import get_list_or_404
>>> get_list_or_404(Topic)
[<Topic: 1: first topic>, <Topic: 2: second topic>, <Topic: 3: third topic!(管理员删除)>]
```

如果传递的参数不能匹配任何实例对象，将会返回 404，例如：

```
>>> get_list_or_404(Topic, id__gt=10)
django.http.response.Http404: No Topic matches the given query.
```

get_object_or_404 和 get_list_or_404 常常用于不考虑“兼容”的场景中，即匹配不到实例对象就返回找不到资源（404）。这两个方法会比自己去查询校验并返回 404 响应要简单很多，所以，如果需要这样的场景，就首先考虑使用它们。

6.3 基于类的通用视图

对于 post 应用，之前已经实现了话题列表和话题详情视图，这是非常常见的功能。如果再有一个 book（图书）应用，那么，可能需要实现图书列表和图书详情视图。但是，应用越来越多，这样的重复性工作也会越来越多，会使开发过程变得枯燥乏味。Django 意识到了这个问题，因此它将常用的功能抽象出来，给开发者提供了基于类的通用视图。

6.3.1 用于渲染模板的 TemplateView

Django 中基于类的视图都应该继承自 View，TemplateView 也不例外，当视图中没有复杂的业务逻辑，如系统的引导页面、欢迎页面等，使用 TemplateView 是非常简单方便的。首先，看一看这个视图类的定义（位于 django/views/generic/base.py 文件中）：

```
class TemplateView(TemplateResponseMixin, ContextMixin, View)
```

除了基本的 View 之外，TemplateView 还继承了两个 Mixin。

（1）ContextMixin：这个类中定义了一个方法：get_context_data。它返回一个字典对象，用于渲染模板上下文。通常，在使用 TemplateView 时都会重写这个方法，给模板提供上下文数据。

（2）TemplateResponseMixin：这个类中定义了两个重要的属性：template_name 和 render_to_response 方法。其中，template_name 用于指定模板路径，它是必须要提供的；render_to_response 方法根据模板路径和上下文数据（context）返回 TemplateResponse。

在介绍 TemplateView 的使用方法之前，先来介绍 Django 模板路径的查找策略。可以在项目的 settings.py 文件中找到 TEMPLATES 的定义，其中 APP_DIRS 默认为 True，它告诉模板引擎搜索应用下的 templates 目录。如果将它设置为 False，就需要设置 DIRS 来指定模板的位置，例如，将 DIRS 设置为：

```
'DIRS': [os.path.join(BASE_DIR, 'templates')]
```

那么，模板引擎会去 BASE_DIR/templates 查找模板文件。但当设置了 DIRS 且把 APP_DIRS 也设置为 True 时，还是会使用 DIRS 指定路径下的模板文件。

这里为了方便，不修改默认配置，即 APP_DIRS 设置为 True，DIRS 为空列表。为了让模板引擎能够找到 post 应用的模板，在 post 应用中创建 templates/post 目录，并在这个目录下面创建一个模板文件 index.html，内容如下：

```
<h1>{{ hello }}</h1>
```

“{{ }}”是 Django 模板系统中引用变量的形式，在使用当前的模板时，context 需要包含 hello。另外，当前模板文件的完整路径是 my_bbs/post/templates/post/index.html。

接下来，利用 TemplateView 实现对 index.html 的渲染：

```
from django.views.generic import TemplateView

class IndexView(TemplateView):
    template_name = 'post/index.html'

    def get_context_data(self, **kwargs):
        context = super(IndexView, self).get_context_data(**kwargs)
        context['hello'] = 'Hello Django BBS'
        return context
```

IndexView 继承自 TemplateView，并提供了 template_name 指定模板的位置。注意，由于 Django 模板引擎会去 post 应用的 templates 目录下寻找模板，所以，这里只需要给出相对 templates 目录的路径。

重写了 get_context_data 方法，并在上下文字典中加入了 hello，所以，index.html 模板渲染的结果就是：Hello Django BBS。

最后，还需要给 IndexView 配置 URL 模式，在 post/urls.py 文件中添加：

```
path('index/', views.IndexView.as_view())
```

View 的 as_view 方法给出视图类的可调用入口。访问 http://127.0.0.1:8000/post/index/ 可以看到模板渲染后的效果。

除了指定 template_name 参数之外，还可以提供 get_template_names 方法指定模板的路径，例如：

```
class IndexView(TemplateView):
    ...
    def get_template_names(self):
        return 'post/index.html'
```

如果不使用 TemplateView，而是使用视图函数的形式，则实现同样的功能可以这样：

```
from django.shortcuts import render

def index_view(request):
    return render(request, 'post/index.html',
                  context={'hello': 'Hello Django BBS'})
```

可以看到，两种渲染模板的实现中，最大的差别就是视图函数的代码量少了很多。那么，既然视图函数实现同样的效果只需要很少的代码量，为什么 Django 还要提供 TemplateView 这个通用视图呢？

类的特点是抽象，将共性抽离出来，再利用继承去实现特定的逻辑，可以在很大程度上实现代码复用。而这一点对于函数来说，是很难做到的。虽然可以使用装饰器给函数添加额外的功能，但是这也增加了代码实现的难度和复杂性。

对于通用视图来说，使用它们的优势是可以更加专注地实现业务逻辑，避免了两类样板式的代码。

第一类，对应 HTTP 请求类型的同名（小写）请求方法。例如，IndexView 中并没有提供 get 方法，但是可以接受 GET 请求。

第二类，返回 HttpResponse 对象。同样，也没有在 IndexView 中返回任何响应，这也是在 TemplateView 中完成的。

TemplateView 是 Django 提供的一个最简单的通用视图，用于展示给定的模板，但是，不应该在这里实现创建或更新对象的操作。

6.3.2 用于重定向的 RedirectView

页面重定向在 Web 开发中也是很常见的行为，所以，Django 为重定向功能的实现提供了通用类视图 RedirectView。它定义于 django/views/generic/base.py 文件中，首先，看一看它的定义：

```
class RedirectView(View):
    permanent = False
    url = None
    pattern_name = None
    query_string = False

    def get_redirect_url(self, *args, **kwargs):
        ...
    def get(self, request, *args, **kwargs):
        ...
```

RedirectView 中定义了四个类属性和两个方法，下面依次介绍它们的作用和功能。

（1）permanent：标识是否使用永久重定向，默认是 False。所以，默认情况下其实现的是临时重定向，即 302 响应。

（2）url：重定向的地址。

（3）pattern_name：重定向目标 URL 模式的名称（即 path 中的 name 参数），同时在默认的实现中会将传递给视图的相同位置的参数和关键字参数一并传递给 reverse 方法获取反向解析得到的 URL。url 和 pattern_name 至少需要提供一个，否则由于获取不到需要重定向的地址将会返回 410（HttpResponseGone）。

（4）query_string：是否将查询字符串拼接到新地址中，默认为 False，将丢弃原地址中的查询字符串。

get_redirect_url 方法用于构造重定向的目标 URL，为了更好地理解它的构造过程，下面介绍它的实现：

```
def get_redirect_url(self, *args, **kwargs):
    # 如果指定了 url，则使用 kwargs 替换 url 中的命名参数
    if self.url:
        url = self.url % kwargs
    # 如果指定了 pattern_name，则使用 reverse 方法反向解析得到 url
    elif self.pattern_name:
        url = reverse(self.pattern_name, args=args, kwargs=kwargs)
```

```
        # url 和 pattern_name 都没有指定，返回 None
        else:
            return None
        args = self.request.META.get('QUERY_STRING', '')
        # 如果存在查询字符串且 query_string 为 True，则还要完成 url 的拼接
        if args and self.query_string:
            url = "%s?%s" % (url, args)
        return url
```

通常，在使用 RedirectView 实现重定向时都会重写 get_redirect_url 方法，在其内部完成视图的业务逻辑，并返回重定向地址。

GET 请求类型会调用 RedirectView 中的 get 方法，下面来看其内部实现：

```
    def get(self, request, *args, **kwargs):
        # 从 get_redirect_url 中获取重定向地址
        url = self.get_redirect_url(*args, **kwargs)
        if url:
            # permanent 为 True，永久重定向
            if self.permanent:
                return HttpResponsePermanentRedirect(url)
            else:
                return HttpResponseRedirect(url)
        else:
            logger.warning(
                'Gone: %s', request.path,
                extra={'status_code': 410, 'request': request}
            )
            # 不存在 url，返回 410
            return HttpResponseGone()
```

在理解了 RedirectView 的定义和内部实现之后，使用它就变得简单多了。考虑这样一个场景：给 Comment 实例添加点赞（up）的功能，完成之后重定向到它所对应的 Topic 实例的详情页。下面使用 RedirectView 来完成这个功能。

首先，给话题详情 URL 模式命名：

```
    path('topic/<int:topic_id>/', views.topic_detail_view, name='topic_detail')
```

topic_detail 将会设置给参数 pattern_name（需要指定命名空间），Comment 点赞功能视图类定义如下：

```
    class CommentUpRedirectView(RedirectView):
        pattern_name = 'post:topic_detail'
        query_string = False

        def get_redirect_url(self, *args, **kwargs):
            comment = Comment.objects.get(pk=kwargs['comment_id'])
            comment.up = F('up') + 1
            comment.save()
            del kwargs['comment_id']
            kwargs['topic_id'] = comment.topic_id
            return super(CommentUpRedirectView, self).get_redirect_url(*args, **kwargs)
```

CommentUpRedirectView 在 get_redirect_url 方法中实现了业务逻辑：根据传递的 comment_id 获取 Comment 实例对象，并给它的 up 字段加 1。为了替换话题详情 URL 的位置参数（topic_id），先删除了 kwargs 中的 comment_id，再把 topic_id 添加进去。最终，按照默认构造规则返回重定向

地址。

最后，还需要给重定向视图类定义 URL 模式，在 post/urls.py 文件中添加：

```
path('comment_up/<int:comment_id>/', views.CommentUpRedirectView.as_view())
```

可以尝试访问 http://127.0.0.1:8000/post/comment_up/1/，执行点赞功能之后，当前页面会重定向到 http://127.0.0.1:8000/post/topic/1/。

TemplateView 与 RedirectView 非常有用，它们将视图的功能表达得更为直接，隐藏了样板式的重复代码。不仅如此，Django 也为操作 Model 提供了通用视图类。接下来介绍用于处理 Model 的两个最常用的视图类：ListView 和 DetailView。

6.3.3 用于展示 Model 列表的 ListView

展示 Model 列表的视图几乎在任何一个应用中都会出现，而且可能还会出现很多次。例如，在 post 应用中，展示 Topic 列表的 topic_list_view。Django 为此进行了抽象，提供了通用 Model 列表视图类：ListView。接下来介绍它的使用方法与内部实现，最终，使用它重新完成 Topic 列表视图。

ListView 定义于 django/views/generic/list.py 文件中，其内部并没有声明任何属性：

```
class ListView(MultipleObjectTemplateResponseMixin, BaseListView)
```

MultipleObjectTemplateResponseMixin 定义如下：

```
class MultipleObjectTemplateResponseMixin(TemplateResponseMixin):
    # 模板名称后缀
    template_name_suffix = '_list'

    def get_template_names(self):
        """
        返回模板名称的列表
        """
        try:
            # 获取父类中设置的 template_name
            names = super().get_template_names()
        except ImproperlyConfigured:
            names = []

        # 如果 object_list 包含 model 属性，则获取 model 的元信息构造模板名称
        if hasattr(self.object_list, 'model'):
            opts = self.object_list.model._meta
            names.append("%s/%s%s.html" % (opts.app_label, opts.model_name,
                self.template_name_suffix))

        return names
```

MultipleObjectTemplateResponseMixin 继承自 TemplateResponseMixin，我们在之前的 TemplateView 中已经介绍了，这里主要关注 get_template_names 方法。

get_template_names 返回模板名称（路径）列表，它除了会获取父类中的 template_name 之外，还会根据 Model 的元信息构造一个默认的模板名称（需要 object_list 是 QuerySet），并添加到列表的末尾（使用 append 方法）。所以，对于模板名称，ListView 有这样的两个特性。

（1）可以不需要提供模板名称，使用默认的规则。例如，对于 Topic，默认的模板名称即为 post/topic_list.html。

（2）由于默认构造的模板名称在列表的末尾，而 Django 模板引擎会使用列表中的第一个可用模

板，所以，如果提供了 template_name，则会使用自定义的模板。

从 MultipleObjectTemplateResponseMixin 的实现中可以得出结论，它的主要功能是对基于 Model 列表操作的视图执行模板的渲染操作。同时，提供了默认模板名称的构造规则，提高了视图类的易用性。

接下来，介绍 BaseListView 的定义：

```
class BaseListView(MultipleObjectMixin, View):
    def get(self, request, *args, **kwargs):
        self.object_list = self.get_queryset()
        allow_empty = self.get_allow_empty()
        # 是否允许空 Model 集合
        if not allow_empty:
            ...
            if is_empty:
                raise Http404(...)
        context = self.get_context_data()
        return self.render_to_response(context)
```

BaseListView 只是为 GET 请求类型定义了 get 方法，其中 get_queryset、get_allow_empty 和 get_context_data 都来自它的父类 MultipleObjectMixin。接下来介绍这三个方法的定义。

get_queryset 方法用于获取视图展示的 Model 列表，需要注意，返回值必须是可迭代对象，且可以是 QuerySet 实例。它的定义如下：

```
def get_queryset(self):
    # queryset 可以是可迭代对象或 QuerySet 实例
    if self.queryset is not None:
        queryset = self.queryset
        if isinstance(queryset, QuerySet):
            queryset = queryset.all()
    # 使用 Model 默认查询管理器获取对象实例
    elif self.model is not None:
        queryset = self.model._default_manager.all()
    # queryset 或 model 至少要定义一个
    else:
        raise ImproperlyConfigured(...)
    ordering = self.get_ordering()
    # 如果定义了排序规则，则需要对 queryset 排序
    if ordering:
        if isinstance(ordering, str):
            ordering = (ordering,)
        queryset = queryset.order_by(*ordering)

    return queryset
```

这里需要注意一个问题，如果提供的 queryset 是一个 Model 列表，那么，它并不包含 model 属性，因此，需要自定义模板名称。

get_allow_empty 方法返回 allow_empty 属性，它是一个布尔值，默认是 True，代表允许展示空的 Model 列表。如果设置为 False，且 Model 列表为空，则会返回 404。

get_context_data 方法返回用于渲染模板的上下文数据，在分析它的实现之前，先看 get_context_object_name 方法的定义：

```
def get_context_object_name(self, object_list):
    if self.context_object_name:
```

```
            return self.context_object_name
        elif hasattr(object_list, 'model'):
            return '%s_list' % object_list.model._meta.model_name
        else:
            return None
```

这个方法返回视图操作的数据列表的上下文变量名称。object_list 参数即 get_queryset 方法的返回值，如果它有 model 属性，那么这个方法会返回 model 名称与 list 拼接得到的字符串（在没有设置 context_object_name 的情况下）。例如，对于 Topic 来说，这里的返回值就是 topic_list。

最后，get_context_data 方法的定义如下：

```
    def get_context_data(self, *, object_list=None, **kwargs):
        queryset = object_list if object_list is not None else self.object_list
        # page_size 指定每一页显示多少个 Model 对象
        page_size = self.get_paginate_by(queryset)
        # 获取上下文变量名称
        context_object_name = self.get_context_object_name(queryset)
        if page_size:
            ...
        else:
            context = {
                ...
                # context 中设置 key 为 object_list 的数据列表
                'object_list': queryset
            }
        # 如果存在上下文变量名称，则将它作为 key 填充数据列表
        if context_object_name is not None:
            context[context_object_name] = queryset
        context.update(kwargs)
        return super().get_context_data(**context)
```

可以看到，虽然 ListView 在继承关系上表现较为复杂，但是，只要理清了它的调用过程，就很容易掌握它的实现原理，从而更加得心应手地使用它。

接下来，使用 ListView 实现 Topic 列表视图。首先，在 post 应用的 templates/post 目录下新建模板文件 topic_list.html：

```
    {% block content %}
        <h2>Topics</h2>
        <ul>
            {% for topic in object_list %}
                <li><a href="{% url 'post:topic_detail' topic.id %}">
                    {{ topic.title }}</a></li>
            {% endfor %}
        </ul>
    {% endblock %}
```

这个模板非常简单，只是对 object_list（Topic 实例列表）进行迭代，展示每一个 Topic 实例的 title，并使用 url 标签反向解析得到话题详情的 URL 给 title 添加了超链接。除了可以使用 object_list 之外，在特定情况下，还可以使用 topic_list。

这里之所以将模板命名为 topic_list.html，也是因为这样可以利用默认的模板名称构造规则（MultipleObjectTemplateResponseMixin 的 get_template_names 方法），不需要在 ListView 中显式地指定 template_name 属性。

使用 ListView 最简单的形式是只定义 model 属性：

```
class TopicList(ListView):
    model = Topic
```

根据之前对 ListView 的分析，可以知道，这样会展示所有的 Topic 实例，且会根据默认的模板名称构造规则查询模板。

最后，定义视图的 URL 模式，在 post/urls.py 文件中添加：

```
path('topics/', views.TopicList.as_view())
```

由此可以在浏览器中访问 http://127.0.0.1:8000/post/topics/ 查看 Topic 实例列表，且可以单击每一个 Topic 实例跳转到详情页。

除了可以设置 model 属性之外，还可以设置 queryset 属性实现同样的效果：

```
class TopicList(ListView):
    queryset = Topic.objects.all()
```

如果设置了 allow_empty 为 False，则当 queryset 为空列表时，会返回 404 响应：

```
class TopicList(ListView):
    queryset = Topic.objects.filter(id__gt=10)
    allow_empty = False
```

再次访问 Topic 列表视图，结果如图 6-5 所示。

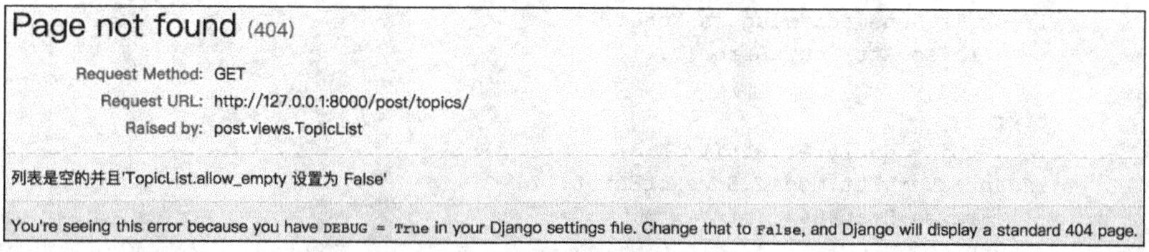

Page not found (404)

Request Method: GET
Request URL: http://127.0.0.1:8000/post/topics/
Raised by: post.views.TopicList

列表是空的并且'TopicList.allow_empty 设置为 False'

You're seeing this error because you have DEBUG = True in your Django settings file. Change that to False, and Django will display a standard 404 page.

图 6-5　空的 Topic 列表返回 404 响应

也可以尝试设置 ListView 的一些其他属性，验证效果是否符合预期，如可以通过定义 template_name 指定模板的名称、设置 context_object_name 指定模板中的迭代关键字、设置 paginate_by 实现分页效果等。

6.3.4　用于展示 Model 详情的 DetailView

DetailView 的源码组织与 ListView 非常相似，它用于展示单个 Model 对象的详情。这也是非常常见的场景，如 post 应用中的 Topic 详情。接下来介绍它的内部实现与使用方法，最后，利用 DetailView 重新实现 Topic 详情。

DetailView 定义于 django/views/generic/detail.py 文件中，其内部同样没有声明任何属性和方法：

```
class DetailView(SingleObjectTemplateResponseMixin, BaseDetailView)
```

SingleObjectTemplateResponseMixin 对象中定义了 get_template_names 方法返回模板名称的列表，同时，它也定义了规则生成默认的模板名称：app_label/model_name_detail.html。由于这个过程比较简单，且与 ListView 类似，所以，这里重点分析 BaseDetailView。

BaseDetailView 定义如下：

```
class BaseDetailView(SingleObjectMixin, View):
    def get(self, request, *args, **kwargs):
        self.object = self.get_object()
        context = self.get_context_data(object=self.object)
        return self.render_to_response(context)
```

BaseDetailView 同样为 GET 请求类型定义了 get 方法，其中 get_object 和 get_context_data 方法都来自它的父类 SingleObjectMixin。接下来，就来看一看这两个方法的实现。

get_object 方法返回视图展示的 Model 对象实例，定义如下：

```
def get_object(self, queryset=None):
    if queryset is None:
        # 1. 如果设置了 queryset 属性，则直接使用
        # 2. 通过 model 属性默认查询管理器的 all 方法获取 QuerySet
        queryset = self.get_queryset()

    pk = self.kwargs.get(self.pk_url_kwarg)
    slug = self.kwargs.get(self.slug_url_kwarg)
    # 通过主键（pk）查询 Model 实例对象
    if pk is not None:
        queryset = queryset.filter(pk=pk)
    # 定义了 slug 且 pk 不存在则使用 slug 条件查询
    if slug is not None and (pk is None or self.query_pk_and_slug):
        slug_field = self.get_slug_field()
        queryset = queryset.filter(**{slug_field: slug})
    # pk 和 slug 至少提供一个
    if pk is None and slug is None:
        raise AttributeError(...)

    try:
        obj = queryset.get()
    except queryset.model.DoesNotExist:
        raise Http404(...)
    return obj
```

get_object 方法的实现比较简单，它会根据 URL 中给出的条件（pk 或 slug）过滤 Model 实例对象，如果不存在则会返回 404 响应。

get_context_data 方法返回用于渲染模板的字典上下文数据，定义如下：

```
def get_context_data(self, **kwargs):
    context = {}
    if self.object:
        context['object'] = self.object
        # get_context_object_name 方法可能会返回 Model 的名称
        context_object_name = self.get_context_object_name(self.object)
        if context_object_name:
            context[context_object_name] = self.object
    context.update(kwargs)
    return super().get_context_data(**context)
```

通常，这个方法会被重写，因为 Model 实例对象除了自身的基本信息之外，还可能需要展示关联对象的信息，如每一个 Topic 实例都可能会有多个 Comment 实例，这些同样需要展示。

理解了 DetailView 的实现原理，下面我们使用它重新实现 Topic 详情视图：

```
class TopicDetailView(DetailView):
    model = Topic

    def get_context_data(self, **kwargs):
        context = super(TopicDetailView, self).get_context_data(**kwargs)
        pk = self.kwargs.get(self.pk_url_kwarg)
        context.update({
```

```
            'comment_list': Comment.objects.filter(topic=pk)
        })
        return context
```

在 post/urls.py 文件中添加 TopicDetailView 的 URL 模式：

```
path('topic_view/<int:pk>/', views.TopicDetailView.as_view())
```

URL 中定义了 pk 命名参数，所以，TopicDetailView 会按照主键查询 Topic 实例对象，可以通过 pk_url_kwarg 属性获取 URL 中的主键值。

TopicDetailView 非常简单，只是设置了 model 和 get_context_data 属性，根据当前的设置可以知道：

（1）model 设置为 Topic 对象，所以可以根据 get_template_names 中的规则生成默认的模板名称 post/topic_detail.html。

（2）get_context_data 方法返回的 context 字典中除了包含 object 和 topic（父类中填充的 Topic 实例对象）之外，还主动添加了 comment_list，指定当前 Topic 对应的 Comment 实例。

由此可以简单地写一个模板用来展示 Topic 详情，创建 topic_detail.html 模板文件（注意路径要正确）：

```
{% block content %}
    <h2>Topic</h2>
    <ul>
        <li>(id): {{ topic.id }}</li>
        <li>(title): {{ topic.title }}</li>
        <li>(content): {{ topic.content }}</li>
        <li>(user): {{ topic.user.username }}</li>
        <li>(created_time): {{ topic.created_time }}</li>
        <li>(last_modified): {{ topic.last_modified }}</li>
        <li>(评论):
        <table border="1">
            <tr><th>评论 id</th><th>内容</th><th>赞同</th><th>反对</th></tr>
            {% for comment in comment_list %}
                <tr>
                <td>{{ comment.id }}</td>
                <td>{{ comment.content }}</td>
                <td>{{ comment.up }}</td>
                <td>{{ comment.down }}</td>
                </tr>
            {% endfor %}
        </table>
        </li>
    </ul>
{% endblock %}
```

尝试访问 http://127.0.0.1:8000/post/topic_view/1/，可以看到 id 为 1 的 Topic 实例对象的信息，同时包含了它所对应的所有 Comment 的信息。

6.4　视图工作原理分析

HttpRequest 在请求到达视图的时候创建，并作为第一个参数传入视图，那么，Django 是怎么完成创建的呢？在 HttpRequest 对象中，GET 和 POST 都是 QueryDict 类型的实例，为什么 Django 不直接使用 dict 类型呢？基于类的视图都需要继承自 View，且配置 URL 模式需要使用 View 的 as_view

方法，这里面都做了些什么呢？又是怎样实现请求分发的呢？下面就来分析视图的工作原理，解答这些问题。

6.4.1 解决一键多值问题的 QueryDict

对于 Python 的字典（dict）类型，如果一个键对应多个值，那么，对应键只会保留最后一个值。但是在 HTML 表单中，一个键对应多个值是很正常的，例如复选框就是一种很常见的情况。QueryDict 就是用来解决这个问题的，它允许一个键对应多个值，且它在一次请求到响应的过程中是不可变的。

QueryDict 继承自 MultiValueDict，MultiValueDict 又继承自 dict，所以，它们都是字典的子类。接下来，先来看一看 MultiValueDict 中定义的重要方法，再去看 QueryDict 对查询字符串的转换过程。

1. MultiValueDict

MultiValueDict 定义于 django/utils/datastructures.py 文件中，它是 dict 的子类，用来处理多个值对应相同键的场景。同时，Django 在这个文件中还定义了一些其他的数据结构以适用于特定的场景。

在 MultiValueDict 的注释中已经给出了常用的使用过程，如下所示：

```
>>> from django.utils.datastructures import MultiValueDict
>>> d = MultiValueDict({'name': ['Adrian', 'Simon'], 'position': ['Developer']})
>>> d['name']
'Simon'
>>> d.getlist('name')
['Adrian', 'Simon']
>>> d.getlist('doesnotexist')
[]
>>> d.getlist('doesnotexist', ['Adrian', 'Simon'])
['Adrian', 'Simon']
>>> d.get('lastname', 'nonexistent')
'nonexistent'
```

对于一个字典来说，最重要的当然是根据键获取值，所以，这里考虑 MultiValueDict 的三个重要方法：__getitem__、get、getlist。

__getitem__是 Python 中的魔术方法，当类对象中定义了这个方法时，类实例就可以通过[] 运算符取值。这里 MultiValueDict 重写了其父类 dict 的实现，源码如下：

```
def __getitem__(self, key):
    try:
          list_ = super().__getitem__(key)
    except KeyError:
          raise MultiValueDictKeyError(key)
    try:
           return list_[-1]
    except IndexError:
           return []
```

对于__getitem__的实现可以得出以下两个结论。

（1）如果 key 不存在，会抛出 django.utils.datastructures.MultiValueDictKeyError 异常。

（2）当一个 key 有多个值时，获取最后一个值。

在视图中使用 request.GET['a'] 获取 a 的值，即使用 MultiValueDict 的__getitem__方法。当然，也可以通过 request.GET.get('d', 0) 获取 d 的值，这里使用的就是 get 方法：

```
def get(self, key, default=None):
     try:
          val = self[key]
     except KeyError:
```

```
            return default
        if val == []:
            return default
        return val
```

从 get 的实现中可以看出，它尝试使用__getitem__方法获取 key 的值，如果获取不到则返回给定的默认值。需要注意，在通过 self[key] 获取 key 的值时，捕获的是 KeyError 异常，这是因为 MultiValueDictKeyError 是 Python 标准 KeyError 的一个子类。

get 和__getitem__都只能获取到 key 的最后一个值，如果需要获取 key 的所有值，则应使用 getlist 方法：

```
    def getlist(self, key, default=None):
        return self._getlist(key, default, force_list=True)
```

getlist 与 get 方法类似，可以接受一个默认值，其内部实现调用了_getlist 方法，需要注意，最后传递了一个 force_list=True。下面介绍_getlist 的实现：

```
    def _getlist(self, key, default=None, force_list=False):
        try:
            values = super().__getitem__(key)
        except KeyError:
            if default is None:
                return []
            return default
        else:
            if force_list:
                values = list(values) if values is not None else None
            return values
```

_getlist 调用父类的__getitem__方法获取 key 对应的 values，如果不存在 key，则考虑使用 default。最后，force_list 的作用是获取 values 的副本。

2. QueryDict

QueryDict 中常用的方法都继承自 MultiValueDict，这在之前已经介绍过了，下面主要介绍 QueryDict 的构造函数。

URL 中的查询字符串可以直接传递给 QueryDict 构造实例对象，例如：

```
    >>> from django.http.request import QueryDict
    >>> QueryDict('a=1&a=2&c=3')
    <QueryDict: {'a': ['1', '2'], 'c': ['3']}>
```

接下来介绍 QueryDict 的构造函数是怎样处理查询字符串的：

```
    def __init__(self, query_string=None, mutable=False, encoding=None):
        super().__init__()
        ...
        query_string = query_string or ''
        parse_qsl_kwargs = {
            'keep_blank_values': True,
            'fields_limit': settings.DATA_UPLOAD_MAX_NUMBER_FIELDS,
            'encoding': encoding,
        }
        ...
        for key, value in limited_parse_qsl(query_string, **parse_qsl_kwargs):
            self.appendlist(key, value)
        self._mutable = mutable
```

其中_mutable 属性用来标记当前的 QueryDict 实例是否是可变的。除此之外，limited_parse_qsl

方法将 query_string 分解为 key 和 value，并最终通过父类的 appendlist 方法将 key 映射到 list。这里重点掌握 limited_parse_qsl 方法（定义于 django/utils/http.py 文件中）的实现：

```
def limited_parse_qsl(qs, keep_blank_values=False, encoding='utf-8',
                errors='replace', fields_limit=None):
    if fields_limit:
        # fields_limit 限制字段个数的最大值，默认是 1000
        pairs = FIELDS_MATCH.split(qs, fields_limit)
        if len(pairs) > fields_limit:
            raise TooManyFieldsSent(
                'The number of GET/POST parameters exceeded '
                'settings.DATA_UPLOAD_MAX_NUMBER_FIELDS.'
            )
    else:
        pairs = FIELDS_MATCH.split(qs)
    r = []
    for name_value in pairs:
        if not name_value:
            continue
        nv = name_value.split('=', 1)
        ...
        # keep_blank_values 标识是否保留空字符，默认为 True
        if len(nv[1]) or keep_blank_values:
            name = nv[0].replace('+', ' ')
            value = nv[1].replace('+', ' ')
            r.append((name, value))
    return r
```

这个方法返回一个 list，其中每一个元素都是 key 和 value 的二元组。FIELDS_MATCH 通过正则匹配将 qs（查询字符串）分割并返回一个 list（pairs），例如：

```
>>> from django.utils.http import FIELDS_MATCH
>>> FIELDS_MATCH.split('a=1&a=2&c=3')
['a=1', 'a=2', 'c=3']
```

之后，再对 pairs 中的每一个元素按照等号“=”分割：第一个元素作为 name，第二个元素作为 value。所以，最终的返回值是：

```
[('a', '1'), ('a', '2'), ('c', '3')]
```

6.4.2 类视图基类 View 源码分析

View 定义于 django/views/generic/base.py 文件中，其功能实现主要依赖于三个重要的方法：http_method_not_allowed、dispatch 和 as_view。

1. http_method_not_allowed

这个方法返回 HttpResponseNotAllowed（405）响应，标识当前的请求类型不被支持。例如，GetView 只定义了 get 方法，当它收到 POST 请求时，由于找不到 post 方法的定义，则会被分发（dispatch）到 http_method_not_allowed。

2. dispatch

dispatch 方法根据 HTTP 请求类型调用 View 中的同名函数，实现了请求的分发。其源码如下：

```
def dispatch(self, request, *args, **kwargs):
    if request.method.lower() in self.http_method_names:
        handler = getattr(self, request.method.lower(), self.http_method_not_
```

```
allowed)
        else:
            handler = self.http_method_not_allowed
        return handler(request, *args, **kwargs)
```

http_method_names 定义当前 View 可以接受的请求类型：

```
    http_method_names = ['get', 'post', 'put', 'patch', 'delete', 'head', 'options',
'trace']
```

首先，判断当前的请求类型是否可以被接受（是否定义在 http_method_names 中）。

（1）可以接受：尝试获取 View 中的同名方法，如果不存在，则会将 handler 指定为 http_method_not_allowed。

（2）不被接受：将 handler 指定为 http_method_not_allowed。

handler 即为视图处理函数，所以，向其传递了 request 等参数。

3. as_view

Django 给 as_view 方法加了 @classonlymethod 装饰器，作用是只允许类对象调用这个方法，实例调用将抛出 AttributeError 异常。这个装饰器非常有用，即使不是 Django 项目，也可以参照 Django 的实现给类定义增加限制。

Django 将一个 HTTP 请求映射到一个可调用的函数，而不是一个类对象。所以，在定义 URL 模式的时候总是需要调用 View 的 as_view 方法。它的实现如下：

```
def as_view(cls, **initkwargs):
    ...
    def view(request, *args, **kwargs):
        # 创建View类实例
        self = cls(**initkwargs)
        if hasattr(self, 'get') and not hasattr(self, 'head'):
            self.head = self.get
        self.request = request
        self.args = args
        self.kwargs = kwargs
        # 调用View实例的dispatch方法
        return self.dispatch(request, *args, **kwargs)
    view.view_class = cls
    view.view_initkwargs = initkwargs
    ...
    return view
```

可以看到，它的实现非常简单：创建了 View 类的实例，然后调用 dispatch 方法根据请求类型分发处理函数。

至此，我们讲解了 View 的实现原理，也介绍了为什么需要在类视图中定义与 HTTP 请求类型同名的函数。接下来，介绍 Django 创建 HttpRequest 的过程。

6.4.3 HttpRequest 的创建过程

在分析 HttpRequest 的创建过程之前，需要先理解 WSGI 的含义。WSGI 是 Web Server Gateway Interface 的缩写，即 Web 服务器网关接口。

WSGI 是一个规范，它定义了 Web 服务器与 Python 应用程序交互的协议。定义一个 WSGI 可接受的应用程序非常简单：

```
def python_app(environ, start_response):
    pass
```

python_app 就是一个符合 WSGI 标准的 HTTP 处理函数，同时，它接收服务器传递的两个参数。

（1）environ：包含 HTTP 请求信息的 dict 对象，存放了所有与客户端相关的信息，如 REQUEST_METHOD（请求类型）、QUERY_STRING（查询字符串）等。

（2）start_response：发送 HTTP 响应的可调用对象，返回响应码和响应头信息。

Django 作为一个 Web 框架，当然也需要实现 WSGI 协议，它就是 WSGIHandler。当 Django 应用启动时，会初始化一个 WSGIHandler 实例，在其中完成请求与响应的过程。所以，创建 HttpRequest 的工作就由 WSGIHandler 完成。

WSGIHandler 定义于 django/core/handlers/wsgi.py 文件中，源码实现如下所示：

```
class WSGIHandler(base.BaseHandler):
    request_class = WSGIRequest
    ...
    def __call__(self, environ, start_response):
        ...
        # 根据 environ 创建 HttpRequest 对象
        request = self.request_class(environ)
        # 中间件和视图函数对 request 进行处理，得到响应
        response = self.get_response(request)
        response._handler_class = self.__class__
        status = '%d %s' % (response.status_code, response.reason_phrase)
        response_headers = list(response.items())
        for c in response.cookies.values():
            response_headers.append(('Set-Cookie', c.output(header='')))
        # 调用 WSGI 服务器传入的 start_response 发送响应码和响应头
        start_response(status, response_headers)
        ...
        return response
```

__call__是 Python 中的一个魔术方法，它可以让类实例的行为表现得像函数一样，即允许一个类的实例像函数一样被调用。

注意到 WSGIHandler 中的 request_class 属性定义为 WSGIRequest，所以，视图函数中的第一个参数实际是 WSGIRequest 类型的实例。

首先，看一看 WSGIRequest 对象的定义：

```
class WSGIRequest(HttpRequest):
    def __init__(self, environ):
        script_name = get_script_name(environ)
        path_info = get_path_info(environ)
        ...
        self.META = environ
        self.META['PATH_INFO'] = path_info
        self.META['SCRIPT_NAME'] = script_name
        self.method = environ['REQUEST_METHOD'].upper()
        ...
```

可以看到，它继承自 HttpRequest，这也解释了之前多次强调的 request 参数的类型问题。在初始化函数中，给实例对象添加了 path、method、META 等属性，属性值来自 WSGI 服务器解包 HTTP 请求生成的 environ。之前介绍的 HttpRequest 属性都来自这里。

最后，分析 WSGIRequest 中的两个重要属性：GET 和 POST。下面是 GET 的定义：

```
@cached_property
def GET(self):
    raw_query_string = get_bytes_from_wsgi(self.environ, 'QUERY_STRING', '')
```

```
        return QueryDict(raw_query_string, encoding=self._encoding)
```

@cached_property 装饰器相当于给 Python 中的 @property 加上了缓存功能，所以，可以直接通过 request.GET 获取返回值。

可以看到，在 GET 中，获取到 environ 中的查询字符串，传递给 QueryDict 的初始化方法创建了 QueryDict 实例对象。

接下来介绍 POST 的定义：

```
    POST = property(_get_post, _set_post)
```

property 是 Python 内置的描述符，request.POST 实际会调用_get_post 方法，下面介绍它的实现：

```
    def _get_post(self):
        if not hasattr(self, '_post'):
            self._load_post_and_files()
        return self._post
```

由于 WSGIRequest 初始化时并没有定义_post 属性，所以，需要_load_post_and_files：

```
    def _load_post_and_files(self):
        ...
        # 文件上传
        if self.content_type == 'multipart/form-data':
            ...
            self._post, self._files = self.parse_file_upload(self.META, data)
            ...
        # 表单提交，并将提交的数据进行 urlencoded
        elif self.content_type == 'application/x-www-form-urlencoded':
            self._post, self._files =
                QueryDict(self.body, encoding=self._encoding), MultiValueDict()
        else:
            self._post, self._files =
                QueryDict(encoding=self._encoding), MultiValueDict()
```

_load_post_and_files 方法根据不同的 content_type 解析表单数据，得到_post 和_files 两个属性。不论采用哪一种方式，这两个属性的类型都是固定的：_post 是 QueryDict 类型的实例，_files 是 MultiValueDict 类型的实例。最终，request.POST 获取到的是_post。

需要注意的是，request.POST 中不包含上传文件的数据，Django 将上传文件数据放在_files 属性中，且只有当 content_type 是 multipart/form-data 时才可能会有数据（存在解析失败的情况）。

HttpRequest 在 HTTP 请求到来的时候，由 Django 解析服务器传递的数据（environ）填充到 WSGIRequest 的属性得到。关于 WSGI 服务器以及 Django 项目的启动过程将在后面详细介绍。

6.4.4 HttpResponse 的返回过程

WSGIRequest 在 WSGIHandler 中创建之后，就直接传递到了 get_response 方法（来自 WSGIHandler 的父类 BaseHandler）中，也就是这个方法返回了一次请求的响应。

大多数场景下，HTTP 请求的响应是在视图函数中手动创建的 HttpResponse 对象。除了要执行视图函数之外，还需要经过许多中间件的处理，由于本书还没有介绍到中间件，这里简单介绍 WSGIHandler 是怎样执行到视图函数并返回 HttpResponse 的。

首先，看 get_response 方法（定义于 django/core/handlers/base.py 文件中）的实现：

```
    def get_response(self, request):
        # 设置根 URL 的路径
        set_urlconf(settings.ROOT_URLCONF)
```

```
        # 处理请求返回响应
        response = self._middleware_chain(request)
        ...
        # 404 响应的日志
        if response.status_code == 404:
            logger.warning(
                'Not Found: %s', request.path,
                extra={'status_code': 404, 'request': request},
            )
        return response
```

可以看到，response 返回的地方调用了_middleware_chain，而它是在 load_middleware 方法中完成赋值的：

```
    def load_middleware(self):
        ...
        handler = convert_exception_to_response(self._get_response)
        ...
        self._middleware_chain = handler
```

convert_exception_to_response 是个装饰器，用于捕获传递进来的函数执行中的异常。_get_response 方法的实现如下：

```
    def _get_response(self, request):
        response = None
        # 获取 URL 解析器
        resolver = get_resolver()
        # 通过 path_info 解析 URL 映射到的对象
        resolver_match = resolver.resolve(request.path_info)
        # callback 是定义的视图函数
        # callback_args 是执行视图函数提供的列表参数
        # callback_kwargs 是执行视图函数提供的字典参数
        callback, callback_args, callback_kwargs = resolver_match
        ...
        if response is None:
            # 为支持数据库事务将视图函数封装起来
            wrapped_callback = self.make_view_atomic(callback)
            try:
                # 执行视图函数，request 作为第一个参数传递
                response = wrapped_callback(request,
                    *callback_args, **callback_kwargs)
            except Exception as e:
                pass
        ...
        return response
```

可以看到，在_get_response 方法中执行了视图函数，且给视图函数传递了相应的参数，这也使我们清楚了为什么视图函数的第一个参数是 HttpRequest 类型的实例。

HttpRequest 创建与 HttpResponse 返回是一次 HTTP 请求的标准行为，本章首先通过定义函数视图和基于类的视图解释了 Django 中视图的使用方法；之后介绍了 Django 内置的基于类的通用视图，这大幅降低了特定场景下的重复性代码；最后，通过分析源码介绍了 Django 实现这些功能的原理。

通常，视图都会和模板一起使用，接下来介绍 Django 的模板系统。

07 第7章 Django模板系统

在第 6 章中，我们已经介绍了一些简单的模板，特别是在通用类视图中使用了模板展示列表和详情信息。Django 的模板系统将 Python 代码与 HTML 代码（模板用于生成 HTML）解耦，动态地生成 HTML 页面。Django 项目可以配置一个或多个模板引擎，但是通常使用 Django 的模板系统时，应该首先考虑其内置的后端 DTL（Django Template Language，Django 模板语言）。本章将详细介绍 Django 的模板系统：从基础的功能点到模板后端和模板语言，再到使用模板系统完善 BBS 工程，最后分析模板系统的工作原理。

7.1 模板系统基础

7.1.1 初次使用模板系统

直接将 HTML 写在 Python 代码中（例如 hello_django_bbs 视图中的 html 变量）是非常不友好的，因为在实际的项目开发中，修改 Web 页面展示是很频繁的，而且两种不同的语言写在一起不利于项目的维护。Django 提供了模板系统将模板（HTML）与服务（Python）分开，降低了项目开发和维护的成本。

通常，模板用于动态地生成 HTML，不过 Django 的模板可以生成任何文本格式。使用 Django 的模板系统通常需要三个步骤的操作。

（1）在项目的 settings.py 文件中配置 TEMPLATES，指定可用的模板后端。在创建 Django 项目的时候，默认会配置内置的后端 DTL，这也是 Django 推荐使用的。因此，通常只需要修改它所对应的默认选项。

（2）创建 Template 对象，并提供字符串形式的模板代码。

（3）调用 Template 对象的 render 方法，并传入字典上下文（Context）。render 方法的返回值是模板代码渲染后的字符串，且变量和标签（模板语法）会由传入的 Context 解释替换。

根据上述步骤的描述可以知道，模板系统主要依赖三个角色：模板后端、Template 和 Context。下面先介绍 Template 和 Context，之后，再介绍它们的简单用法。

1. Template

Template 对象定义在 django/template/base.py 文件中，它的构造函数如下：

```
def __init__(self, template_string, origin=None, name=None, engine=None)
```

它只有一个必填的参数：字符串表示的模板代码。可以在 Shell 中初始化一个实例：

```
>>> from django.template import Template
>>> Template("This is {{ project }}")
<django.template.base.Template object at 0x10826a7b8>
```

在使用构造函数创建了 Template 实例时，传递的模板代码就已经被解析了，它被存储为一个树形结构来提高性能。

如果在解析的过程中遇到错误，则会抛出 TemplateSyntaxError 异常，例如：

```
>>> Template("This is {{ project %}}")
Traceback (most recent call last):
...
django.template.exceptions.TemplateSyntaxError: ...
```

有了 Template 实例之后，就可以使用 Context 渲染出来了。对于上面的例子，渲染的过程就是完成对 project 变量的替换。

2. Context

Context 对象定义于 django/template/context.py 文件中，它的构造函数如下：

```
def __init__(self, dict_=None, autoescape=True, use_l10n=None, use_tz=None)
```

通常使用 Context 对象会给它传递一个字典对象，即填充构造函数的第一个参数。将 Context 对象实例化之后，就可以使用 Python 的字典语法来操作“上下文”了：

```
>>> from django.template import Context
>>> c = Context({'project': 'Django BBS'})
>>> c['project']
'Django BBS'
>>> c['test'] = 'test'
>>> del c['test']
>>> c['test']
Traceback (most recent call last):
    ...
KeyError: 'test'
```

在 Template 实例上调用它的 render 方法，并传入 Context，即可实现模板的渲染：

```
>>> Template("This is {{ project }}").render(Context({'project': 'Django BBS'}))
'This is Django BBS'
```

可以看到，模板中的 project 变量被替换了，这几乎就是最简单的使用模板系统的方式了。

关于 Context 对象，下面再看一个例子：

```
>>> t = Template("This is {{ project }}, {{ True.real }}")
>>> c = Context({'project': 'Django BBS'})
>>> t.render(c)
'This is Django BBS, 1'
>>> c
[{'True': True, 'False': False, 'None': None}, {'project': 'Django BBS'}]
```

自定义的 Context 实例并没有变量 True，但是渲染过程没有出错，且最后打印的实例是一个 list，包含了两个字典对象。

第一个字典对象是 Context 内置的，包含了 True、False 和 None 三个 Python 对象。

第二个字典对象是传递给 Context 的参数，如果没有传递（None），则 list 中不会包含第二个字典对象。

为了搞清楚三个内置变量是怎么加入上下文中的，下面介绍 Context 构造函数的实现：

```
class Context(BaseContext):
    def __init__(self, dict_=None, autoescape=True, use_l10n=None, use_tz=None):
        ...
        super().__init__(dict_)
```

这里调用了父类 BaseContext 的构造函数，并传递了字典参数：

```
class BaseContext:
    def __init__(self, dict_=None):
        self._reset_dicts(dict_)

    def _reset_dicts(self, value=None):
        # 内置变量
        builtins = {'True': True, 'False': False, 'None': None}
        self.dicts = [builtins]
        # 传递了字典对象
        if value is not None:
            self.dicts.append(value)
```

可以看到，构造函数中调用了_reset_dicts 方法，其中定义了三个内置的变量，并作为 list 中的第一个元素（self.dicts）。如果传递了字典对象，则一并加入 list 中。

7.1.2　模板后端的默认配置

Django 模板系统默认支持 DTL 和 Jinja2 模板后端，当然也可以配置其他第三方的模板引擎。DTL 是内置于 Django 框架中的，也是官方极力推荐使用的模板后端，之前介绍的 Django 管理系统就使用 DTL。如果没有特别的需要，应该遵循 Django 的默认行为，不要更换模板后端。

在 Django 项目中，直接能接触到模板后端的就是在 settings.py 文件中配置的 TEMPLATES 列表。列表中的每一个元素都是一个字典对象，每个字典对象代表了配置的模板后端。下面介绍这些配置项。

Django 在创建项目的时候，默认定义的 TEMPLATES 如下：

```
TEMPLATES = [
    {
        'BACKEND': 'django.template.backends.django.DjangoTemplates',
        'DIRS': [],
        'APP_DIRS': True,
        'OPTIONS': {
            'context_processors': [
                'django.template.context_processors.debug',
                'django.template.context_processors.request',
                'django.contrib.auth.context_processors.auth',
                'django.contrib.messages.context_processors.messages',
            ],
        },
    },
]
```

BACKEND：指定了要使用的模板引擎类的 Python 路径，Django 默认使用的是 django.template.backends.django.DjangoTemplates。

DIRS：一个目录列表，指定模板文件的存放路径。模板引擎将按照列表中定义的顺序查找模板文件。

APP_DIRS：一个布尔值，为 True 时，模板引擎会在已安装应用的 templates 子目录中查找模板。由于大多数引擎都会从文件目录查找并加载模板，所以，模板引擎都会有 APP_DIRS 和 DIRS 这两个通用配置。

OPTIONS：指定额外的选项，不同的模板引擎有着不同的可选额外参数。例如这里的 context_processors 用于配置模板上下文处理器，在使用 RequestContext 时将看到它们的作用。

DIRS 和 APP_DIRS 这两个选项决定了模板文件的存放路径，且匹配规则在第 6 章中已经说明，这里不再赘述。接下来看 Django 默认配置的上下文处理器。

上下文处理器其实就是一个返回字典对象的函数，它们都只有一个 HttpRequest 类型的参数。处理器返回的字典将被加入模板字典上下文（Context）中，所以，上下文处理器其实是一种通用的模板赋值函数。

1. django.template.context_processors.debug

debug 处理器用于辅助调试，它定义于 django/template/context_processors.py 文件中，其源码如下：

```
def debug(request):
    context_extras = {}
    # 当前的项目处于 DEBUG 模式且请求的 IP 地址位于 INTERNAL_IPS 中
    if settings.DEBUG and
          request.META.get('REMOTE_ADDR') in settings.INTERNAL_IPS:
          # 用于标记当前处于 DEBUG 模式
          context_extras['debug'] = True
          from django.db import connections
          # 数据库的查询记录
          context_extras['sql_queries'] = lazy(
              lambda: list(itertools.chain.from_iterable(
                  connections[x].queries for x in connections)), list)
    return context_extras
```

context_extras 字典中包含两个 key：debug 标记当前处于调试环境；sql_queries 是一个列表，其中的每一个元素都是字典对象，结构为{'sql': ..., 'time': ...}，记录一次请求发生的 SQL 查询和每次查询耗时。

2. django.template.context_processors.request

request 处理器可以将当前 HTTP 请求对象（HttpRequest）传递到模板中，它定义于 django/template/context_processors.py 文件中，源码实现非常简单：

```
def request(request):
    return {'request': request}
```

其只是将传递进来的 HttpRequest 对象原样返回，并设定 key 为 request。

3. django.contrib.auth.context_processors.auth

auth 处理器定义于 django/contrib/auth/context_processors.py 文件中，它的源码如下：

```
def auth(request):
    if hasattr(request, 'user'):
        user = request.user
    else:
        from django.contrib.auth.models import AnonymousUser
        user = AnonymousUser()
    return {
        'user': user,
        'perms': PermWrapper(user),
    }
```

auth 处理器会返回两个变量。

（1）user：从 request 中获取当前登录的用户，如果处于未登录状态，则返回匿名用户（AnonymousUser）。

（2）perms：PermWrapper 实例，标识当前用户所拥有的权限。

4. django.contrib.messages.context_processors.messages

messages 处理器定义于 django/contrib/messages/context_processors.py 文件中，源码实现如下：

```
def messages(request):
    return {
        'messages': get_messages(request),
        'DEFAULT_MESSAGE_LEVELS': DEFAULT_LEVELS,
    }
```

messages 是通过 Django 消息框架设置的消息列表；DEFAULT_MESSAGE_LEVELS 是消息级别名称到对应数值的映射。

Django 默认对模板系统的配置对于一个简单的项目开发已经足够用了，特别是模板的匹配规则定义（APP_DIRS 设置为 True），将模板文件的存储位置设计得非常清晰。内置的上下文处理器包含了很多有用的信息，如可以直接从 auth 处理器中拿到登录用户，简化了视图函数的上下文传递。因此，在决定修改这些配置之前，一定要清楚当前的操作是否会比 Django 推荐的更好。

7.1.3　将模板应用到视图中

模板生成的 HTML 文档需要通过视图的返回才能在浏览器中显示出来，因此，模板系统不能离开视图。下面就来看一看怎样将模板应用到视图中。

第 6 章中定义的第一个视图函数（hello_django_bbs）直接将 HTML 代码写在了函数定义中，使得 HTML 与 Python 之间形成了耦合。下面，使用 Django 的模板系统改写这一行为，先来看第一个改写方式：

```
from django.http import HttpResponse
from django.template import Template, Context
def hello_django_bbs(request):
    t = Template("<h1>Hello {{ project }}</h1>")
    html = t.render(Context({'project': 'Django BBS'}))
    return HttpResponse(html)
```

这里虽然使用了模板系统，但是 HTML 依然存在于视图函数的定义中，仍然没有解决刚刚提到的问题。所以，更好的办法是分开定义。

在 post 应用的 templates/post 目录（第 6 章中创建）下创建 hello_django_bbs.html 文件，内容就是传递到 Template 对象中的字符串：

```
<h1>Hello {{ project }}</h1>
```

定义了模板文件之后，再次改写 hello_django_bbs 视图函数：

```
from django.template.loader import get_template
def hello_django_bbs(request):
    t = get_template('post/hello_django_bbs.html')
    html = t.render({'project': 'Django BBS'})
    return HttpResponse(html)
```

get_template 方法用于从文件系统中加载模板，只需要传递模板路径信息，并返回 Template 对象实例。需要注意的是，render 方法中传递的是字典，而不是 Context 对象。因为这里的 Template 位于 django/template/backends/django.py 文件中，需要与之前见到的 Template 区别对待。

下面简单地介绍 get_template 方法的实现过程：

```
def get_template(template_name, using=None):
    chain = []
    # 获取当前项目中配置的模板引擎
    engines = _engine_list(using)
    # 依次遍历各个引擎，尝试加载模板文件
    for engine in engines:
        try:
            return engine.get_template(template_name)
        except TemplateDoesNotExist as e:
            chain.append(e)
    # 最终没能找到模板文件，抛出 TemplateDoesNotExist 异常
    raise TemplateDoesNotExist(template_name, chain=chain)
```

engines 是一个列表，代表当前项目中配置的模板引擎。如果使用的是 Django 的默认配置，那么列表中只有一个元素，即 DjangoTemplates 实例。

接下来，调用 DjangoTemplates 的 get_template 方法，源码如下所示：

```
def get_template(self, template_name):
    try:
        return Template(self.engine.get_template(template_name), self)
    except TemplateDoesNotExist as exc:
        reraise(exc, self)
```

在这里返回了 Template 对象，可注意到，Template 接受两个参数：第一个参数是通过引擎匹配并加载得到的模板对象实例，第二个参数是 DjangoTemplates 实例自身。引擎的匹配过程暂时不去分析，先来看一看 Template 对象的初始化方法和 render 方法的实现过程：

```
class Template:

    def __init__(self, template, backend):
        self.template = template
        self.backend = backend

    def render(self, context=None, request=None):
        context = make_context(context, request,
            autoescape=self.backend.engine.autoescape)
        try:
            return self.template.render(context)
        except TemplateDoesNotExist as exc:
            reraise(exc, self.backend)
```

初始化方法中简单地将传递进来的参数赋值给了 template 和 backend 变量。所以，其核心实现就在 render 方法中。

render 方法首先通过 make_context 获取到 Context 对象实例，其实现如下：

```
def make_context(context, request=None, **kwargs):
    # context 不为 None 则必须是字典类型
    if context is not None and not isinstance(context, dict):
        raise TypeError('context must be a dict rather than %s.'
            % context.__class__.__name__)
    if request is None:
        context = Context(context, **kwargs)
    else:
        ...
```

```
    return context
```

这里也就解释了为什么要给 hello_django_bbs 视图中的 render 方法传递字典。最后，可以看出，render 方法的返回过程与第一次改写 hello_django_bbs 视图的实现是一样的。

第 6 章中介绍过 Django 提供的快捷方法 render，它可以将视图的实现过程变得更为简单。例如，下面使用 render 方法再次改写 hello_django_bbs：

```
def hello_django_bbs(request):
    return render(request, 'post/hello_django_bbs.html',
                  {'project': 'Django BBS'})
```

可以看到，这次的实现比之前的方式要简单许多。那么，render 快捷方法是怎么做到的呢？render 方法的实现过程如下：

```
def render(request, template_name, context=None, content_type=None,
               status=None, using=None):
    content = loader.render_to_string(template_name, context, request, using=using)
    return HttpResponse(content, content_type, status)
```

render 方法最终会返回 HttpResponse 对象，这是 Django 对视图函数最基本的要求。所以，其中的 content 应该就是模板内容了。

content 是由 render_to_string 方法返回的，它定义于 django/template/loader.py 文件中，其实现源码如下：

```
def render_to_string(template_name, context=None, request=None, using=None):
    # 如果 template_name 传递的是列表或元组（即多个模板路径的声明）
    if isinstance(template_name, (list, tuple)):
        template = select_template(template_name, using=using)
    else:
        # 调用 get_template 方法获得 Template 对象
        template = get_template(template_name, using=using)
    return template.render(context, request)
```

最终，render_to_string 还是调用了 get_template 方法，获取了 Template 对象，并调用其 render 方法返回模板内容。即使是传递了列表或元组对象，select_template 获取 Template 的过程也是使用了 get_template 方法。读者有兴趣的话，可以查看 select_template 的源码实现，这里就不做具体的分析了。

最后，需要注意，render_to_string 方法的 request 参数并不为空，所以，template.render 中的 request 参数也不为空。这个条件会影响 make_context 方法（render 中会调用）的返回值类型：对于 request 不为空的情况，实际返回的是 Context 的子类 RequestContext。

7.1.4 RequestContext 和上下文处理器

RequestContext 是 Context 对象的子类，定义于 django/template/context.py 文件中。它与普通的 Context 相比，主要有以下两个区别。

（1）实例化需要一个 HttpRequest 对象，并作为第一个参数。

（2）根据模板引擎配置的 context_processors 自动填充上下文变量（合并到上下文字典中），且内置的 django.template.context_processors.csrf 处理器总是会被加入进去。

每个处理器按照顺序依次填充上下文字典，如果存在两个处理器返回了同样的 key，那么第二个处理器会覆盖第一个处理器的变量。这同时也说明了在视图中传递的 dict 中的 key 有可能会被处理器覆盖，因此，应该尽量避免使用同名的 key。

还可以给 RequestContext 提供额外的处理器，即传递 processors 参数。为了说明这个参数的使用方法，接下来，自定义一个处理器函数（为了简化演示，将其直接定义在 post 应用的 views.py

文件中）：

```
def project_signature(request):
    return {'project': 'Django BBS'}
```

project_signature 处理器的实现非常简单：按照 Django 的规定，接受一个 HttpRequest 类型的参数，并返回一个字典对象。那么，当 RequestContext 启用了这个处理器后，就不需要主动地在上下文中填充 project 了。

例如，可以将 hello_django_bbs 视图修改为：

```
from django.template import RequestContext
def hello_django_bbs(request):
    t = Template('<h1>Hello {{ project }}, {{ user.username }}</h1>')
    c = RequestContext(request, processors=[project_signature])
    html = t.render(c)
    return HttpResponse(html)
```

模板中不仅声明了 project 变量，还多了一个 user.username 变量，传递给 render 方法的不再是 Context 对象，而是 RequestContext 实例。RequestContext 中并没有显式地指定上下文字典，只是声明了启用 project_signature 处理器，所以，project 变量对应的值即为 Django BBS。

根据之前所说，模板引擎中配置的处理器都会用于填充上下文字典，所以，user 对象来自 django.contrib.auth.context_processors.auth 处理器。

如果当前的登录用户是 admin，那么，访问 hello_django_bbs 视图，返回的内容即为：

```
Hello Django BBS, admin
```

自定义上下文处理器是很常见的需求，而且通常许多模板都会使用到同一个处理器。如果按照之前的实现方式，则需要在每一个视图中指定 processors 参数，这会非常麻烦。考虑到 context_processors 中配置的处理器在所有的模板中都可用，那么，是否可以将自定义的处理器也配置到 context_processors 中实现全局可用呢？答案是肯定的，可以将 TEMPLATES 变量中的 context_processors 修改如下：

```
'context_processors': [
    'django.template.context_processors.debug',
    'django.template.context_processors.request',
    'django.contrib.auth.context_processors.auth',
    'django.contrib.messages.context_processors.messages',
    'post.views.project_signature',
]
```

由此，hello_django_bbs 视图中不需要再去指定 project_signature 处理器了，修改实现如下所示：

```
def hello_django_bbs(request):
    return render(request, 'post/hello_django_bbs.html')
```

介绍了上下文处理器的定义规则和使用方法之后，最后再介绍自定义上下文处理器时需要注意的地方。

第一，上下文处理器中不应该有复杂的业务处理逻辑，应该有易用和通用的性质。

第二，可以在项目的任何文件、任何位置定义上下文处理器，就像之前在 views.py 文件中定义 project_signature 一样。但是，Django 的建议是在项目或者应用下创建一个 context_processors.py 文件（参考内置处理器的定义规则），用于保存上下文处理器。

第三，由于同名的 key 可能会被其他的处理器覆盖，所以，应该保证处理器返回的字典中的 key 不存在重复。

本节介绍了 Django 对模板系统的默认配置与模板系统的基本使用方法，可以看出：将模板应用到视图中是非常简单的，视图函数处理自身的业务逻辑，并通过上下文字典传递属性值用于模板渲染。在之前的内容中，已经有了一些简单的模板文件定义，但并没有对模板语法进行解释，那么，接下来将系统地讲解 Django 模板系统的语法。

7.2 模板系统语法

模板是文本文件，即它可以是任何基于文本的文件格式，如 HTML、CSV、TXT 等。Django 模板语言的语法包括了四个部分：变量、标签、过滤器和注释。为了更好地书写或者阅读模板，本节将介绍模板语法以及模板语言的其他特性。

7.2.1 模板变量与替换规则

之前的内容已经多次提到过变量，如{{ project }}，Django 模板引擎通过上下文字典中提供的值完成替换，这类似 dict 中 key 到 value 的映射。

Django 对变量的命名限制较少，它可以是任何字母、数字和下画线的组合，但是变量名称中不可以有空格或标点符号。

最简单的变量替换规则即直接获取上下文字典中的同名 key，例如：

```
>>> from django.template import Context, Template
>>> t = Template('Hello: {{ project }}')
>>> c = Context({'project': 'Django BBS'})
>>> t.render(c)
'Hello: Django BBS'
```

变量名中的点是比较特殊的，如 {{ user.username }}，这会让 Django 按照如下的顺序在上下文中查找变量。

（1）字典查询：如{{ a.b }} 查询 a['b']。

（2）属性查询：如{{ a.b }} 查询 a.b。

（3）方法调用：如{{ a.b }} 调用 a.b()。

（4）数字索引查询：如{{ a.1 }} 查询 a[1]。

模板系统按照顺序依次查找，直到找到第一个可用的值完成变量替换。接下来，就详细介绍这四种变量查询的方式。

1. 字典查询

如果给上下文字典中传递了一个字典对象，那么，想要引用这个字典对象中的 value，就需要用点号去指向字典对应的 key。例如：

```
>>> t = Template('Hello: {{ user.username }}')
>>> user = {'username': 'admin'}
>>> c = Context({'user': user})
>>> t.render(c)
'Hello: admin'
```

Template 中传递的模板字符串包含了变量 {{ user.username }}，所以，上下文字典中就需要一个 key 为 user 的对象。user 中定义了 key 为 username，value 为 admin 的键值对，因此，模板最终渲染的结果是 Hello: admin。

2. 属性查询

像 Python 中的对象实例一样，在模板中也可以通过点号去访问对象的属性。下面看一个例子：

```
>>> import datetime
```

```
>>> d = datetime.date(2018, 10, 2)
>>> t = Template('Hello: {{ date.year }}')
>>> c = Context({'date': d})
>>> t.render(c)
'Hello: 2018'
```

d 是 datetime.date 类型的实例，它包含 year 属性，所以，可以通过 d.year 获取到 year 的属性值。将 d 作为 value，date 作为 key 传递到上下文中，在模板中就可以通过 date.year 获取到对应的值了。

自定义的类对象，在模板中同样可以使用点去引用属性。例如：

```
class A:
    def __init__(self, x):
        self.x = x
```

对象 A 中包含了属性 x，在模板中可以这样引用：

```
>>> t = Template('Hello: {{ a.x }}')
>>> c = Context({'a': A('Django BBS')})
>>> t.render(c)
'Hello: Django BBS'
```

3. 方法调用

在模板中访问对象的方法也是可以的，与 Python 中不同的是，模板中的方法调用不需要使用括号，且只可以调用不带参数（不可以有必需的参数）的方法。

首先，定义对象 A，如下所示：

```
class A:
    def x(self):
        return 'Django'

    def y(self, v='BBS'):
        return v
```

对象 A 中定义了两个方法：x 不带参数，所以可以在模板中被调用；y 虽然定义了一个参数，但是提供了默认值，所以，仍然可以在模板中被调用。

下面给出一个在模板中调用方法的简单例子：

```
>>> t = Template('Hello: {{ a.x }} {{ a.y }}')
>>> c = Context({'a': A()})
>>> t.render(c)
'Hello: Django BBS'
```

如果模板调用的方法中抛出异常会怎么样呢？例如：

```
>>> class A:
...     def z(self):
...         raise Exception('z error')
...
>>> t = Template('Hello: {{ a.z }}')
>>> c = Context({'a': A()})
>>> t.render(c)
...
Exception: z error
```

异常会向上传递，并对外抛出。如果想隐藏异常，让模板正常返回，那么需要异常类中存在 silent_variable_failure 属性，且值为 True：

```
class CustomException(Exception):
    silent_variable_failure = True
```

尝试在对象 A 的 z 方法中抛出 CustomException 异常，并在模板中调用：

```
>>> class A:
...     def z(self):
...         raise CustomException('z error')
...
>>> t = Template('Hello: {{ a.z }}')
>>> c = Context({'a': A()})
>>> t.render(c)
'Hello: '
```

可以看到，这样不会向外抛出异常，取而代之的是用空字符串（实际是模板引擎中的 string_if_invalid 属性，默认是空字符串）替换变量值。

由于在模板中可以调用对象的方法，所以，对于 Model 实例对象的 save、delete 等方法也可以在模板中执行。但是，这样的行为是非常危险的，Django 为了避免这些方法应用到模板中，提供了 alters_data 属性。如果方法中存在 alters_data 属性，且值为 True，那么，模板引擎不会执行这个方法，同样会使用 string_if_invalid 替换。所以，对于 save、delete 这样的方法，Django 都给它们指定了 alters_data=True。

如果不希望自定义对象中的方法在模板中被调用，可以设置 alters_data 属性，例如：

```
>>> class A:
...     def z(self):
...         return 'Django BBS'
...     z.alters_data = True
...
>>> t = Template('Hello: {{ a.z }}')
>>> c = Context({'a': A()})
>>> t.render(c)
'Hello: '
```

4. 数字索引查询

可以给上下文中传递列表或元组，在模板中使用索引的方式获取到对应的值。Python 列表的索引从 0 开始，所以，第一个元素的索引值就是 0。下面看一个简单的例子：

```
>>> t = Template('Hello: {{ item.0 }} {{ item.1 }}')
>>> c = Context({'item': ['Django', 'BBS']})
>>> t.render(c)
'Hello: Django BBS'
```

需要注意的是，模板中不可以使用负数索引，如{{ item.-1 }} 传递给 Template 会抛出 TemplateSyntaxError 异常。

介绍完了变量名中存在点的情况，再来思考一个问题：如果模板中定义的变量在上下文中没有提供，那么模板系统会怎样处理这个问题呢？看一个例子：

```
>>> t = Template('Hello: {{ Project }}')
>>> c = Context({'project': 'Django BBS'})
>>> t.render(c)
'Hello: '
```

模板中定义了变量 {{ Project }}，注意，首字母是大写的。但是上下文字典中只有小写的 project，最终，引擎渲染模板时使用了 string_if_invalid 替换模板变量。

从这个例子中可以看出，如果模板中的变量没有在上下文中提供，则模板系统并不会抛出异常，而是会使用空字符串替换。同时，也可以从中得出结论，模板变量是大小写敏感的。

7.2.2 模板标签

Django 模板系统对标签的解释是在渲染的过程中提供任意的逻辑，它看起来像{% tag %}这样。标签常常用于在输出时创建文本、控制循环和判断逻辑以及装载外部信息。Django 内置了许多标签用于简化模板开发的过程，当然，如果有些常用的功能标签并没有内建在模板系统中，Django 也支持自定义标签。接下来，先介绍模板系统中常用的内置标签，理解了它们的使用方法之后，再去尝试实现自定义标签。

1. 判断执行逻辑的 if 标签

if 标签判断条件是否成立，如果成立则显示块中的内容。if 需要与 endif 成对出现，且它与 Python 中的 if、elif 和 else 用法是类似的。使用形式如下：

```
{% if variable %}
    ...
{% elif variable %}
    ...
{% else %}
    ...
{% endif %}
```

variable 即需要比对的条件，可以使用 and 和 or 连接多个条件，也可以使用 not 对当前的条件取反。同时，也可以在条件中使用 >、==、<= 等算术操作符。

elif 和 else 这两个标签是可选的，可以不提供。同时，elif 可以不止一个，用来对多种条件进行判断。

下面，看一个简单的例子，介绍 if 标签的使用方法：

```
>>> t = Template("""
...     {% if user.username == 'admin' %}
...         <p>Hello {{ user.username }}</p>
...     {% elif user.username == 'Admin' %}
...         <p>Welcome {{ user.username }}</p>
...     {% else %}
...         <p>AnonymousUser</p>
...     {% endif %}
...     """)
>>> c = Context({'user': {'username': 'admin'}})
>>> t.render(c)
' <p>Hello admin</p> '
```

if 中判断 user.username 是否是 admin，如果条件成立，则显示 Hello admin；若条件不成立，在 elif 中判断 user.username 是否是 Admin，成立则显示 Welcome Admin；否则，显示 else 中的 AnonymousUser。

Context 中传递的 username 是 admin，所以，render 方法会返回 Hello admin。向 Context 中传递不同的 username，可以显示其他的块内容，例如：

```
>>> c = Context({'user': {'username': 'Admin'}})
>>> t.render(c)
' <p>Welcome Admin</p> '
>>> c = Context({'user': {'username': 'XYZ'}})
>>> t.render(c)
' <p>AnonymousUser</p> '
```

当需要判断的条件太多时，为了避免过多连接操作符的出现，影响阅读，可以考虑使用嵌套的 if 标签。例如：

```
>>> t = Template("""
...     {% if user.username == 'admin' %}
...         {% if print %}
...             <p>Hello {{ user.username }}</p>
...         {% else %}
...             <p>Nothing</p>
...         {% endif %}
...     {% endif %}
...     """)
>>> c = Context({'user': {'username': 'admin'}, 'print': True})
>>> t.render(c)
' <p>Hello admin</p> '
```

如果传递 print 为 False 或不传递，则会返回 Nothing：

```
>>> c = Context({'user': {'username': 'admin'}})
>>> t.render(c)
' <p>Nothing</p> '
```

2. 迭代序列元素的 for 标签

for 标签用于对列表或元组中的元素进行迭代，它与 Python 中的 for 语法是类似的。同时，它需要与结束标签 endfor 配合使用。for 标签支持一个可选的 empty 子句，用于定义当列表不存在或没有元素时显示的内容。使用形式如下：

```
{% for varibale in list %}
    ...
{% empty %}
    ...
{% endfor %}
```

所以，可以这样使用 for 标签：

```
>>> t = Template("""
...     {% for item in signature %}
...         <li>{{ item }}</li>
...     {% empty %}
...         <p>Nothing</p>
...     {% endfor %}
...     """)
>>> c = Context({'signature': ['Django', 'BBS']})
>>> t.render(c)
'<li>Django</li><li>BBS</li>'
```

如果没有传递 signature 或者它是一个空列表，则会显示 Nothing。例如：

```
>>> c = Context({'signature': []})
>>> t.render(c)
'<p>Nothing</p>'
```

可以在 for 标签中添加 reversed 关键字，实现对列表元素的逆序迭代。例如：

```
>>> t = Template("""
...     {% for item in signature reversed %}
...         <li>{{ item }}</li>
...     {% empty %}
...         <p>Nothing</p>
...     {% endfor %}
...     """)
>>> c = Context({'signature': ['Django', 'BBS']})
```

```
>>> t.render(c)
'<li>BBS</li><li>Django</li> '
```

与 Python 中的 for 循环不同的是，for 标签只能一次性地遍历完列表中的元素，不能中断（break），也不能跳过（continue）。这就要求传递到上下文中的变量包含确定需要的值，即用业务逻辑控制列表中的元素。

与 if 类似，for 标签同样可以嵌套使用，例如（为方便阅读，对 render 返回的内容做了格式化处理）：

```
>>> t = Template("""
...     {% for out in outer %}
...         <ul>
...             {% for inner in out %}
...                 <li>{{ inner }}</li>
...             {% endfor %}
...         </ul>
...     {% endfor %}
...     """)
>>> c = Context({'outer': [['Django', 'BBS'], ['a', 'b', 'c']]})
>>> t.render(c)
<ul>
    <li>Django</li>
    <li>BBS</li>
</ul>
<ul>
    <li>a</li>
    <li>b</li>
    <li>c</li>
</ul>
```

在 for 标签的内部，可以通过访问 forloop 变量的属性获取迭代过程中的一些信息。例如，可以通过 forloop.counter 知道当前迭代的是第几个元素：

```
>>> t = Template("""
...     {% for item in signature %}
...         <li>{{ forloop.counter }}: {{ item }}</li>
...     {% endfor %}
...     """)
>>> c = Context({'signature': ('Django', 'BBS')})
>>> t.render(c)
'<li>1: Django</li><li>2: BBS</li>'
```

可以看到，forloop.counter 从 1 开始计数。除此之外，forloop 还包含如下一些属性。

（1）counter0：与 counter 一样用来计数，但是它从 0 开始。

（2）revcounter：用来表示当前循环中剩余元素的数量。第一次迭代时，返回的是列表中元素的总数，最后一次的返回值是 1。

（3）revcounter0：与 revcounter 的含义相同，但是由于其索引是基于 0 的，因此它的值等于 revcounter 减去 1。

（4）first：返回一个布尔值，True 标识为当前迭代的是第一个元素，其他位置的元素返回 False。

（5）last：也是一个布尔值，迭代最后一个元素时返回 True，其他情况为 False。

（6）parentloop：对于嵌套迭代的场景，用来引用父级循环的 forloop 变量。

需要注意，forloop 只可以在 for 与 endfor 之间使用。对于 first 和 last 属性，可以通过 if 标签对特定的元素做特殊处理，而像 counter 这类属性，常常用于调试程序。

3. 获取视图访问地址的 url 标签

与 reverse 函数功能类似，使用 url 标签可以避免在模板中对访问地址进行硬编码，即使是将来修改了视图的访问地址，也可以不用修改模板定义。使用形式如下：

```
{% url ns:name arg1,arg2... %}
```

其中，ns 是视图的命名空间，name 是视图的名称。如果需要，还可以给定参数构造动态的 url。之前并没有给 hello_django_bbs 视图指定 name，现在修改它的 URL 模式定义：

```
path('hello/', views.hello_django_bbs, name='hello')
```

此时，可以利用 url 标签获取到 hello_django_bbs 的访问地址，例如：

```
>>> t = Template("{% url 'post:hello' %}")
>>> t.render(Context())
'/post/hello/'
```

对于需要给定参数构造动态 url 的视图，例如：

```
path('topic/<int:topic_id>/', views.topic_detail_view, name='topic_detail')
```

可以在 url 标签中指定参数：

```
>>> t = Template("{% url 'post:topic_detail' 1 %}")
>>> t.render(Context())
'/post/topic/1/'
```

或者也可以指定参数的名称：

```
>>> t = Template("{% url 'post:topic_detail' topic_id=1 %}")
```

4. 用于多行注释的 comment 标签

在模板中注释内容需要使用 {# #}，如{# Django BBS #}，引擎不会对注释的内容进行解释。但很多情况下，由于要解释当前的代码执行流程或逻辑，故可能导致注释的内容比较多，注释内容会分散为多行。

为了解决这个问题，模板系统提供了 comment 标签。使用形式如下：

```
{% comment %}
    ...
{% endcomment %}
```

模板系统会忽略 comment 与 endcomment 之间的内容。但是，需要注意，comment 标签不可以嵌套使用，因为这本身就没有意义。

使用 comment 标签将多行内容注释的例子如下：

```
>>> t = Template("""
...     <p>Hello</p>
...     {% comment %}
...         Hello
...         Django
...         BBS
...     {% endcomment %}
...     <p>Django BBS</p>
...     """)
>>> t.render(Context())
'<p>Hello</p><p>Django BBS</p>'
```

5. 判断变量相等或不相等的标签

判断两个变量的值是否相等或不相等是很常见的需求，其可以通过 if 标签配合等于或不等于运算符来完成。Django 模板系统为了简化操作过程，提供了 ifequal 和 ifnotequal 标签，用于判断变量是否相等。

这两个标签的用法是相同的，这里以 ifequal 为例介绍它的使用形式：

```
{% ifequal v1 v2 %}
    ...
{% else %}
    ...
{% endifequal %}
```

如果 v1 和 v2 相等，则执行 ifequal 与 else 之间的逻辑，否则执行 else 与 endifequal 之间的逻辑。例如：

```
>>> t = Template("""
...     {% ifequal v1 v2 %}
...         <p>{{ v1 }} equal {{ v2 }}</p>
...     {% else %}
...         <p>{{ v1 }} not equal {{ v2 }}</p>
...     {% endifequal %}
...     """)
>>> c = Context({'v1': 'admin', 'v2': 'admin'})
>>> t.render(c)
'<p>admin equal admin</p>'
>>> c = Context({'v1': 'admin', 'v2': 'Admin'})
>>> t.render(c)
'<p>admin not equal Admin</p>'
```

v1、v2 除了可以是模板变量，也可以是硬编码的字符串、整数或小数，但不可以是字典、列表等类型。

Django 模板系统提供的标签功能强大，而且使用方法简单，除了以上介绍的这些常用标签之外，还可以通过查询官方文档发掘其他可用的标签。如果内置的标签都不能满足业务场景的需求，还可以自定义标签。

标签可以做任何事情，所以，它实现起来要相对复杂。自定义一个标签可以分为三种类型：简单标签（simple tag）、引入标签（inclusion tag）和赋值标签（assignment tag）。接下来，依次实现自定义这三类标签。

在自定义标签之前，需要做一些准备工作。

（1）在应用（如 post 应用）下面创建一个名称为 templatetags 的 Python 包（包含__init__.py 文件），并在其中新建 custom_tags.py 文件。

（2）在 settings.py 文件中将应用加入 INSTALLED_APPS 列表中，让 Django 能够扫描这个应用。

一个有效的标签库必须有一个模块层变量 register，且它的值是 template.Library 的实例。打开 custom_tags.py 文件，在其中加入语句：

```
from django import template
register = template.Library()
```

6. 简单标签

这类标签通过接收参数，对输入的参数做一些处理并返回结果。如需要给字符串添加一个前缀，可以在 custom_tags.py 文件中定义 prefix_tag 标签：

```
@register.simple_tag
def prefix_tag(cur_str):
    return 'Hello %s' % cur_str
```

prefix_tag 使用 register.simple_tag 装饰器修饰，目的是能够将 prefix_tag 注册到模板系统中。如果想要使用自定义的标签，则需要在模板中使用 load 标签声明（装载）：

```
{% load custom_tags %}
```

custom_tags 是自定义标签所在的文件名称，之后，prefix_tag 就可以像内置标签一样使用了。例如：

```
>>> t = Template("""
...     {% load custom_tags %}
...     {% prefix_tag 'Django BBS' %}
...     """)
>>> t.render(Context())
'Hello Django BBS'
```

如果想要在标签中访问字典上下文，则在注册标签时需要指定 takes_context=True，且标签的第一个参数必须是 context。例如：

```
@register.simple_tag(takes_context=True)
def prefix_tag(context, cur_str):
    return '%s %s' % (context['prefix'], cur_str)
```

在使用 prefix_tag 时需要在 Context 中指定 prefix：

```
>>> t = Template("""
...     {% load custom_tags %}
...     {% prefix_tag 'Django BBS' %}
...     """)
>>> t.render(Context({'prefix': 'Hello'}))
'Hello Django BBS'
```

此外，如果不想直接使用函数的名称作为标签名，那么还可以使用 name 参数给标签起一个别名，例如：

```
@register.simple_tag(takes_context=True, name='prefix')
def prefix_tag(context, cur_str):
    return '%s %s' % (context['prefix'], cur_str)
```

此时，这个标签的名字就变成了 prefix。

7. 引入标签

这类标签可以被其他模板进行渲染，然后将渲染结果输出。这个概念比较抽象，不易理解，下面举例说明这类标签的用法。

首先，在 post 应用中定义模板文件 inclusion.html（templates/post/inclusion.html）：

```
<p>{{ hello }}</p>
```

在 custom_tags.py 文件中定义 hello_inclusion_tag 标签：

```
@register.inclusion_tag('post/inclusion.html', takes_context=True)
def hello_inclusion_tag(context, cur_str):
    return {'hello': '%s %s' % (context['prefix'], cur_str)}
```

可以看到，引入标签使用 register.inclusion_tag 注册。第一个参数指定模板文件，即刚刚定义的 inclusion.html；第二个参数是为了使用上下文字典。

使用 hello_inclusion_tag 标签的方式与其他标签相同，例如：

```
>>> t = Template("""
...     {% load custom_tags %}
...     {% hello_inclusion_tag 'Django BBS' %}
...     """)
>>> t.render(Context({'prefix': 'Hello'}))
'<p>Hello Django BBS</p>'
```

可以看到，inclusion.html 在模板中被渲染了。对于具有通用的展现样式但需要不同数据去渲染的页面，可以考虑使用引入标签。

8. 赋值标签

它与简单标签非常相似，但是结果不被直接输出，而是存储在指定的上下文变量中，目的是降低传递上下文的成本。

赋值标签同样使用 register.simple_tag 注册，例如，在 custom_tags.py 文件中定义：

```
@register.simple_tag
def hello_assignment_tag(cur_str):
    return 'Hello: %s' % cur_str
```

在模板中使用的方法如下所示：

```
>>> t = Template("""
...     {% load custom_tags %}
...     {% hello_assignment_tag 'Django BBS' as hello %}
...     <p>{{ hello }}</p>
...     """)
>>> t.render(Context())
'<p>Hello: Django BBS</p>'
```

可以看到，模板中使用 hello_assignment_tag 标签的地方用 as 参数将标签的返回结果保存在 hello 中，所以，在模板渲染的时候不需要传递 hello 到上下文中。

7.2.3 过滤器

过滤器用于在显示变量之前对变量的值进行调整，它们在模板中很常见，使用管道符号（|）指定。有些过滤器可以接受参数，如果参数中带有空格，则需要用引号括起来。过滤器的特色是可以通过组合多个过滤器实现链式调用。接下来，先介绍模板系统中常用的内置过滤器，再实现自定义的过滤器。

1. 获取变量长度的 length 过滤器

过滤器相比标签要简单许多，可以认为过滤器就是一个 Python 函数，传递参数给它，处理完之后返回到模板中。例如，下面使用 length 过滤器得到变量的长度：

```
>>> t = Template("""
...     <p>hello : {{ hello | length }}</p>
...     """)
>>> t.render(Context({'hello': 'hello'}))
'<p>hello : 5</p>'
```

模板变量 hello 使用管道符号连接 length 过滤器，最终得到了字符串的长度。如果传递的不是字符串，而是列表，则会返回列表长度；如果是字典则会返回 key 的个数；变量未定义的情况下，返回 0。下面来看这几种情况：

```
>>> t = Template("""
...     <p>hello : {{ hello | length }}</p>
...     """)
>>> t.render(Context({'hello': ['Django', 'BBS']}))
'<p>hello : 2</p>'
>>> t.render(Context({'hello': {'v1': 1, 'v2': 2}}))
'<p>hello : 2</p>'
>>> t.render(Context())
'<p>hello : 0</p>'
```

2. 转换字符大小写的过滤器

lower 和 upper 用于将字符串转换为小写和大写的形式。例如：

```
>>> t = Template("""
...     <p>hello : {{ hello | lower }}</p>
...     """)
>>> t.render(Context({'hello': 'Django BBS'}))
'<p>hello : django bbs</p>'
```

lower 将 Django BBS 的所有字符变成了小写。同样，如果要把所有的字符变成大写，只需替换成 upper：

```
>>> t = Template("""
...     <p>hello : {{ hello | upper }}</p>
...     """)
>>> t.render(Context({'hello': 'Django BBS'}))
'<p>hello : DJANGO BBS</p>'
```

3. 获取首个或末尾元素的过滤器

first 和 last 过滤器用于获取变量的首个或末尾元素。对于不同的变量类型：字符串会返回第一个或最后一个字符、列表或元组会返回第一个或最后一个元素。例如：

```
>>> t = Template("""
...     <p>hello : {{ hello | first }}</p>
...     """)
>>> t.render(Context({'hello': 'Django BBS'}))
'<p>hello : D</p>'
>>> t.render(Context({'hello': ['Django', 'BBS']}))
'<p>hello : Django</p>'
```

可以通过配合使用 lower 或 upper 将字符串转换为小写或大写样式，即链式调用：

```
>>> t = Template("""
...     <p>hello : {{ hello | last | lower }}</p>
...     """)
>>> t.render(Context({'hello': ['Django', 'BBS']}))
'<p>hello : bbs</p>'
```

模板变量 hello 首先通过 last 过滤器得到列表的最后一个元素 BBS，再通过 lower 过滤器将字符串变成小写样式，最终得到 bbs。

4. truncatewords 过滤器截取指定个数的词

truncatewords 过滤器接受一个参数，指定需要保留的单词个数，多出来的词用省略号替换。参数需要与过滤器用冒号分开，例如：

```
>>> t = Template("""
...     <p>hello : {{ hello | truncatewords:1 }}</p>
...     """)
>>> t.render(Context({'hello': 'Django BBS'}))
'<p>hello : Django ...</p>'
```

自定义过滤器与自定义标签需要做同样的准备工作，即模块层变量 register 和应用装载到项目环境中，这在自定义标签的时候已经完成了。接下来需要做的是实现过滤器函数与过滤器注册。

在 custom_tags.py 文件（在自定义标签时创建）中创建 replace_django 过滤器：

```
@register.filter
def replace_django(value):
    return value.replace('django', 'Django')
```

replace_django 函数接受一个参数，这个参数即为模板变量，在函数内部实现对 django 字符串到 Django 的替换。最后，还需要使用 register.filter 实现对过滤器的注册。

在模板中使用自定义的过滤器同样需要{% load custom_tags %}，例如：

```
>>> t = Template("""
...     {% load custom_tags %}
...     <p>hello : {{ hello | replace_django }}</p>
...     """)
>>> t.render(Context({'hello': 'django BBS'}))
'<p>hello : Django BBS</p>'
```

如果不想使用函数名作为过滤器的名称，可以在 register.filter 中使用 name 为过滤器指定名称。

实现带参数的过滤器也非常简单，即过滤器函数需要两个参数：

```
@register.filter(name='r_django')
def replace_django(value, base):
    return value.replace('django', base)
```

由于使用了 name 指定了过滤器的名称，所以，模板中也需要使用 r_django，并传递所需参数：

```
>>> t = Template("""
...     {% load custom_tags %}
...     <p>hello : {{ hello | r_django:"Django" }}</p>
...     """)
>>> t.render(Context({'hello': 'django BBS'}))
'<p>hello : Django BBS</p>'
```

过滤器的思想与使用方法非常简单，但用处非常大。特别是多个过滤器可以通过管道实现连接，很大程度上方便了对变量的处理过程。Django 模板系统中内置了非常多的过滤器，应该尽可能地熟悉它们，从而在使用的时候得心应手。如果这些都不能满足用户的需求，自定义过滤器也非常容易实现。

7.2.4 模板继承

一些高级语言有继承的功能，将通用的功能或属性写在父类（或基类）里面，子类继承自父类，即自动拥有父类的所有属性和方法。同时，还可以通过重写父类中的属性和方法实现定制。这样的继承特性，通过抽象共性，减少了大量的重复代码。

Django 模板系统同样支持继承，这是一个非常有用的功能，在实际的项目开发中模板继承也是非常常见的。

模板继承使用起来非常简单，只需要定义好被继承的父模板，其中包含通用元素和可以被子模板覆盖的 block 部分即可。下面，通过一个示例来对模板继承进行说明。首先，在 post 目录（post/templates/post/）下创建父模板文件 base.html：

```
<!DOCTYPE html>
<html lang="en">
    <head>
        <meta charset="UTF-8">
        <title>{% block title %} Welcome {% endblock %}</title>
    </head>
    <body>
        <h1>Hell Django BBS</h1>
        {% block content %} Nothing {% endblock %}
        <hr>
        {% block footer %}
            <p>Thanks for visiting my site.</p>
        {% endblock %}
    </body>
```

```
</html>
```

可以看到，这个父模板文件中使用了{% block %}标签，这就是刚刚提到过的可以被子模板覆盖的 block。另外，需要说明以下几点。

（1）block 标签成对出现，需要{% endblock %}标记结束。

（2）需要给 block 标签起个名字，子模板中具有同样名称的 block 块完成对父模板的替换。

（3）子模板不需要定义父模板中的所有 block，未定义时，子模板将原样使用父模板中的内容。

（4）子模板需要使用 {% extends %} 标签继承父模板，且其必须是模板中的第一个标签，通常继承声明会放在文件的第一行。

接下来，实现一个子模板，展示 Topic 或 Comment 的 id 和 content。继承 base.html，并通过 Template 对象实例化：

```
>>> t = Template("""
...     {% extends "post/base.html" %}
...     {# 页面 Title #}
...     {% block title %} Model Content {% endblock %}
...     {# 页面内容 #}
...     {% block content %}
...     {% for item in model %}
...         <p>{{ item.id }}: {{ item.content }}</p>
...     {% endfor %}
...     {% endblock %}
...     {# 页面结尾 #}
...     {% block footer %}
...        <p>Thanks for visiting {{ name }} Content.</p>
...     {% endblock %}
...     """)
```

可注意到，子模板重写了父类中的三个 block，且需要两个模板变量：model 和 name。下面传递上下文渲染模板对象：

```
>>> from post.models import Topic
>>> topic_qs = Topic.objects.all()
>>> t.render(Context({'model': topic_qs, 'name': 'Topic'}))
```

render 方法渲染返回的结果如下所示（为方便阅读，对结果做了格式化处理）：

```
<!DOCTYPE html>
<html lang="en">
    <head>
        <meta charset="UTF-8">
        <title> Model Content </title>
    </head>
    <body>
        <h1>Hell Django BBS</h1>
        <p>1: This is the first topic!</p>
        <p>2: This is the second topic!</p>
        <p>3: This is the third topic!</p>
        <hr>
        <p>Thanks for visiting Topic Content.</p>
    </body>
</html>
```

可以看到，子模板继承了父模板的结构，并对其中的 block 部分完成了替换。但是，这里需要考虑一个问题：假如不是替换，而是对父模板中的 block 添加一些内容的话，需要怎么做呢？这种场景也是很常见的，即对父模板内容的扩展。

Django 为此提供了 {{ block.super }} 变量，可以获取到父模板中渲染后的结果。举个例子，将 base.html 的内容修改为：

```
<html>
     <body>
         {% block hello %} hello {% endblock %}
     </body>
</html>
```

创建子模板，继承自 base.html，并通过 Template 对象实例化：

```
>>> t = Template("""
...      {% extends "post/base.html" %}
...      {% block hello %}
...      {{ block.super }}Django BBS
...      {% endblock %}
...      """)
>>> t.render(Context())
```

最终，render 方法渲染后的结果为：

```
<html>
    <body>hello Django BBS</body>
</html>
```

模板继承是模板系统中最强大也是最复杂的功能，它的用途非常广泛。通常，如果是在多个模板中出现了大量的重复代码，那么，就应该考虑使用模板继承来减少重复性代码。另外，Django 建议，父模板中的 {% block %} 标签应该越多越好，毕竟，子模板不需要完全重写所有的标签，所以，可以多定义一些通用或者默认的内容。

7.3 模板系统工作原理分析

前面已经介绍了模板的基本使用方法和模板语言的语法，但是，在介绍它们的过程中也留下了一些问题，如模板引擎根据配置加载模板文件（HTML 文件），是怎么去查找加载的呢？模板引擎完成对模板的渲染，包括变量替换、执行过滤器等，这又是怎么实现的呢？

虽然这些工作原理方面的问题并不会影响实际使用这些功能，但是，如果能够清晰地知道 Django 模板系统在背后做了哪些工作，那么以后遇到问题的时候，或许可以更加轻松地应对。本节就来介绍模板系统的工作原理。

7.3.1 模板文件实现加载的过程

在介绍模板系统基础内容的时候，已经看到过在视图中使用 get_template 方法（定义于 django/template/loader.py 文件中）加载模板。方法内部实现首先会获取到当前系统中可用的模板后端，再去调用后端引擎的 get_template 方法。所以，这里的第一个问题是怎样获取到当前系统中的模板后端？

1. _engine_list 方法获取模板后端

get_template 方法中获取模板后端使用了_engine_list 方法，这个方法接受一个 using 参数，默认为 None。方法实现如下：

```
def _engine_list(using=None):
     return engines.all() if using is None else [engines[using]]
```

该方法返回后端列表，主要实现依赖于 engines，它是一个 EngineHandler 类型的实例，下面介绍 EngineHandler 的定义：

```
class EngineHandler:
    def __init__(self, templates=None):
        self._templates = templates
        self._engines = {}
```

初始化函数可以传递一个 templates 参数，它是一个列表，结构与 settings.TEMPLATES 类似，通常不需要显式地指定。再看 EngineHandler 的 all 方法：

```
def all(self):
    return [self[alias] for alias in self]
```

对自身实例进行迭代，并使用 [] 获取结果列表。这里涉及对象的__iter__和__getitem__两个方法。接下来，首先看__iter__的实现源码：

```
def __iter__(self):
    return iter(self.templates)
```

这里调用了 templates 属性，它是一个用 @cached_property 修饰的方法，可以像属性一样使用。实现如下：

```
def templates(self):
    if self._templates is None:
        # settings 配置赋值给 self._templates
        self._templates = settings.TEMPLATES
    # templates 是有序字典类型
    templates = OrderedDict()
    backend_names = []
    # 遍历模板后端配置
    for tpl in self._templates:
        tpl = tpl.copy()
        try:
            ...
            default_name = tpl['BACKEND'].rsplit('.', 2)[-2]
        except Exception:
            ...
        tpl.setdefault('NAME', default_name)
        tpl.setdefault('DIRS', [])
        tpl.setdefault('APP_DIRS', False)
        tpl.setdefault('OPTIONS', {})
        # key 为 default_name, value 为模板后端配置
        templates[tpl['NAME']] = tpl
        ...
    return templates
```

所以，对于默认配置的情况，templates 的结果是一个字典对象（OrderedDict），且只有一个键值对。其中 key 为 django（default_name），value 也是一个字典，与 settings 配置中的内容相同，只是多了一个 NAME 属性。

下面再来看__getitem__方法的实现：

```
def __getitem__(self, alias):
    ...
    params = self.templates[alias]
    params = params.copy()
    backend = params.pop('BACKEND')
    engine_cls = import_string(backend)
    # 实例化模板后端
    engine = engine_cls(params)
```

```
        ...
        return engine
```

可以看到，这个方法根据传递的 key 返回了模板后端实例。

所以，最终_engine_list 方法得到了模板后端列表，且对于默认配置，列表中只有一个元素，即 DjangoTemplates 实例。

获取到了后端实例之后，再来考虑第二个问题：模板后端是怎样实现加载模板的?

2. DjangoTemplates 加载模板文件

加载模板文件使用 DjangoTemplates 的 get_template 方法，并传递了 template_name（模板名称），源码实现如下：

```
    def get_template(self, template_name):
        try:
            return Template(self.engine.get_template(template_name), self)
        except TemplateDoesNotExist as exc:
            reraise(exc, self)
```

self.engine 定义在初始化函数中，是 Engine（定义于 django/template/engine.py 文件中）类型的实例，它的 get_template 方法定义如下：

```
    def get_template(self, template_name):
        template, origin = self.find_template(template_name)
        ...
        return template
```

find_template 方法定义如下：

```
    def find_template(self, name, dirs=None, skip=None):
        tried = []
        for loader in self.template_loaders:
            try:
                template = loader.get_template(name, skip=skip)
                return template, template.origin
            except TemplateDoesNotExist as e:
                tried.extend(e.tried)
        raise TemplateDoesNotExist(name, tried=tried)
```

通过对 self.template_loaders 进行迭代，并调用它的 get_template 方法获取到了 template 对象。template_loaders 是 Engine 中定义的一个方法，利用 @cached_property 修饰，其内部调用了 self.get_template_loaders，并传递了 self.loaders。

self.loaders 在 Engine 的初始化函数中完成赋值，过程如下所示：

```
    def __init__(self, dirs=None, app_dirs=False, loaders=None ...):
        if loaders is None:
            loaders = ['django.template.loaders.filesystem.Loader']
            if app_dirs:
                loaders += ['django.template.loaders.app_directories.Loader']
            if not debug:
                loaders = [('django.template.loaders.cached.Loader', loaders)]
        ...
        self.loaders = loaders
        ...
```

从定义中可以看出，对于默认的配置，self.loaders 是一个包含两个元素的列表：['django.template.loaders.filesystem.Loader', 'django.template.loaders.app_directories.Loader']。

将列表传递到 get_template_loaders 方法中完成对两个 Loader 对象的实例化，所以，最终

self.template_loaders 就是两个 Loader 实例。

再回到 find_template 方法中，依次对 Loader 实例进行迭代，调用它们的 get_template 方法，直到某一个 Loader 返回，或最终抛出 TemplateDoesNotExist 异常。

由于默认的配置会使用 django.template.loaders.app_directories.Loader 完成模板的加载，所以，下面分析它的实现过程。另外一个 Loader 实现原理类似，不做具体介绍。app_directories.Loader 定义如下：

```
class Loader(FilesystemLoader):
    # 重写父类的 get_dirs
    def get_dirs(self):
        return get_app_template_dirs('templates')
```

它只定义了一个方法，所以 get_template 来自父类（实际是 FilesystemLoader 的父类），查看父类中的实现：

```
def get_template(self, template_name, skip=None):
    ...
    for origin in self.get_template_sources(template_name):
        ...
        try:
            contents = self.get_contents(origin)
        except TemplateDoesNotExist:
            continue
        else:
            return Template(
                contents, origin, origin.template_name, self.engine,
            )
   raise TemplateDoesNotExist(template_name, tried=tried)
```

对 get_template_sources 的返回进行迭代，直到找到第一个有效的 contents 构造 Template 对象返回。所以，将模板文件从文件系统中读取，构造 Template 实例就是在这里实现的。在看 get_template_sources 方法的实现之前，先来看 get_dirs 方法返回了什么。get_dirs 中调用了 get_app_template_dirs 方法：

```
def get_app_template_dirs(dirname):
    template_dirs = []
    # 对当前系统中安装的应用进行迭代
    for app_config in apps.get_app_configs():
        # app_config.path 是应用在文件系统下的路径
        if not app_config.path:
            continue
         # dirname 传递的是 templates
        template_dir = os.path.join(app_config.path, dirname)
        # 所以，需要在应用下创建 templates 目录存储模板文件
        if os.path.isdir(template_dir):
            template_dirs.append(template_dir)
    return tuple(template_dirs)
```

该方法返回了一个元组，如果应用中包含 templates 目录，那么，templates 的文件路径将会被加入这个结果元组中。所以，对于 post 应用来说，这个方法返回的结果会包含路径 my_bbs/post/templates。

get_template_sources 方法位于 app_directories.Loader 的父类中，源码如下：

```
def get_template_sources(self, template_name):
    for template_dir in self.get_dirs():
        try:
            # 组合 template_dir 与传递进来的 template_name
            name = safe_join(template_dir, template_name)
```

```
            except SuspiciousFileOperation:
                continue
            yield Origin(
                name=name,
                template_name=template_name,
                loader=self,
            )
```

从方法实现中可以看出，get_template_sources 实际是一个生成器函数，get_dirs 方法返回的应用下 templates 目录再与传递的 template_name 拼接得到 Origin 的 name 属性。如对于传递的 post/base.html 来说，迭代生成器时就会包含 my_bbs/post/templates/post/base.html 文件路径（也同时会包含其他应用与 post/base.html 拼接得到的路径）。

文件路径传递到 get_contents 方法中，如果没有抛出异常，则利用返回的结果实例化 Template 对象。get_contents 方法（同样位于 app_directories.Loader 父类中）定义如下：

```
def get_contents(self, origin):
    try:
        # origin.name 即为模板文件在文件系统中的路径
        with open(origin.name, encoding=self.engine.file_charset) as fp:
            return fp.read()
    except FileNotFoundError:
        raise TemplateDoesNotExist(origin)
```

get_contents 方法尝试读取当前传递进来的模板文件路径，如果文件存在，返回文件内容，之后用来构造 django.template.base.Template 对象。

最终 DjangoTemplates 对象的 get_template 中利用这里的模板对象（Template）和自身（Self）构造了 django.template.backends.django.Template 对象并返回。

至此，视图中调用的 get_template 方法的工作原理介绍完成，这个方法是模板系统的核心方法，在许多地方都会被使用。最后，总结它的实现流程。

（1）查询当前系统中配置的可用模板后端。

（2）对可用模板后端依次进行迭代，尝试加载模板，具体实现过程取决于特定的后端实现。

（3）返回第一个成功加载的模板对象或最终抛出 TemplateDoesNotExist 异常。

7.3.2 模板渲染机制实现分析

通过 get_template 加载了模板之后，就可以通过它的 render 方法对模板进行渲染，这其中包括了变量替换、过滤器执行等。最终，render 方法的返回就可以传递给 HttpResponse 作为视图的响应了。

render 方法（django.template.backends.django.Template.render）的实现如下所示：

```
def render(self, context=None, request=None):
    context = make_context(context, request,
                autoescape=self.backend.engine.autoescape)
    try:
        # 这里调用了 django.template.base.Template 的 render 方法
        return self.template.render(context)
    except TemplateDoesNotExist as exc:
        reraise(exc, self.backend)
```

这个方法的核心是调用了 django.template.base.Template 的 render 方法。在分析 render 方法的实现之前，先来看 django.template.base.Template 的定义：

```
class Template:
    def __init__(self, template_string, origin=None, name=None, engine=None):
```

```
        if engine is None:
            from .engine import Engine
            engine = Engine.get_default()
        if origin is None:
            origin = Origin(UNKNOWN_SOURCE)
        self.name = name
        self.origin = origin
        self.engine = engine
        # source 中存储的就是模板文件中的内容
        self.source = template_string
        # 将 source 的内容解析为 nodelist
        self.nodelist = self.compile_nodelist()
```

Template 初始化的核心是调用其 compile_nodelist 方法将模板内容解析为 nodelist。什么是 nodelist 呢？下面介绍 compile_nodelist 方法的实现：

```
def compile_nodelist(self):
    if self.engine.debug:
        lexer = DebugLexer(self.source)
    else:
        lexer = Lexer(self.source)
    # Lexer 将模板内容分割成 tokens 列表
    tokens = lexer.tokenize()
    parser = Parser(
        tokens, self.engine.template_libraries, self.engine.template_builtins,
        self.origin,
    )
    try:
        # 将 tokens 解析为 django.template.base.NodeList
        return parser.parse()
    except Exception as e:
        if self.engine.debug:
            e.template_debug = self.get_exception_info(e, e.token)
        raise
```

Lexer 的 tokenize 方法将模板文件内容按照预定义的正则表达式分割为一个列表，其中的每一个元素都是 django.template.base.Token 类型的实例。

Parser 的 parse 方法将每一个 Token 实例解析为 django.template.base.Node 实例对象，最终 compile_nodelist 的返回就是 NodeList。

下面，首先来看 Lexer 的 tokenize 方法是怎样得到 Token 列表的。tokenize 方法的实现如下：

```
def tokenize(self):
    in_tag = False
    lineno = 1
    result = []
    # tag_re 是正则表达式模式对象，split 方法匹配子串并分割返回列表
    for bit in tag_re.split(self.template_string):
        if bit:
            # create_token 实现词法分析，可以将子串转换为四种 Token
            result.append(self.create_token(bit, None, lineno, in_tag))
        in_tag = not in_tag
        lineno += bit.count('\n')
    return result
```

tag_re 将模板中可能出现的变量、标签和注释符号编译成正则表达式，之后利用 split 方法将模板字符串切分成多个部分。

通过正则表达式的切分，create_token 判断这些词的开头部分（startswith）以确定 Token 的类型，其核心实现如下：

```
def create_token(self, token_string, position, lineno, in_tag):
    ...
    if token_string.startswith(VARIABLE_TAG_START):
        token = Token(TOKEN_VAR, token_string[2:-2].strip(), position, lineno)
    elif token_string.startswith(BLOCK_TAG_START):
        ...
        token = Token(TOKEN_BLOCK, block_content, position, lineno)
    elif token_string.startswith(COMMENT_TAG_START):
        ...
        token = Token(TOKEN_COMMENT, content, position, lineno)
    else:
        token = Token(TOKEN_TEXT, token_string, position, lineno)
    return token
```

可以看到，create_token 将 token 字符串解析为以下 4 种 Token 类型。

TOKEN_VAR：值为 1，变量类型，即开头为 {{ 的字符串。

TOKEN_BLOCK：值为 2，块类型，即开头为 {% 的字符串。

TOKEN_COMMENT：值为 3，注释类型，即开头为 {# 的字符串。

TOKEN_TEXT：值为 0，文本类型，即字符串字面值。

解析模板字符串得到了 Token 列表之后，就将它传递给了 Parser 的构造函数。同时，在构造函数中将 Django 模板系统内置的标签和过滤器也加载进来了。parse 方法将给定的 tokens 解析为对应的 Node，方法实现如下：

```
def parse(self, parse_until=None):
    ...
    # NodeList 继承自 Python 列表类型
    nodelist = NodeList()
    # 迭代 Token 列表
    while self.tokens:
        token = self.next_token()
        # 文本类型简单地存储其字面值，表示为 TextNode 类型实例
        if token.token_type == 0:  # TOKEN_TEXT
            self.extend_nodelist(nodelist, TextNode(token.contents), token)
        # 变量类型
        elif token.token_type == 1:  # TOKEN_VAR
            if not token.contents:
                raise self.error(token, ...)
            try:
                # 获取 FilterExpression 类型的实例
                filter_expression = self.compile_filter(token.contents)
            except TemplateSyntaxError as e:
                raise self.error(token, e)
            # 变量类型的 Token 表示为 VariableNode 类型实例
            var_node = VariableNode(filter_expression)
            self.extend_nodelist(nodelist, var_node, token)
        # 块类型
        elif token.token_type == 2:  # TOKEN_BLOCK
            ...
    ...
    return nodelist
```

parse 方法中根据每一个 Token 的类型（由 token_type 属性标识）执行对应的逻辑。其中，文本

类型的处理最为简单，直接将字符串字面值存储到 TextNode 中；变量类型比较复杂，它将 token 的内容存储于 FilterExpression 实例中，所以，VariableNode 中存储的实际是 FilterExpression 实例；块类型解析方式类似，但是它可以得到的 Node 类型丰富，这里不做具体分析了。同时，可以注意到，parse 方法会忽略注释类型的文本。

最终，compile_nodelist 方法返回了 Node 列表，而实际上模板的渲染过程正是通过这些 Node 完成的。

接下来，介绍模板渲染调用的方法 render 的实现：

```
def render(self, context):
    with context.render_context.push_state(self):
        if context.template is None:
            with context.bind_template(self):
                context.template_name = self.name
                return self._render(context)
        else:
            return self._render(context)
```

可见，render 方法中并没有做什么工作，只是调用了_render 方法并传递了 Context。下面继续介绍_render 的实现：

```
def _render(self, context):
    # self.nodelist 是 compile_nodelist 方法的返回值
    return self.nodelist.render(context)
```

_render 方法中调用了 NodeList 的 render 方法，下面是它的实现：

```
def render(self, context):
    bits = []
    for node in self:
        if isinstance(node, Node):
            bit = node.render_annotated(context)
        else:
            bit = node
        bits.append(str(bit))
    # 将 node 的返回结果拼接在一起返回，即最终渲染后的模板
    return mark_safe(''.join(bits))
```

依次对 NodeList 中的各个元素进行迭代，如果是 Node 类型（子类），则会调用 render_annotated 方法获取渲染结果，否则直接将元素本身作为结果。

Node 对象的 render_annotated 方法实现如下：

```
def render_annotated(self, context):
    try:
        return self.render(context)
    except Exception as e:
        ...
        raise
```

Node 子类各自去实现自己的 render 方法。下面，就来分析 Node 的两个子类 TextNode 和 VariableNode 中 render 的实现。

TextNode 不会用到上下文字典，只是将传递进来的字符串原样返回，其实现如下：

```
class TextNode(Node):
    def __init__(self, s):
        self.s = s
```

```
    def render(self, context):
        # 直接将字符串字面值返回
        return self.s
```

VariableNode 的实现如下：

```
class VariableNode(Node):
    def __init__(self, filter_expression):
        self.filter_expression = filter_expression

    def render(self, context):
        try:
            # 调用 FilterExpression 的 resolve 方法
            output = self.filter_expression.resolve(context)
        except UnicodeDecodeError:
            return ''
        return render_value_in_context(output, context)
```

VariableNode 在 render 方法中调用了 FilterExpression 的 resolve 方法，resolve 方法的实现依赖于两个变量：var 和 filters。这两个变量在构造函数中通过对模板内容进行解析实现初始化。

var：可能是 django.template.base.Variable 实例，如模板内容为 {{ variable }}；也有可能是字符串，如模板内容为 {{ "Django BBS" | length }}，此时 var 就是字符串 Django BBS。

filters：过滤器列表，其中的每一个元素都是一个二元组。二元组的第一个元素是过滤器函数对象，第二个元素是需要传递给过滤器的参数。列表内容可能为空，即不使用过滤器的情况。同时，由于它是列表类型，所以，可以依次执行多个过滤器，即实现链式调用。

最后，再看 FilterExpression 的 resolve 方法实现：

```
def resolve(self, context, ignore_failures=False):
    if isinstance(self.var, Variable):
        try:
            # 如果 var 是 Variable 实例，从上下文中查找并替换变量值
            obj = self.var.resolve(context)
        except VariableDoesNotExist:
            ...
            # 上下文中不存在则设置为 string_if_invalid
            obj = string_if_invalid
    else:
        # var 可以是字符串字面值
        obj = self.var
    # 依次执行各个过滤器，对变量进行处理
    for func, args in self.filters:
        ...
        obj = new_obj
    return obj
```

resolve 方法通过两个步骤实现模板的渲染：第一，替换模板变量；第二，执行各个过滤器。这就是 VariableNode 渲染模板的过程。对于其他的 Node 类型，同样可以按照上述方法去分析它们渲染模板的过程。

Django 模板系统涉及的概念比较多，但是总体来看有两个核心的部分：模板语言和模板渲染。模板语言的语法非常简单，Django 不仅内置了许多功能强大的过滤器，而且支持自定义满足特定的场景。模板渲染即对模板语言进行解释，实现变量替换、逻辑判断和过滤器执行等功能。至此，这两个核心的部分就已经介绍完了。

08 第8章　Django表单系统

在 Web 站点中与后端服务进行交互，通常使用表单提交的方式。表单提交数据到达后端，首先要对数据做校验，对于不合法的数据需要拒绝并提示给前端，通过校验之后才能执行服务返回响应。由于所有的表单创建与处理流程都是相似的，所以，Django 将这一过程抽象出来，形成表单系统。从在浏览器中显示表单到数据验证，再到对错误的处理，都可以由表单系统来完成。不仅如此，基于数据表（Model）创建表单也是很常见的情况，Django 同样考虑到了这一点，并提供了 ModelForm 来简化功能实现。本章将介绍 Django 的表单系统是怎样简化表单开发的。

8.1　认识表单

在使用 Django 的表单系统之前，我们先尝试自己去实现表单，并发现表单中存在的问题，再去解决这些问题，来看一看完善一个表单的功能都需要经过哪些努力。

8.1.1　一个简单的表单

在页面中提交表单可以使用 GET 请求也可以使用 POST 请求，相应地，就可以通过 request.GET 或 request.POST 在视图中获取表单数据。GET 和 POST 这两种 HTTP 请求类型用于不同的目的，对于改变系统状态的请求，如给数据表中添加一条记录，应该使用 POST；而不改变系统状态的请求，如查询数据表的数据，应该使用 GET。

通过 title 去筛选 Topic 是很常见的需求，这需要用户在页面中输入想要查询的 title 内容，单击“搜索”按钮，返回符合要求的 Topic 信息。这其实就是一个简单的表单功能。下面通过视图和模板实现这个功能。

首先，在 post 目录下创建一个模板 search_topic.html 用于提交表单：

```
<!DOCTYPE html>
<html lang="en">
<head>
    <meta charset="UTF-8">
    <title>Topics</title>
</head>
<body>
    <form action="/post/search_topic/" method="GET">
```

```
        <input type="text" name="title">
        <input type="submit" value="search_topic">
    </form>
</body>
</html>
```

这个模板很简单，渲染到 Web 页面中只有一个输入框和名称为“search_topic”的按钮，单击此按钮会将输入框中输入的“title”作为参数传递到 post/search_topic 对应的视图中。由于是 GET 请求（method 指定），所以，title 会拼接在 URL 中。

接下来，还需要实现两个视图：search_topic_form 用于显示表单模板，search_topic 用于接收表单查询参数，显示查询结果。首先，实现 search_topic_form 视图：

```
def search_topic_form(request):
    return render(request, 'post/search_topic.html')
```

需要注意，虽然 Django 允许视图函数放在任何位置，但是，为了遵循规范，需要将视图定义在 post/views.py 文件中。之后，还需要在 post/urls.py 文件中定义 URL 模式：

```
path('search_topic_form/', views.search_topic_form)
```

search_topic 视图的结果是 Topic 列表（QuerySet），这里直接使用在视图一章中实现的模板 topic_list.html，其中需要在上下文字典中指定 object_list。实现如下：

```
def search_topic(request):
    topic_qs = Topic.objects.filter(title__contains=request.GET['title'])
    return render(request, 'post/topic_list.html', context={'object_list': topic_
qs})
```

search_topic 视图的 URL 模式需要与 search_topic.html 中的 action 对应，定义如下：

```
path('search_topic/', views.search_topic)
```

此时，可以访问 http://127.0.0.1:8000/post/search_topic_form/，在文本框中输入想要查询的 title，单击“search_topic”按钮就可以看到查询结果了。

使用 POST 方法的表单与之类似，最大的不同是数据不再附加在 URL 的后面了。这里不再举例说明。

8.1.2 完善表单处理存在的问题

对于刚刚实现的表单查询，需要假设用户熟悉这个功能，不会输入错误。但是，实际情况是用户可能没输入查询词就单击“搜索”按钮，导致搜索结果出错。同时，也没有告知用户问题出在了哪里。所以，这就暴露出当前对表单的处理存在以下一些问题。

（1）表单页面没有错误提示，如当前没有输入 title。

（2）search_topic 视图中缺少校验逻辑，即对用户的输入没有做校验，如是否为空、数据格式是否正确、类型是否满足条件等。

这些问题并不是很难解决，只需要修改模板的定义（给模板添加错误提示信息）和视图的处理逻辑（校验表单数据是否符合要求）即可。

1. 修改视图处理逻辑

在 search_topic 中，直接使用 request.GET['title'] 获取表单传递的 title，这是很危险的。因为在没有传递 title 的情况下，会抛出 MultiValueDictKeyError 异常。需要判断表单数据是否有效：

```
def search_topic(request):
    if not request.GET.get('title', ''):
        return HttpResponse('title is invalid!')
```

```
        topic_qs = Topic.objects.filter(title__contains=request.GET['title'])
        return render(request, 'post/topic_list.html', context={'object_list': topic_
qs})
```

首先判断 title 参数是否传递且是否不为空，如果不满足条件，返回错误提示信息。否则，执行原逻辑。

这样的处理比原来的处理逻辑要好很多，兼容了可能出现的错误。但是，需要注意，当 title 不符合条件时，对于当前的处理方案，会在浏览器中显示“title is invalid!”如果需要重新回到表单页面，只能单击“后退”按钮或者重新输入 url。

这样的设计并不友好，更好的实现方式是将错误提示放在表单中，例如：

```
def search_topic(request):
    if not request.GET.get('title', ''):
        errors = ['title is invalid!']
        return render(request, 'post/search_topic.html', context={'errors': errors})
    topic_qs = Topic.objects.filter(title__contains=request.GET['title'])
    return render(request, 'post/topic_list.html', context={'object_list': topic_qs})
```

对于这个修改的版本，当 title 不符合条件时，会停留在当前的表单模板页面。但是，页面中除了显示文本框和搜索按钮之外，还会显示出错信息。

出错信息 errors 之所以使用列表类型，是因为随着表单功能的修改，可能需要传递多个字段，如根据 title 和 user 去检索 Topic 数据，这时，可能会有多个不同的出错信息需要展示。

由于给 search_topic.html 模板传递了字典上下文，所以，接下来需要对表单模板进行修改。

2. 修改表单模板

需要在 search_topic.html 模板中判断当前的上下文中是否有 errors，如果存在，则直接显示。form 标签内容并不需要修改，如下所示：

```
<!DOCTYPE html>
<html lang="en">
<head>
    <meta charset="UTF-8">
    <title>Topics</title>
</head>
<body>
    {% if errors %}
        <ul>
              {% for error in errors %}
                  <li>{{ error }}</li>
              {% endfor %}
        </ul>
    {% endif %}
    <form action="/post/search_topic/" method="GET">
        <input type="text" name="title">
        <input type="submit" value="search_topic">
    </form>
</body>
</html>
```

修改完成之后，再次回到查询页面，在不输入任何内容的情况下，单击“搜索”按钮，可以看到在当前页面的上方显示了错误提示信息。

至此，才算完成了一个表单的处理过程。简单对实现表单的过程做个总结，大致包含以下几点内容。

（1）创建表单模板，模板中包含需要提交给后端处理的数据以及对错误提示信息的显示。

（2）处理提交表单的视图，视图中包含对表单数据的校验和业务处理逻辑，当表单数据不合法时，还需要给前端提示。

对于简单的表单处理，可以按照这样的思路去实现。但是，通常的业务处理中，表单会比较复杂，而且像这种只有一个字段的提交也是不太现实的。如果仍然按照之前的方式为每一个字段编写模板代码，在业务逻辑中完成校验并给出错误提示，会非常麻烦，而且大多是样板式的重复代码。Django 为此提供了表单系统，将重复的过程抽象出来，使开发工作的重心移动到业务逻辑上去。下面介绍 Django 的表单系统。

8.2 使用表单系统实现表单

表单系统的核心是 Form 对象，它将表单中的字段封装成一系列 Field 和验证规则，以此来自动地生成 HTML 表单标签。本节首先使用 Form 对象重新实现上一节中定义的表单，再详细讲解 Form 对象的构成，最后介绍 Django 为 Model 驱动的表单而设计的 ModelForm 对象。

8.2.1 使用 Form 对象定义表单

与其他对象的定义规则类似，可以将 Form 对象定义在任何位置。但是，Django 的建议是将它们定义在应用下的 forms.py 文件中。这样做的原因是归类存储，如视图函数需要放置在 views.py 文件中，当看到文件名就能够知道文件中存储的是什么。

在 post 应用下新建 forms.py 文件，并定义如下内容：

```
from django import forms

class TopicSearchForm(forms.Form):
    title = forms.CharField(label='Topic title')
```

可以发现，Form 的定义与 Model 的定义非常相似，比较容易理解。这里的 TopicSearchForm 定义内容非常少。

（1）Django 规定，所有的 Form 对象都必须继承自 django.forms.Form，所以这里的 TopicSearchForm 符合条件。

（2）定义了一个 title 属性，它是 forms.CharField 类型的 Field，根据名称可以猜测此处将 title 指定为字符类型。label 标签显式地指定了这个字段的名称，且 Field 有一个默认属性 required 为 True，代表这个字段是必填的。

虽然 TopicSearchForm 对象的定义非常简单，但是可以实现的功能非常强大。接下来，先来看 Form 对象都有哪些特性。

1. 实现对所有字段的验证

每一个 Form 对象实例都会有一个 is_valid 方法，这个方法根据字段的定义验证实例的各个字段是否合法。如果所有的字段都是合法的，它会返回 True，并且将数据存储到字典类型的 cleaned_data 属性中。

可以在 Shell 中定义并实例化 Form 对象，看它验证数据的过程。为了更好地说明 Form 的验证规则，定义一个具有 3 个 Field 的 ExampleForm：

```
>>> from django import forms
>>> class ExampleForm(forms.Form):
...     a = forms.CharField(max_length=10)
...     b = forms.CharField(required=False)
```

```
...     c = forms.IntegerField(min_value=0, max_value=10)
```

其中 a 和 b 是字符类型的 Field，且 a 规定了最大长度为 10，b 设置了可以不提供。c 是整数类型的 Field，规定了取值范围。

创建 Form 实例可以传递字典对象到构造函数中，例如：

```
>>> ef = ExampleForm({'a': 'Django', 'b': 'BBS', 'c': 6})
```

如之前所说，ef 有一个 is_valid 方法，可以验证 Form 实例是否有效。如下所示：

```
>>> ef.is_valid()
True
```

由于这里传递的字典可以完成对 ExampleForm 中定义的 Field 实现填充，所以，数据验证结果为真，即这个表单可以使用。

验证有效的表单会有一个字典类型的 cleaned_data 属性，它之所以叫作“cleaned”，是因为表单对象会对传递进来的数据做清理，把值转换成合适的 Python 类型。这将在视图中应用 Form 时看到它的用途。

如果传递的字典不能与 Field 对应，那么表单对象就是无效的。例如：

```
>>> ef = ExampleForm({'b': 'BBS', 'c': 6})
>>> ef.is_valid()
False
```

由于字典中没有 key 为 a 的字段，且 forms.CharField 默认的 required 属性为 True，所以，is_valid 方法返回了 False。此时，可以通过表单实例的 errors 属性查看错误信息：

```
>>> ef.errors
{'a': ['This field is required.']}
```

errors 是 django.forms.utils.ErrorDict 类型的实例，它是 Python 字典类型的子类，可以将错误信息包装成 HTML 模板。所以，使用表单对象只需要对字段的取值做限定，可以不需要考虑错误信息的展示。

表单对象也提供了查看各个字段错误信息的方法：

```
>>> ef['a'].errors
['This field is required.']
>>> ef['b'].errors
[]
>>> ef['c'].errors
[]
```

以上这些就是表单对象实现的对字段验证的功能。通常，在使用表单对象时，会传递参数初始化表单实例，调用其 is_valid 方法，如果为 True，则从 cleaned_data 属性中获取清理之后的字段值执行业务逻辑。否则，返回错误提示信息。另外，cleaned_data 属性在 is_valid 执行之前并不存在，所以，在实际使用的时候需要注意调用它们的顺序。

2. 根据字段定义生成 HTML

表单对象另一个强大的功能是可以根据定义的字段自动生成 HTML。例如，可以打印之前看到的 ExampleForm 实例 ef：

```
>>> print(ef)
```

执行之后，终端中可以看到打印了如下内容（为了方便阅读，做了格式化处理）：

```
<tr>
    <th><label for="id_a">A:</label></th>
    <td><input type="text" name="a" value="Django" maxlength="10" required
```

```
        id="id_ a"/></td>
    </tr>
    <tr>
        <th><label for="id_b">B:</label></th>
        <td><input type="text" name="b" value="BBS" id="id_b" /></td>
    </tr>
    <tr>
        <th><label for="id_c">C:</label></th>
        <td><input type="number" name="c" value="6" min="0" max="10" required
        id="id_c" /></td>
    </tr>
```

可以看到，表单实例可以自动生成 HTML 表单元素，且默认输出使用 HTML 表格，但是并不提供 <table> 起始和结束标签。同时，也可以使用实例的 as_ul 方法获取列表形式的表单或使用 as_p 方法获取段落形式的表单。

除了可以显示整个表单元素之外，也可以指定显示某个字段的 HTML 元素：

```
>>> print(ef['a'])
<input type="text" name="a" value="Django" maxlength="10" required id="id_a" />
>>> print(ef['b'])
<input type="text" name="b" value="BBS" id="id_b" />
>>> print(ef['c'])
<input type="number" name="c" value="6" min="0" max="10" required id="id_c" />
```

由于表单实例可以直接返回 HTML 表单元素，所以，可以用它来替换模板文件中的字段定义。更方便的是，在没有正确填充表单时，它还可以返回错误信息的提示。

接下来，使用表单系统（TopicSearchForm）重新实现筛选 Topic 的模板。如下所示，将 search_topic.html 的 body 标签部分修改为：

```
<body>
    <form action="/post/search_topic/" method="GET">
        {{ form }}
        <input type="submit" value="search_topic">
    </form>
</body>
```

模板中使用 form 变量替换了 title 输入框，根据之前的说明可以知道，form 变量需要是 Form 对象实例。同时，模板中的 errors 也被删除了，由 form 来给出提示。

由于这里只有一个 title 输入框，所以，form 变量带来的便捷性体现得不是很明显。但是可以想象，当页面中的表单字段非常多的时候，也只需要使用一个 form 变量来替换，这种简单易用的特性就很容易表现出来了。

将 TopicSearchForm 对象应用到视图中去，修改 search_topic：

```
def search_topic(request):
    form = TopicSearchForm(request.GET)
    if form.is_valid():
        topic_qs = Topic.objects.filter(title__contains=form.cleaned_data['title'])
        return render(request, 'post/topic_list.html',
                      context={'object_list': topic_qs})
    else:
        return render(request, 'post/search_topic.html',
                      context={'form': form})
```

在 search_topic 中，首先将 request.GET 传递给 TopicSearchForm 对象的构造函数用来初始化表单实例，之后调用实例的 is_valid 方法判断当前的实例是否有效。

（1）返回 True，则从表单实例的 cleaned_data 属性中获取清理之后的表单字段，完成业务逻辑，返回响应。

（2）返回 False，将带有错误信息的表单实例作为上下文传递到需要渲染的模板中。

同时，修改 search_topic_form，只需要创建一个 TopicSearchForm 实例传递到上下文中就可以了：

```
def search_topic_form(request):
    return render(request, 'post/search_topic.html',
        context={'form': TopicSearchForm()})
```

重新操作按照 title 去检索 Topic 的流程，可以发现，当 title 输入框中没有输入任何内容时，单击“搜索”按钮，表单对象会给出默认的错误提示。

这基本就是使用 Form 对象来完成表单服务最通用的处理方式了。为了更好地使用表单系统，下面介绍表单系统中常用的 Field 类型以及通过定制 Form 对象实现功能更强大的表单服务。

8.2.2　常用的表单字段类型

Django 表单系统内置了数十种表单字段类型，几乎可以满足所有的表单使用场景。如果这些内置的字段类型都不能满足所需的业务场景，Django 也支持自定义 Field 类。这里，先介绍表单字段的基类 Field，再介绍常用的表单字段类型。

1. 表单字段的基类 Field

基类 Field 定义于 django/forms/fields.py 文件中，这里重点关注它的构造函数中定义的属性以及校验给定字段值是否有效的 clean 方法。

Field 的构造函数中定义了很多属性，子类中也可以根据需要设定这些属性值。下面介绍一些最常用的属性。

（1）required

设定当前的 Field 是否是必须提供的，默认值是 True，即必须提供。Field 中定义了一个类属性 empty_values，clean 方法会判断当前 Field 的值（value）是否是空值：

```
if value in self.empty_values and self.required:
    raise ValidationError(self.error_messages['required'], code='required')
```

empty_values 定义为 list(validators.EMPTY_VALUES)，EMPTY_VALUES 定义为：

```
EMPTY_VALUES = (None, '', [], (), {})
```

当 value 是 None、空字符串等空值时，会抛出 ValidationError 异常。如果将 required 指定为 False，那么 Field 将会变成可选的，即使不提供也不会抛出异常。

（2）widget

指定在页面中显示字段的控件，可以是 Widget 类或者 Widget 类实例。对于大多数情况，默认的控件使用 TextInput。

例如，可以将 title 字段的 widget 属性设定为 forms.Textarea：

```
title = forms.CharField(label='Topic title', widget=forms.Textarea())
```

（3）label

指定在页面中显示的字段的名称（标签）提示。这在定义 TopicSearchForm 时已经见到过了，将 title 的 label 属性设定为 Topic title。如果不显式地指定，页面中将直接显示字段定义的变量名（首字母大写）。

（4）initial

指定字段的初始值，默认为 None。当给字段的 initial 属性设定一个非空值时，页面中的对应表单将使用这个值填充。

例如，可以给 title 字段设置初始值：

```
title = forms.CharField(label='Topic title', initial='Django BBS')
```

此时，再次打开表单页面，可以看到 title 的输入框中有了默认值 Django BBS。

（5）help_text

用于给当前的字段添加描述性信息，提示当前字段的作用或需要输入的内容解释。如果设定了该属性，则其在页面中将会显示在 Field 的旁边。

（6）error_messages

这个属性用于覆盖 Field 默认的错误消息。为了更好地说明它的作用，下面用 title 字段举例说明。首先，在不设置这个属性的情况下：

```
>>> from django import forms
>>> title = forms.CharField(label='Topic title')
>>> title.clean('')
...
django.core.exceptions.ValidationError: ['This field is required.']
```

默认的错误信息显示："This field is required."。下面，指定 error_messages 属性：

```
>>> title = forms.CharField(label='Topic title', error_messages={'required': '请填写话题标题!'})
>>> title.clean('')
...
django.core.exceptions.ValidationError: ['请填写话题标题!']
```

可以看到，此时抛出的异常中携带的错误信息就是设定的 error_messages 属性。

（7）disabled

其默认值是 False，如果修改为 True，则当前的表单字段将不可编辑。当设置字段为不可编辑时，需要提供初始值（initial），否则，这个字段也就没有意义了。

每一个 Field 实例都有 clean 方法，它接受一个参数，即字段值。Field 实例调用 clean 方法用来对传递的数据做"清理"和校验：对数据做清理可以将数据转换成对应的 Python 对象（如字段定义为 forms.IntegerField，clean 方法可以接受能够强转为整数的字符串，并返回整数数值）；校验检验当前给定的数据是否满足 Field 属性的约束，如果不满足，则会抛出 ValidationError 异常。

2. 常用的表单字段类型

目前，已经看到过 CharField 和 IntegerField 的基本使用方法，它们都是 Field 的子类。除了可以设定 Field 中定义的属性之外，它们还定义了一些额外的属性用来限制对字段的赋值。下面介绍表单系统中常用的内置字段类型。

（1）CharField

其为字符串类型的表单字段，是最常见的表单字段类型，widget 默认使用 TextInput。它的构造函数如下：

```
def __init__(self, *, max_length=None, min_length=None, strip=True,
             empty_value='', **kwargs)
```

max_length 和 min_length 限定了字段值的最大、最小长度。对于不满足限定条件的字段值，将会引起 ValidationError 异常。例如：

```
>>> x = forms.CharField(min_length=5, max_length=10)
>>> x.clean('Django')
'Django'
>>> x.clean('Hello Django BBS')
...
```

```
    django.core.exceptions.ValidationError: ['Ensure this value has at most 10 characters
(it has 16).']
```

strip 属性默认会执行 Python 字符串的 strip 方法，用于去除字符串开头和尾部的空格。如果不需要这样做，可以将 strip 属性设置为 False：

```
>>> x = forms.CharField()
>>> x.clean(' Django  ')
'Django'
>>> x = forms.CharField(strip=False)
>>> x.clean(' Django  ')
' Django  '
```

当传递的字段值是空值（empty_values 属性）时，将会使用 empty_value 属性设定的值。例如：

```
>>> x = forms.CharField(empty_value='Django')
>>> x.clean('')
'Django'
```

可以看到，x 调用 clean 方法传递了空字符串并没有抛出异常，这是因为设定了非空值的 empty_value。

（2）IntegerField

其为整数类型的表单字段，widget 默认使用 NumberInput。它的构造函数如下：

```
def __init__(self, *, max_value=None, min_value=None, **kwargs)
```

可选的 max_value 与 min_value 参数用于限定字段值的取值范围，且它们都是闭区间。如果提供了这两个参数（或其中之一），且给定的字段值不在取值范围内，将会抛出异常，并带有错误提示信息。例如：

```
    >>> x = forms.IntegerField(max_value=10, min_value=5)
    >>> x.clean('10')
    10
    >>> x.clean(10)
    10
    >>> x.clean(12)
    ...
    django.core.exceptions.ValidationError: ['Ensure this value is less than or equal to
10.']
```

从示例中可以看到，字段值可以是通过强转得到整数的字符串。

（3）BooleanField

其为布尔类型的表单字段，widget 默认使用 CheckboxInput。由于基类 Field 的 required 属性默认是 True，所以，在不做设置的情况下，BooleanField 实例的 required 属性也是 True。

由于 required 为 True 要求这个字段值必须提供，所以，这种情况下，BooleanField 类型的实例必须是 True，否则将抛出异常，并提示："This field is required."。

如果要在表单中使用 BooleanField 字段，则需要指定 required 为 False：

```
>>> x = forms.BooleanField(required=False)
>>> x.clean(False)
False
```

（4）ChoiceField

其为选择类型的表单字段，widget 默认使用 Select。它的构造函数如下：

```
def __init__(self, *, choices=(), **kwargs)
```

choices 参数需要一个可迭代的二元组或能够返回可迭代二元组的函数对象。使用方法如下：

```
>>> Gender = (
...         ('M', 'male'),
...         ('F', 'female')
...     )
>>> x = forms.ChoiceField(choices=Gender)
```

此时，页面中 x 字段对应的选择框中有两个可选值：male 和 female。但是，表单提交的字段值是二元组中的第一个元素，即 M 或 F。

（5）EmailField

它继承自 CharField，但是提供了 Email 验证器，用于校验传递的字段值是否是合法的电子邮件地址。widget 默认使用 EmailInput。由于需要输入电子邮件的表单比较常见，如用户注册表单、身份验证表单等，所以，这个字段类型用在这些场景中会非常方便。

它的使用方法与 CharField 是类似的，例如：

```
>>> x = forms.EmailField()
>>> x.clean('admin@email.com')
'admin@email.com'
>>> x.clean('admin')
...
django.core.exceptions.ValidationError: ['Enter a valid email address.']
```

除了 EmailField 之外，表单系统还提供了 UUIDField、GenericIPAddressField、URLField 等基于 CharField 的字段类型用于校验特定结构的字符串。

（6）DateTimeField

它是用于表示时间的表单字段，widget 默认使用 DateTimeInput。它接受一个可选的参数 input_formats，这个参数是一个列表，列表元素规定了可以转换为 datetime.datetime 的时间格式。默认接受的时间格式列表如下所示：

```
['%Y-%m-%d %H:%M:%S',
 '%Y-%m-%d %H:%M:%S.%f',
 '%Y-%m-%d %H:%M',
 '%Y-%m-%d',
 '%m/%d/%Y %H:%M:%S',
 '%m/%d/%Y %H:%M:%S.%f',
 '%m/%d/%Y %H:%M',
 '%m/%d/%Y',
 '%m/%d/%y %H:%M:%S',
 '%m/%d/%y %H:%M:%S.%f',
 '%m/%d/%y %H:%M',
 '%m/%d/%y']
```

DateTimeField 的 clean 方法接受的值类型可以是 datetime.datetime、datetime.date 或符合特定格式的字符串，最终会返回 datetime.datetime 对象或抛出异常。

8.2.3 自定义表单字段类型

如果内置的 Field 类不能满足业务场景需求，可以实现自定义的 Field 类，这也是一件非常简单的事。

之前已经介绍了 Field 的常用属性和 clean 方法，这里由于要自定义 Field 类，因此需要理解 Field 的工作原理。Field 通过 clean 方法校验并获取字段值，所以，自定义 Field 通常就是自己去实现 clean 方法。

首先，看一看 Field 类的 clean 方法都做了些什么：

```
    def clean(self, value):
        value = self.to_python(value)
        self.validate(value)
        self.run_validators(value)
        return value
```

clean 接受传递的 value，经过 3 个方法的处理，返回或抛出异常，这 3 个方法的作用分别如下。

（1）to_python：实现数据转换，将传递进来的 value 转换成需要的 Python 对象。例如，对于 DateTimeField，它的 to_python 方法会将 value 转换成 datetime.datetime 对象。

（2）validate：验证经过转换的 value 是否合法，如果不合法，需要抛出 ValidationError 异常。Field 中实现的 validate 方法只是简单地对 required 属性限制的条件进行校验，即如果 required 为 True，且 value 为空值，则会抛出异常。

（3）run_validators：这个方法会执行当前实例中包含的验证器（由 default_validators 属性和 validators 属性指定），如果出现错误，则会抛出 ValidationError 异常。

最后，经过转换和校验的 value 返回，代表的是已经经过清理的有效数据。因此，对于自定义的 Field 类，可以只去实现 clean 中调用的方法，就能够实现自定义数据的转换和校验规则。

下面，实现一个 TopicField，它继承自 Field，可以实现输入 Topic 的 id 获取 Topic 实例对象的功能：

```
from django import forms
from post.models import Topic
from django.core.exceptions import ValidationError

class TopicField(forms.Field):
    default_error_messages = {
        'invalid': 'Enter a whole number.',
        'not_exist': 'Model Not Exist',
    }

    def to_python(self, value):
        try:
            value = int(str(value).strip())
            return Topic.objects.get(pk=value)
        except (ValueError, TypeError):
            raise ValidationError(self.error_messages['invalid'], code='invalid')
        except Topic.DoesNotExist:
            raise ValidationError(self.error_messages['not_exist'], code='not_
exist')
```

TopicField 只是重新实现了 to_python 方法，把 value 当作主键去查询 Topic 实例，返回实例对象或抛出 ValidationError 异常。

使用 TopicField 的方法与内置的 Field 相同，例如：

```
>>> x = TopicField()
>>> x.clean(1)
<Topic: 1: first topic>
>>> x.clean(6)
...
django.core.exceptions.ValidationError: ['Model Not Exist']
>>> x.clean('x')
...
django.core.exceptions.ValidationError: ['Enter a whole number.']
```

继承基类 Field 去自定义表单字段可能需要考虑比较多的问题，所以，通常自定义的 Field 都会继承自 CharField、IntegerField 等内置的 Field 子类。

例如，实现一个简单的 SignField，对输入的字符串添加 django 前缀：

```
from django import forms

class SignField(forms.CharField):
    def clean(self, value):
        return 'django %s' % super().clean(value)
```

SignField 在 clean 中调用了父类的 clean 方法，也就使用了 CharField 的数据校验规则。使用方法如下所示：

```
>>> x = SignField()
>>> x.clean('bbs')
'django bbs'
```

到目前为止，还没有使用过验证器去校验数据的合法性。下面，实现一个 EvenField 用于表示偶数，利用验证器去校验数据。

实现偶数验证器：

```
from django.core.exceptions import ValidationError
def even_validator(value):
    if value % 2 != 0:
        raise ValidationError('%d is not a even number' % value)
```

验证器就是一个可调用对象，接受一个参数，并验证参数是否符合预期，如果不符合预期则抛出 ValidationError 异常。

EvenField 继承自 IntegerField，并在初始化函数中设置验证器：

```
class EvenField(forms.IntegerField):
    def __init__(self, **kwargs):
        super().__init__(validators=[even_validator], **kwargs)
```

EvenField 只可以接受偶数，否则，将会抛出异常：

```
>>> x = EvenField()
>>> x.clean(1)
...
django.core.exceptions.ValidationError: ['1 is not a even number']
>>> x.clean(2)
2
```

8.2.4 自定义表单的验证规则

大多数场景下使用自定义的表单字段类型是为了添加额外的数据校验逻辑，但是，这种为满足特定的业务场景去实现的 Field 类使用频率往往很低。所以，如果只需要对一些表单字段做额外的校验，可以将校验逻辑写在 Form 中。

表单系统会自动查找以 clean_开头，以字段名结尾的方法，它会在验证字段合法性的过程中被调用。因此，如果想要自定义 TopicSearchForm 中 title 的验证逻辑，可以在表单对象中实现 clean_title 方法。例如：

```
class TopicSearchForm(forms.Form):
    title = forms.CharField(label='Topic title')

    def clean_title(self):
        title = self.cleaned_data['title']
        if len(title) < 5:
```

```
            raise forms.ValidationError("字符串长度太短!")
        return title
```

clean_title 方法会在 title 字段的默认验证逻辑执行完成之后执行，所以，可以直接通过 cleaned_data 属性获取到符合 CharField 约束的数据值。

在 clean_title 中只是简单校验当前的数据值长度不能小于 5，若不符合要求则会抛出异常，并给出错误提示信息。

需要注意，在自定义验证方法结束时，需要将字段值返回，否则，这个字段的值就会变成 None，这也是常见的错误。

最后，验证当前自定义的验证规则是否生效：

```
>>> form = TopicSearchForm({'title': 'BBS'})
>>> form.is_valid()
False
>>> form['title'].errors
['字符串长度太短!']
>>> form = TopicSearchForm({'title': 'Django BBS'})
>>> form.is_valid()
True
```

8.2.5 基于 Model 定制的表单

将 Model 翻译成表单是很常见的业务场景，如需要提供一个表单页面给用户创建 Topic，这个页面中的表单字段就需要与 Topic 的 Model 定义相对应。利用 Form 对象并不难实现，只需要将 Model 中定义的字段翻译成 Form 对象中的表单字段即可。但是，如果这种需求很多，且 Model 中定义的字段也较多，那么重复实现这种表单的过程会很烦琐的。

Django 表单系统考虑到了这个问题，提供了 ModelForm，可以基于 Model 的定义自动生成表单，很大程度上简化了 Model 翻译成表单的过程。

ModelForm 虽然可以自动地把 Model 中的字段翻译成表单字段类型，但是，并不会翻译所有的字段，editable=False 的模型字段都不会出现在 ModelForm 中，如自增主键、自动添加的时间字段等。

1. 一个简单的 ModelForm

首先，实现一个简单的 ModelForm，主要看它的使用方法与需要注意的地方：

```
class TopicModelForm(forms.ModelForm):
    class Meta:
        model = Topic
        exclude = ('is_online', 'user')
```

ModelForm 需要使用 Meta 来设置必要的元信息，这与 Model 的定义非常相似。在 TopicModelForm 中 Meta 设置了两个选项：model 指定需要生成表单的模型对象，exclude 标识不需要在表单中展示的字段。这几乎也是定义一个 ModelForm 的最小化配置了。

对于当前定义的 TopicModelForm，由于在 exclude 中指定了不需要的 Model 字段，所以，它只有 title 和 content 两个表单字段。

ModelForm 的使用方法与 Form 类似，同样可以使用 is_valid 方法校验字段值的合法性和通过 cleaned_data 属性获取清理后的字段值。例如：

```
>>> form = TopicModelForm({'title': 'bbs', 'content': 'django'})
>>> form.is_valid()
True
>>> form.cleaned_data
```

```
{'title': 'bbs', 'content': 'django'}
```

另外，ModelForm 也会校验模型字段中设置的限制条件。如 Topic 中的 title 字段存在唯一性限制，那么，当表单对象执行 is_valid 方法时，不仅会校验 title 的字面值，同时还会查询数据库确认不存在重复的记录。

由于当前 Topic 表中存在 title 为 first topic 的记录，所以，传递同样的 title 后，is_valid 方法会返回 False，并携带错误信息：

```
>>> form = TopicModelForm({'title': 'first topic', 'content': 'django'})
>>> form.is_valid()
False
>>> form.errors
{'title': ['话题 with this Title already exists.']}
```

将表单应用到视图中才是有意义的，下面，利用 TopicModelForm 去实现创建 Topic 的表单。首先，在 post 目录下创建模板文件 topic_model_form.html：

```
<!DOCTYPE html>
<html lang="en">
<head>
    <meta charset="UTF-8">
    <title>Topic</title>
</head>
<body>
    <form action="" method="POST">
        <table>
            {{ form }}
        </table>
        {% csrf_token %}
        <input type="submit" value="提交">
    </form>
</body>
</html>
```

模板的内容与 search_topic.html 几乎相同，但需要注意两个地方：由于指定了 POST 请求类型，需要 CSRF 保护机制，所以添加了 {% csrf_token %} 模板标签；action 没有设定 URL 的意思是将表单提交到与当前页面相同的 URL。

接下来，在视图中应用 TopicModelForm：

```
def topic_model_form(request):
    if request.method == 'POST':
        topic = TopicModelForm(request.POST)
        if topic.is_valid():
            topic = Topic.objects.create(title=topic.cleaned_data['title'],
                                         content=topic.cleaned_data['content'],
                                         user=request.user)
            return topic_detail_view(request, topic.id)
        else:
            return render(request, 'post/topic_model_form.html',
                          context={'form': topic})
    else:
        return render(request, 'post/topic_model_form.html',
                      context={'form': TopicModelForm()})
```

视图 topic_model_form 的实现也非常简单，包含了 3 个条件判断。

（1）如果是 POST 请求，且表单字段值合法，则创建 Topic 对象实例，并返回当前创建的实例详细信息页面。

（2）如果是 POST 请求，但表单字段值不合法，则返回表单页面同时显示错误提示信息。

（3）不是 POST 请求，显示表单页面。

最后，给视图定义 URL 模式，在 post/urls.py 文件中添加：

```
path('topic_model_form/', views.topic_model_form)
```

在浏览器中访问 http://127.0.0.1:8000/post/topic_model_form/，可以看到图 8-1 所示的表单页面。

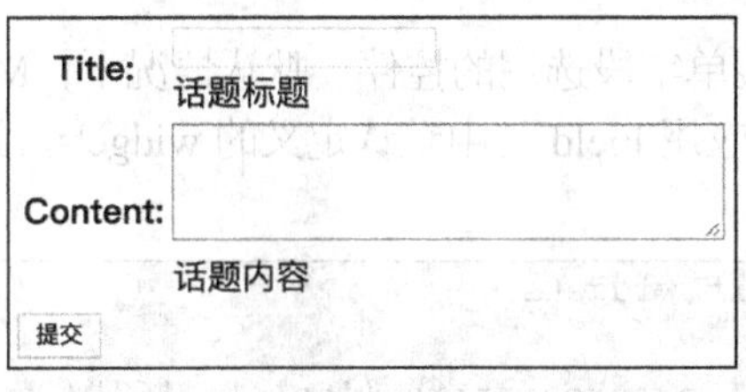

图 8-1 基于 ModelForm 实现的 Topic 表单

填充表单字段值，单击“提交”按钮即可保存新的 Topic 对象或给出错误提示信息（如输入的 title 与当前数据记录重复等）。

2. 常用的 Meta 选项

目前已经见到 ModelForm 中的 Meta 设定了 model 和 exclude 两个选项，下面介绍 Meta 的其他常用选项。

（1）fields

其为列表或元组类型，与 exclude 相反，它指定当前的表单应该包含哪些字段，如果要所有的 Model 字段都包含在表单中，可以设定 fields = '__all__'。

ModelForm 的定义中必须要包含 fields 或 exclude 选项，否则将会抛出异常，同时给出错误提示：Creating a ModelForm without either the 'fields' attribute or the 'exclude' attribute is prohibited。

（2）labels

其为字典类型，用于定义表单字段的名称（输入框左边显示的名称）。表单字段的名称首先会使用 Model 字段定义设置的 verbose_name，如果没有设置，则直接使用字段名。因此当没有定义 verbose_name 时，就可以使用 labels 选项来指定字段名。例如：

```
labels = {
    'title': '标题',
    'content': '内容',
}
```

此时，表单页面的显示效果如图 8-2 所示。

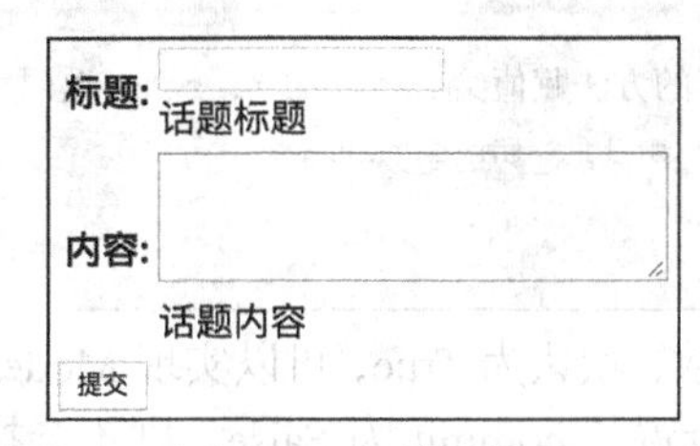

图 8-2 定义了 labels 选项的 Topic 表单

（3）help_texts

其为字典类型，用于给表单字段添加帮助信息。目前页面中表单字段的帮助信息（输入框下方显示的内容）来自 Model 字段的 help_texts 定义，如果没有定义则什么都不显示。help_texts 的定义方式与 labels 选项类似，例如：

```
help_texts = {
    'title': '简短的话题标题',
    'content': '话题的详细内容',
}
```

（4）widgets

其为字典类型，用于定义表单字段选用的控件。默认情况下，ModelForm 会根据 Model 字段的类型映射表单 Field 类，因此会应用 Field 类中默认定义的 widgets。这个选项用于自定义控件类型，例如：

```
from django.forms import widgets
widgets = {
    "content": widgets.Textarea(attrs={'cols': '60', 'rows': '5'})
}
```

此时，就指定了 content 表单字段使用长 60 列、宽 5 行的 Textarea。

（5）field_classes

其为字典类型，用于指定表单字段使用的 Field 类型。默认情况下，对于 title 字段，ModelForm 会将它映射为 fields.CharField 类型。可以根据需要改变这种默认行为，例如，将 title 设置为 forms.EmailField 类型：

```
field_classes = {
    'title': forms.EmailField
}
```

3. ModelForm 的 save 方法

在之前的示例 topic_model_form 视图中，对于表单提交的数据，最后使用了 Model 查询管理器的 save 方法保存 Topic 对象。这是因为除了表单中定义的 title 和 content 字段之外，还需要给定 user 这个必填字段。但是，对于有些 Model 定义，需要将所有的 Model 字段都定义在 ModelForm 中，此时，字段值通过校验（is_valid）之后，可以使用 ModelForm 提供的 save 方法实现 Model 对象的保存。

ModelForm 的 save 方法定义于它的基类 BaseModelForm 中，它的实现如下：

```
def save(self, commit=True):
    ...
    if commit:
        # 除了保存当前的 Model 实例，还会保存多对多关系数据
        self.instance.save()
        self._save_m2m()
    else:
        # 将保存多对多数据的方法赋值给 save_m2m，save 返回后可以手动提交
        self.save_m2m = self._save_m2m
    # 返回 Model 实例
    return self.instance
```

save 方法接受一个 commit 参数，默认为 True，可以实现 Model 实例的保存以及多对多关系数据的保存。如果在使用 save 方法时设置了 commit 为 False，则不会执行保存动作。此时，可以对返回的实例对象做一些加工，再执行保存操作。

例如，对于 topic_model_form 视图中保存 Topic 的实现可以修改为：

```
topic = TopicModelForm(request.POST)
```

```
    if topic.is_valid():
        topic = topic.save(commit=False)
        topic.user = request.user
        topic.save()
        return topic_detail_view(request, topic.id)
```

8.3 表单系统的工作原理

通过继承Form对象，定义所需要的表单字段，基本上完成了表单的定义。它可以自动生成HTML，完成字段值的校验，并给出相应错误的提示信息。本节介绍这些功能的实现过程。

8.3.1 表单对象的创建过程

所有的表单对象都继承自 Form，首先来看 Form 的定义：

```
class Form(BaseForm, metaclass=DeclarativeFieldsMetaclass)
```

Form 中指定了基类 BaseForm 和元类 DeclarativeFieldsMetaclass。BaseForm 中定义了生成 HTML 与字段值校验的方法，而 DeclarativeFieldsMetaclass 则定义了创建 Form 对象的过程。

DeclarativeFieldsMetaclass 的实现如下：

```
class DeclarativeFieldsMetaclass(MediaDefiningClass):
    def __new__(mcs, name, bases, attrs):
        current_fields = []
        # 遍历当前类中定义的属性
        for key, value in list(attrs.items()):
            # 只添加 Field 类型的实例
            if isinstance(value, Field):
                current_fields.append((key, value))
                attrs.pop(key)
        attrs['declared_fields'] = OrderedDict(current_fields)
        # 调用父类的 new 方法创建类对象
        new_class = super(DeclarativeFieldsMetaclass, mcs).__new__(mcs,
            name, bases, attrs)

        declared_fields = OrderedDict()
        for base in reversed(new_class.__mro__):
            # 继承父类的字段定义
            if hasattr(base, 'declared_fields'):
                declared_fields.update(base.declared_fields)
            ...
        # 这里给创建的类对象添加了 base_fields 和 declared_fields 两个属性
        new_class.base_fields = declared_fields
        new_class.declared_fields = declared_fields
        return new_class
```

DeclarativeFieldsMetaclass 继承自 MediaDefiningClass，并调用了它的 new 方法创建了类对象。MediaDefiningClass 的实现如下：

```
class MediaDefiningClass(type):
    def __new__(mcs, name, bases, attrs):
        new_class = super(MediaDefiningClass, mcs).__new__(mcs, name, bases, attrs)
        # 如果属性中没有 media，则通过 media_property 方法添加
        if 'media' not in attrs:
```

```
            new_class.media = media_property(new_class)

        return new_class
```

MediaDefiningClass 中并没有做太多工作，只是给类对象添加了 media 属性，用于实现对 JavaScript 和 CSS 的引用。

最后，在类对象返回之前，给它附加了两个属性，且都指向了 declared_fields。这是一个 OrderedDict 类型的实例，存储了表单中定义的 Field。例如，可以查看 TopicSearchForm 的 base_fields 属性：

```
>>> TopicSearchForm.base_fields
OrderedDict([('title', <django.forms.fields.CharField object at 0x10ae0be80>)])
```

8.3.2 表单对象校验的实现过程

表单对象创建之后，就可以传递字段值实现实例化，再之后就可以调用 is_valid 方法校验字段值是否合法。所以，校验过程的实现也就是 is_valid 方法的实现。

is_valid 方法定义于 BaseForm 中，实现如下：

```
def is_valid(self):
    return self.is_bound and not self.errors
```

is_bound 是一个布尔值，在 BaseForm 的构造函数中定义：

```
def __init__(self, data=None, files=None, ...):
    self.is_bound = data is not None or files is not None
```

因此，在传递了 data 或 files 属性且不为 None 的情况下，is_bound 就是 True。errors 是 @property 修饰的方法，返回 ErrorDict 实例。实现如下：

```
def errors(self):
    if self._errors is None:
        self.full_clean()
    return self._errors
```

_errors 属性在构造函数中被初始化为 None，所以，当第一次调用 errors 时，一定会执行 full_clean 方法：

```
def full_clean(self):
    self._errors = ErrorDict()
    if not self.is_bound:
        return
    # 定义 cleaned_data 属性
    self.cleaned_data = {}
    # 如果表单允许为空且初始化之后的字段值没有过更改，直接返回
    if self.empty_permitted and not self.has_changed():
        return

    self._clean_fields()
    self._clean_form()
    self._post_clean()
```

full_clean 方法首先对_errors 重新赋值，之后定义了 cleaned_data 属性。故在表单对象执行 full_clean 方法之前，cleaned_data 是不存在的。最后，执行了三个名称中带有 clean 的方法。下面看 _clean_fields：

```
def _clean_fields(self):
    # 依次迭代各个表单字段
```

```
        for name, field in self.fields.items():
            # 当前表单字段不可编辑
            if field.disabled:
                # 获取字段初始值
                value = self.get_initial_for_field(field, name)
            else:
                # 使用 Field 的 widget 属性获取字段值
                value = field.widget.value_from_datadict(self.data,
                    self.files, self.add_prefix(name))
            try:
                ...
                # 调用 Field 的 clean 方法完成字段值到 Python 对象的转换和校验
                value = field.clean(value)
                # 给 cleaned_data 赋值
                self.cleaned_data[name] = value
                # 表单自定义的验证规则如果存在，最后执行
                if hasattr(self, 'clean_%s' % name):
                    value = getattr(self, 'clean_%s' % name)()
                    self.cleaned_data[name] = value
            except ValidationError as e:
                # 字段校验抛出异常，将异常加入 _errors 属性中
                self.add_error(name, e)
```

_clean_fields 方法主要完成了 cleaned_data 和_errors 这两个属性的填充。同时，我们也详细介绍了为什么在表单对象中定义以 clean_开头、字段名结尾的方法会被用来校验字段的合法性。

填充 cleaned_data 属性的过程比较简单，利用 Field 类的 clean 方法和自定义规则完成两次校验。下面介绍填充_errors 属性的过程，add_error 方法实现如下：

```
    def add_error(self, field, error):
        # 如果 error 不是 ValidationError 的实例，构造 ValidationError 实例
        if not isinstance(error, ValidationError):
            error = ValidationError(error)

        # 解析 ValidationError 获取 field 与错误提示的字典
        if hasattr(error, 'error_dict'):
            if field is not None:
                raise TypeError(...)
            else:
                error = error.error_dict
        else:
            error = {field or NON_FIELD_ERRORS: error.error_list}

        for field, error_list in error.items():
            # 如果当前 field 没有出现在 errors 中
            if field not in self.errors:
                ...
                # 实例化一个 ErrorList 赋值给 _errors[field]
                self._errors[field] = self.error_class()
            # 向 _errors[field]中添加错误提示信息
            self._errors[field].extend(error_list)
            # 从 cleaned_data 属性中删除 field
            if field in self.cleaned_data:
                del self.cleaned_data[field]
```

_clean_form 的实现非常简单，它的目的是完成对表单层次的校验，主要是调用了 clean 方法，实现如下：

```
def _clean_form(self):
    try:
        cleaned_data = self.clean()
    except ValidationError as e:
        self.add_error(None, e)
    else:
        if cleaned_data is not None:
            self.cleaned_data = cleaned_data
```

clean 方法是 Form 提供给开发者自行定义校验规则的钩子，在原始的 BaseForm 中的实现非常简单，只是返回了 cleaned_data：

```
def clean(self):
    return self.cleaned_data
```

_post_clean 是完成对表单清理之后的额外清理工作，用来完成对 ModelForm 层次的校验工作，在 BaseForm 中没有功能实现：

```
def _post_clean(self):
    pass
```

至此，is_valid 方法的实现过程就分析完了。当 is_bound 为 True 且_errors 属性为空字典时，is_valid 就会返回 True；否则，返回 False。

8.3.3 表单对象生成 HTML 的实现过程

在 Shell 中打印 Form 对象实例可以看到自动生成的 HTML，所以，可以将 Form 对象传递到模板中替换模板变量。

在 Python 中使用 print 方法打印对象实例，会调用__str__方法，所以，表单对象生成 HTML 的过程就在这个方法中实现。__str__方法定义如下：

```
def __str__(self):
    return self.as_table()
```

其中只是调用了 as_table 方法，它的实现如下：

```
def as_table(self):
    return self._html_output(
        normal_row='<tr%(html_class_attr)s><th>%(label)s</th>'
                   '<td>%(errors)s%(field)s%(help_text)s</td></tr>',
        error_row='<tr><td colspan="2">%s</td></tr>',
        row_ender='</td></tr>',
        help_text_html='<br /><span class="helptext">%s</span>',
        errors_on_separate_row=False)
```

_html_output 方法实现表单对象到 HTML 的转换，除了 as_table 外，as_ul 和 as_p 的实现同样也使用了_html_output。

_html_output 接受 5 个参数，用来定义 HTML 的格式，如 normal_row 用来定义字段的样式与信息、row_ender 定义了结束标签、help_text_html 定义了字段帮助信息等。方法实现如下：

```
def _html_output(self, normal_row, error_row, row_ender, help_text_html,
          errors_on_separate_row):
    # non_field_errors 返回 errors 中与特定字段不相关联的错误列表
    # 包括在 clean 方法中触发的 ValidationError 和
```

```
        # Form.add_error(None, "...") 添加的错误
        top_errors = self.non_field_errors()
        # output 存储表单 HTML，hidden_fields 存储隐藏字段
        output, hidden_fields = [], []
        # 遍历表单中的各个字段
        for name, field in self.fields.items():
            html_class_attr = ''
            bf = self[name]
            # 获取当前字段的错误列表
            bf_errors  =  self.error_class([conditional_escape(error)  for  error  in
bf.errors])
            # 如果是隐藏字段
            if bf.is_hidden:
                ...
                hidden_fields.append(str(bf))
            else:
                # 对必需的字段或存在错误的字段格式化，添加 class 属性
                css_classes = bf.css_classes()
                if css_classes:
                    html_class_attr = ' class="%s"' % css_classes

                # 如果字段值存在错误
                if errors_on_separate_row and bf_errors:
                    output.append(error_row % str(bf_errors))

                # 如果表单字段定义了 label 属性
                if bf.label:
                    ...

                # 表单字段的帮助信息
                if field.help_text:
                    ...

                # 替换 normal_row 中的命名变量
                output.append(normal_row % {
                    'errors': bf_errors,
                    'label': label,
                    'field': bf,
                    'help_text': help_text,
                    'html_class_attr': html_class_attr,
                    'css_classes': css_classes,
                    'field_name': bf.html_name,
                })

        # 如果 top_errors 不为空值，放在输出的最前面
        if top_errors:
            output.insert(0, error_row % top_errors)
        ...
        # 完成 output 的内容拼接，返回 HTML
        return mark_safe('\n'.join(output))
```

_html_output 的实现代码较多，但是总体来看，就是解析表单对象中定义的各个 Field，给每个 Field 生成表单 HTML，最后对各个字段的 HTML 拼接得到完整的表单 HTML。

8.3.4 ModelForm 翻译 Model 的实现过程

ModelForm 可以实现基于 Model 的定义生成表单，且由于同样继承自 BaseForm，所以，其在对表单的操作上面与普通的 Form 对象是类似的，如可以使用 is_valid 方法校验字段值是否合法、从 cleaned_data 中获取清理过的数据等。

可以简单地认为，ModelForm 与 Form 的不同之处就是多了翻译 Model 的过程。为了搞清楚它的实现过程，首先，看一看 ModelForm 的定义：

```
class ModelForm(BaseModelForm, metaclass=ModelFormMetaclass):
    pass
```

其中，基类 BaseModelForm 继承自 BaseForm，并实现了_post_clean、save 等方法。这些在之前已经介绍过了，下面介绍它的元类 ModelFormMetaclass：

```
class ModelFormMetaclass(DeclarativeFieldsMetaclass):
    def __new__(mcs, name, bases, attrs):
        ...
        # 调用父类的 new 方法创建类对象
        new_class = super(ModelFormMetaclass, mcs).__new__(mcs, …)

        if bases == (BaseModelForm,):
            return new_class

        # 将 ModelForm 中定义的 Meta 封装成 ModelFormOptions 实例
        opts = new_class._meta = ModelFormOptions(getattr(new_class, 'Meta',
None))
        ...
        # 如果 Meta 中定义了 model 属性
        if opts.model:
            ...
            # 从模型字段得到表单字段
            fields = fields_for_model(opts.model, opts.fields, opts. exclude,...)
            ...
            # 将 ModelForm 中定义的 Field 填充到 fields 中
            # 如果定义了与模型字段同名的 Field，会覆盖对应的模型字段
            fields.update(new_class.declared_fields)
        else:
            # 未定义 model 属性，只使用当前类中定义的 Field
            fields = new_class.declared_fields

        # base_fields 存储了翻译 Model 之后得到的表单字段
        new_class.base_fields = fields

        return new_class
```

ModelFormMetaclass 继承自 DeclarativeFieldsMetaclass，它也是 Form 的元类，这里就不再重复介绍了。从 ModelFormMetaclass 的实现中可以知道，fields_for_model 方法是翻译 Model 对象的核心，它的实现如下：

```
def fields_for_model(model, fields=None, exclude=None, widgets=None, ...):
    field_list = []
    opts = model._meta
    sortable_private_fields =
        [f for f in opts.private_fields if isinstance(f, ModelField)]
```

```
        # 遍历模型中定义的各个字段
        for f in sorted(chain(opts.concrete_fields, sortable_private_fields,
             opts.many_to_many)):
             # 忽略 editable 为 False 的字段
             if not getattr(f, 'editable', False):
                  ...
                  continue
             # 过滤没有出现在 fields 中和出现在 exclude 中的字段
             ...
             # 表单字段属性字典
             kwargs = {}
             if help_texts and f.name in help_texts:
                  kwargs['help_text'] = help_texts[f.name]
             ...
             if formfield_callback is None:
                  # 模型字段到表单字段的转换
                  formfield = f.formfield(**kwargs)
             field_list.append((f.name, formfield))
             ...
        field_dict = OrderedDict(field_list)
        ...
        return field_dict
```

fields_for_model 方法遍历 Model 中定义的各个字段，将需要填充到表单字段的属性传递到模型字段的 formfield 方法中，返回的 formfield 即转换之后的表单字段。几乎所有的模型字段类型都定义了 formfield 方法，这里以 django.db.models.fields.IntegerField 为例，看一看它的 formfield 实现：

```
    def formfield(self, **kwargs):
        # 设置需要构造的表单字段类型，并填充可用属性
        defaults = {'form_class': forms.IntegerField}
        defaults.update(kwargs)
        return super().formfield(**defaults)
```

最终，formfield 会调用父类 django.db.models.fields.Field 的 formfield 方法。它会创建 form_class（defaults 字典中）属性所指定的类实例，这里即为 forms.IntegerField 实例。

至此，ModelForm 将 Model 字段翻译成表单字段的过程就介绍完了。

09 第9章 用户认证系统

对外提供服务的 Web 站点都会有用户的概念，例如：BBS 项目中需要先有用户，才能发布话题（Topic）；管理后台需要有用户才能登录等。同时，对于不同的用户，站点还可以提供不同的服务，这就是权限的概念。Django 框架内置的用户认证系统提供了这两部分功能：身份验证和权限管理。与其他内置的模块类似，这套系统也能够很好地支持扩展和定制。本章将介绍 Django 提供的这一特色功能模块。

9.1 用户与身份验证

在前面的内容里，我们已经多次见到过“用户”了，如创建项目时使用 createsuperuser 命令创建了超级用户、视图函数中通过 HttpRequest 的 user 属性获取了当前的登录用户等。这里的用户其实就是 Django 框架中内置的 User Model，本节将详细地介绍这个 Model 的定义以及对 User 的身份验证。

9.1.1 用户与用户组

用户认证系统中定义了三个 Model 用来标识用户与用户关系，分别是 User（用户）、AnonymousUser（匿名用户）和 Group（用户组）。它们都定义于 django/contrib/auth/models.py 文件中。

首先，看一看 User 模型定义经过 migrate 之后生成的表结构（定义于 auth 应用下，所以表名是 auth_user），如图 9-1 所示。

```
mysql> desc auth_user;
+--------------+--------------+------+-----+---------+----------------+
| Field        | Type         | Null | Key | Default | Extra          |
+--------------+--------------+------+-----+---------+----------------+
| id           | int(11)      | NO   | PRI | NULL    | auto_increment |
| password     | varchar(128) | NO   |     | NULL    |                |
| last_login   | datetime(6)  | YES  |     | NULL    |                |
| is_superuser | tinyint(1)   | NO   |     | NULL    |                |
| username     | varchar(150) | NO   | UNI | NULL    |                |
| first_name   | varchar(30)  | NO   |     | NULL    |                |
| last_name    | varchar(150) | NO   |     | NULL    |                |
| email        | varchar(254) | NO   |     | NULL    |                |
| is_staff     | tinyint(1)   | NO   |     | NULL    |                |
| is_active    | tinyint(1)   | NO   |     | NULL    |                |
| date_joined  | datetime(6)  | NO   |     | NULL    |                |
+--------------+--------------+------+-----+---------+----------------+
```

图 9-1 auth_user 表结构

对于 User 表定义的基础属性字段，需要理解一些重要的属性。

username：用户名，具有唯一性限制，最大长度为 150 个字符，只可以包含字母、数字、@、.、+、-、_这些字符。

password：密码，Django 并不会存储原始密码，其存储的实际是原始密码经过散列处理之后的值。

is_active：布尔值，标识当前用户是否处于激活状态，默认值是 True。

is_staff：布尔值，标识用户是否可以访问管理后台。默认为 False，即不可以。

is_superuser：布尔值，标识是否是超级用户，代表用户拥有所有的权限。同样，默认值是 False。

除了基础属性之外，User 中还定义了与 Group 和 Permission（权限）之间的关联关系：

```
groups = models.ManyToManyField(Group, ...)
user_permissions = models.ManyToManyField(Permission, ...)
```

因此，User 还会有两张关联表：auth_user_groups 和 auth_user_user_permissions，其表结构如图 9-2 和图 9-3 所示。

```
mysql> desc auth_user_groups;
+----------+---------+------+-----+---------+----------------+
| Field    | Type    | Null | Key | Default | Extra          |
+----------+---------+------+-----+---------+----------------+
| id       | int(11) | NO   | PRI | NULL    | auto_increment |
| user_id  | int(11) | NO   | MUL | NULL    |                |
| group_id | int(11) | NO   | MUL | NULL    |                |
+----------+---------+------+-----+---------+----------------+
```

图 9-2 auth_user_groups 表结构

```
mysql> desc auth_user_user_permissions;
+---------------+---------+------+-----+---------+----------------+
| Field         | Type    | Null | Key | Default | Extra          |
+---------------+---------+------+-----+---------+----------------+
| id            | int(11) | NO   | PRI | NULL    | auto_increment |
| user_id       | int(11) | NO   | MUL | NULL    |                |
| permission_id | int(11) | NO   | MUL | NULL    |                |
+---------------+---------+------+-----+---------+----------------+
```

图 9-3 auth_user_user_permissions 表结构

User 模型自身提供了查询管理器 UserManager。它提供了创建（超级）用户的辅助方法：create_user 和 create_superuser。对于创建超级用户的 create_superuser，只是将 is_staff 和 is_superuser 两个属性设置为 True，其他与 create_user 是一样的。下面介绍 create_user 方法的实现：

```
def create_user(self, username, email=None, password=None, **extra_fields):
    # 将 is_staff 和 is_superuser 属性设置为 False
    extra_fields.setdefault('is_staff', False)
    extra_fields.setdefault('is_superuser', False)
    return self._create_user(username, email, password, **extra_fields)
```

可以看到，create_user 只有一个必填参数 username，且最后调用了_create_user 方法。下面继续看这个方法的实现：

```
def _create_user(self, username, email, password, **extra_fields):
    if not username:
        raise ValueError('The given username must be set')
    # 将 email 的域名部分转换为小写
    email = self.normalize_email(email)
    # 规范化用户名
    username = self.model.normalize_username(username)
    # 新建 User 实例，并填充各个属性值
    user = self.model(username=username, email=email, **extra_fields)
```

```
        # 将用户提供的密码进行散列处理，这也是修改密码需要使用的方法
        user.set_password(password)
        user.save(using=self._db)
        return user
```

理解了创建用户的实现过程，可以使用 create_user 方法创建一个“普通”用户：

```
>>> from django.contrib.auth.models import User
>>> user = User.objects.create_user('bbs', 'bbs@django.com', 'django_bbs')
```

此时，就创建了用户名是 bbs，密码是 django_bbs 的用户。如果想要修改用户密码，可以使用 set_password 方法：

```
>>> user.set_password('bbs_django')
>>> user.save()
```

需要注意，当前创建的 bbs 用户不能登录管理后台，因为 is_staff 属性被设置为 False。相反，如果使用的是 create_superuser 方法，则用户具有所有的权限，当然也包括登录管理后台。

AnonymousUser 是实现了 User 接口的类，它在业务代码中很少被直接使用到。其最常见的用法是对视图的请求，对于未登录用户，request 的 user 属性即指向 AnonymousUser。它的定义如下：

```
class AnonymousUser:
    id = None
    pk = None
    username = ''
    is_staff = False
    is_active = False
    is_superuser = False
```

AnonymousUser 定义了 User 的主要属性，且都设置为“不可用”状态。另外，对于 set_password、check_password、delete、save 方法，都直接抛出了 NotImplementedError 异常，并没有对应的实现。

理解了 Django 的 User 和 AnonymousUser 之后，再来看用户组（Group）的概念。它的 Model 定义如下：

```
class Group(models.Model):
    name = models.CharField(_('name'), max_length=80, unique=True)
    permissions = models.ManyToManyField(
        Permission,
        verbose_name=_('permissions'),
        blank=True,
    )
```

Group 只定义了一个基础属性字段 name，用于标识组名。name 被限制为最长 80 个字符，要求唯一性，但是对于字符内容并没有做要求。

Group 还定义了与 Permission 之间的关联关系，所以，它还会有一张关联表 auth_group_permissions，表结构如图 9-4 所示。

```
mysql> desc auth_group_permissions;
+---------------+---------+------+-----+---------+----------------+
| Field         | Type    | Null | Key | Default | Extra          |
+---------------+---------+------+-----+---------+----------------+
| id            | int(11) | NO   | PRI | NULL    | auto_increment |
| group_id      | int(11) | NO   | MUL | NULL    |                |
| permission_id | int(11) | NO   | MUL | NULL    |                |
+---------------+---------+------+-----+---------+----------------+
```

图 9-4　auth_group_permissions 表结构

用户组的概念主要有两个作用。

（1）将一类用户加入一个用户组中，方便对这一类用户的统一操作，如发送邮件可以指定用户组而不需要逐个添加用户。

（2）加入某一个用户组的用户自动获得当前用户组所拥有的权限。

下面，先创建一个用户组，再将之前创建的 bbs 用户加入其中：

```
>>> from django.contrib.auth.models import Group
>>> group = Group.objects.create(name='bbs')
```

这就创建了一个名称为 bbs 的用户组。将 bbs 用户加入其中：

```
>>> user = User.objects.get(username='bbs')
>>> user.groups.add(group)
>>> user.groups.all()
<QuerySet [<Group: bbs>]>
```

这样就完成了将用户加入用户组的过程。同时，可以查看 User 与 Group 的关联表，发现表中新增加了一条记录。

至此，已经介绍了用户和用户组，以及它们之间的关联关系。关于它们与权限相关的关联关系及作用将在介绍权限时详细说明。

9.1.2　用户身份认证

根据给定的条件或属性尝试获取用户对象的行为被称为用户认证。这也是非常常见的功能，为此，Django 提供了 authenticate 方法用于对用户身份进行认证。可以在 Shell 环境中简单使用这个方法：

```
>>> from django.contrib.auth import authenticate
>>> user = authenticate(username='bbs', password='django_bbs')
>>> user is not None
False
>>> user = authenticate(username='bbs', password='bbs_django')
>>> user
<User: bbs>
```

authenticate 通常接受 username 与 password 作为参数，如果通过认证，则会返回 User 对象；否则，返回 None。

authenticate 定义于 django/contrib/auth/__init__.py 文件中，实现如下所示：

```
def authenticate(request=None, **credentials):
    # _get_backends 获取当前系统中定义的认证后端，并依次迭代
    for backend, backend_path in _get_backends(return_tuples=True):
        try:
            # 通过当前的认证后端尝试获取 User 对象
            user = _authenticate_with_backend(backend, backend_path,
                request, credentials)
        except PermissionDenied:
            # 如果认证过程中抛出 PermissionDenied 异常，立即失败
            break
        # 如果当前的认证后端没有返回，继续执行下一个认证后端
        if user is None:
            continue
        # 给 user 添加 backend 属性标识认证后端
        user.backend = backend_path
        return user
```

可以看到，authenticate 方法的核心是使用当前系统中定义的认证后端来完成获取用户对象。那么，首先来看一看获取认证后端方法的实现：

```
def _get_backends(return_tuples=False):
    backends = []
    # AUTHENTICATION_BACKENDS 定义了当前系统中可用的身份认证列表
    for backend_path in settings.AUTHENTICATION_BACKENDS:
        # 加载后端
        backend = load_backend(backend_path)
        backends.append((backend, backend_path) if return_tuples else backend)
    # 如果未定义后端列表，抛出异常
    if not backends:
        raise ImproperlyConfigured(...)
    return backends
```

对于当前的 BBS 项目而言，并没有定义 AUTHENTICATION_BACKENDS，这里会使用 Django 框架中的默认定义（位于 django/conf/global_settings.py 文件中）：

```
AUTHENTICATION_BACKENDS = ['django.contrib.auth.backends.ModelBackend']
```

所以，当前系统中只有一个认证后端：ModelBackend。在 authenticate 方法中的返回就类似（注意，指定了 return_tuples 为 True）：

```
[
    (<django.contrib.auth.backends.ModelBackend object at 0x10dbcfcf8>,
    'django.contrib.auth.backends.ModelBackend')
]
```

迭代认证后端的过程中，调用了_authenticate_with_backend 方法。这个方法中最终会调用认证后端的 authenticate 方法，且传递了对应的参数值。

由于默认情况下只定义了 ModelBackend，所以下面就来看一看它的 authenticate 方法的实现（定义于 django/contrib/auth/backends.py 文件中）：

```
def authenticate(self, request, username=None, password=None, **kwargs):
    if username is None:
        username = kwargs.get(UserModel.USERNAME_FIELD)
    try:
        user = UserModel._default_manager.get_by_natural_key(username)
    except UserModel.DoesNotExist:
        UserModel().set_password(password)
    else:
        # 通过 username 获取的 User 对象需要验证密码和可用状态
        if user.check_password(password) and self.user_can_authenticate(user):
            return user
```

可注意到，方法实现中用到了 UserModel 变量，它是 get_user_model 方法的返回值，这个方法的实现如下：

```
def get_user_model():
    try:
        return django_apps.get_model(settings.AUTH_USER_MODEL,
            require_ready=False)
    except ValueError:
        raise ImproperlyConfigured(...)
    except LookupError:
        raise ImproperlyConfigured(...)
```

get_user_model 用于获取当前系统中定义的“用户模型”。Django 允许在 settings.py 文件中定义 AUTH_USER_MODEL 覆盖默认的 auth.User，以满足特定项目的需求。对于当前的 BBS 项目而言，这里会返回 User 类对象。

所以，ModelBackend 的 authenticate 方法首先会通过 username 尝试获取 User 对象，再去校验密码是否正确以及是否处于激活状态（is_active 属性为 True）。最后，返回 User 对象或不返回任何内容，即 None。

到这里，就把 Django 默认的用户身份认证系统的实现介绍清楚了。默认的身份认证非常简单，只是简单比对了用户名和密码是否与系统中存储的相同。同时，由于可用的认证后端可以自行定义，所以，可以根据需要自己定义认证后端实现特殊的需求。这将在以后的内容中介绍。

9.2 权限管理

权限管理是用户认证系统的另一个重要功能。之前已经提到过，User 与 Group 都有与权限相关联的表，用来记录当前的用户或用户组拥有哪些权限。权限限制了用户对一些功能的使用，如拥有添加 Topic 权限的用户才可以新增 Topic。Django 会为应用程序中的每一个 Model 创建三个默认权限：添加、更改和删除。本节就来详细看一看认证系统中的权限管理。

9.2.1 定义权限的数据表

Django 利用 Permission 表定义权限，它同样位于 django/contrib/auth/models.py 文件中。首先来看一看 Permission 的定义：

```
class Permission(models.Model):
    class Meta:
        unique_together = (('content_type', 'codename'),)

    name = models.CharField(_('name'), max_length=255)
    content_type = models.ForeignKey(
        ContentType,
        models.CASCADE,
        verbose_name=_('content type'),
    )
    codename = models.CharField(_('codename'), max_length=100)
```

Permission 表的定义非常简单，只有三个属性。

name：权限显示的名称，最多允许 255 个字符。

content_type：关联 ContentType（记录 App 与 model 的信息，参见第 5 章）。

codename：权限的名称编码，最多允许 100 个字符。

同时需要注意，Permission 在 Meta 中声明 content_type 和 codename 是联合唯一的。其表结构如图 9-5 所示。

```
mysql> desc auth_permission;
+-----------------+--------------+------+-----+---------+----------------+
| Field           | Type         | Null | Key | Default | Extra          |
+-----------------+--------------+------+-----+---------+----------------+
| id              | int(11)      | NO   | PRI | NULL    | auto_increment |
| name            | varchar(255) | NO   |     | NULL    |                |
| content_type_id | int(11)      | NO   | MUL | NULL    |                |
| codename        | varchar(100) | NO   |     | NULL    |                |
+-----------------+--------------+------+-----+---------+----------------+
```

图 9-5 auth_permission 表结构

定义了权限（在 Permission 表中添加了记录），就可以将权限分配给用户和用户组。

给用户分配权限：会在 User 与 Permission 的关联表（auth_user_user_permissions）中新增一条记录，标识当前的用户拥有某个权限。

给用户组分配权限：会在 Group 与 Permission 的关联表（auth_group_permissions）中新增一条记录，标识当前的用户组拥有某个权限。

由于 Permission 表中的每一条记录都需要与 ContentType 记录相关联，所以，Django 的权限是基于 Model 的。同时，也说明了 Django 提供的是表级别的权限控制。

默认情况下，Django 会为应用中定义的每一个 Model 添加三个权限。例如，对于 post 应用中的 Topic（ContentType 表中的 id 是 8），它的三个默认权限如图 9-6 所示。

```
mysql> select * from auth_permission where content_type_id = 8;
+----+-------------------+-----------------+---------------+
| id | name              | content_type_id | codename      |
+----+-------------------+-----------------+---------------+
| 22 | Can add topic     |               8 | add_topic     |
| 23 | Can change topic  |               8 | change_topic  |
| 24 | Can delete topic  |               8 | delete_topic  |
+----+-------------------+-----------------+---------------+
```

图 9-6　Topic 的三个默认权限

Model 内置的三个权限（add、change、delete）由 django.db.models.options.Options 的 default_permissions 属性指定。这三个权限不仅可以应用到业务代码中，同时，它们还会影响用户在管理后台（需要用户有访问管理后台的权限）中对 Model 的操作。

添加（add）权限：能够看到当前 Model 的增加表单，并且可以添加 Model 实例。

更改（change）权限：能够看到当前 Model 的 ChangeList 以及修改表单，并且可以修改 Model 实例。

删除（delete）权限：可以删除当前 Model 的实例。

9.2.2　给 Model 添加自定义的权限

Django 允许在定义 Model 时指定自定义的权限，只需要在 Model 的 Meta 中声明即可。例如，给 Topic 添加一个查看的权限，可以修改 Topic 的定义：

```
class Topic(BaseModel):
    class Meta:
        permissions = (
            ('can_view_topic', 'Can View Topic'),
        )
```

可以看到，permissions 元选项中定义一个二元组，这个二元组的第一个元素指定了权限的 codename，第二个元素指定了权限的 name。

将自定义的权限应用到系统中，可以再次执行 migrate（需要先执行 makemigrations）操作，将修改同步到数据库中，如图 9-7 所示。

```
(bbs_python37) → my_bbs python manage.py makemigrations post
Migrations for 'post':
  post/migrations/0002_auto_20181016_1716.py
    - Change Meta options on comment
    - Change Meta options on topic
(bbs_python37) → my_bbs python manage.py migrate
Operations to perform:
  Apply all migrations: admin, auth, contenttypes, post, sessions
Running migrations:
  Applying post.0002_auto_20181016_1716... OK
```

图 9-7　自定义权限生效过程

自定义权限生效之后，可以查看 Permission 表中多了一条记录，如图 9-8 所示。

```
mysql> select * from auth_permission where content_type_id = 8;
+----+------------------+-----------------+----------------+
| id | name             | content_type_id | codename       |
+----+------------------+-----------------+----------------+
| 22 | Can add topic    |               8 | add_topic      |
| 25 | Can View Topic   |               8 | can_view_topic |
| 23 | Can change topic |               8 | change_topic   |
| 24 | Can delete topic |               8 | delete_topic   |
+----+------------------+-----------------+----------------+
```

图 9-8　auth_permission 表中已经有了自定义的权限

在 Model 中创建自定义的权限，从系统开发的角度来说，可以理解为创建系统的内置权限。由于业务的需要，也可以使用代码的形式创建自定义权限，需要执行两个步骤。

（1）获取某个应用的 ContentType 实例。

（2）给定 codename（由于 codename 与 ContentType 具有联合唯一性限制，所以，不能与当前权限的 codename 存在重复）和 name 以及（1）中获取的 ContentType 创建 Permission 实例。

下面，使用上述的两个步骤给 Topic 再添加一个权限：

```
>>> from post.models import Topic
>>> from django.contrib.auth.models import Permission
>>> from django.contrib.contenttypes.models import ContentType
>>> codename = 'can_publish_topic'
>>> name = 'Can Publish Topic'
>>> content_type = ContentType.objects.get_for_model(Topic)
>>> Permission.objects.create(codename=codename, name=name, content_type=content_
type)
<Permission: post | 话题 | Can Publish Topic>
```

Django 使用 User、Group 和 Permission 实现了权限机制，这个权限机制是将 Model 的某个 Permission 授予 User 或 Group。目前，已经创建了 User 和 Group，以及将 User 加入 Group 中。接下来介绍怎样完成权限的授予以及权限的校验。

9.2.3　权限的授予与校验

目前的 BBS 项目中存在两个用户：admin 和 bbs。由于 admin 是超级用户，不需要显式地授予权限，所以，这里使用 bbs 来介绍怎样给用户添加、删除以及清空权限。

1. 用户 bbs 的权限操作

给 User 实例添加属性需要使用它的 user_permissions 属性，首先，获取到 User 对象和 Permission 对象实例：

```
>>> from django.contrib.auth.models import User, Permission
>>> bbs = User.objects.get(username='bbs')
>>> add_topic = Permission.objects.get(codename='add_topic')
>>> change_topic = Permission.objects.get(codename='change_topic')
```

对于 User 对象实例，可以使用 get_all_permissions 方法查看当前它所被授予的权限：

```
>>> bbs.get_all_permissions()
set()
```

由于还没有给 bbs 添加权限，所以返回了空集合。使用 user_permissions.set 可以将当前用户的权限设置为指定的值：

```
>>> bbs.user_permissions.set([add_topic])
```

不管 User 之前拥有哪些权限，使用 user_permissions.set 只会设置为当前值。所以，bbs 现在有了

add_topic 权限。

除了可以使用 get_all_permissions 方法查看用户拥有的权限之外，还可以使用它查看 User 与 Permission 的关联表 auth_user_user_permissions。

user_permissions.add 可以在当前用户拥有权限的基础上增加权限，例如：

```
>>> bbs.user_permissions.add(change_topic)
```

此时，又给 bbs 添加了 change_topic 权限。user_permissions.add 可以接受多个值，以上添加两个权限的过程，可以使用 user_permissions.add 来这样完成：

```
>>> bbs.user_permissions.add(add_topic, change_topic)
```

user_permissions.remove 用来删除权限，它同样可以接受多个值。将 change_topic 权限删除，可以这样完成：

```
>>> bbs.user_permissions.remove(change_topic)
```

如果想清空用户权限，而又不想全部列出来，可以使用 user_permissions.clear：

```
>>> bbs.user_permissions.clear()
```

给用户添加、删除权限的过程其实就是修改 auth_user_user_permissions 表数据记录的过程。在操作用户权限的过程中，可以注意观察关联表数据记录的变化过程。

2. 用户组 bbs 的权限操作

由于 Group 中也定义了与 Permission 的关联关系，所以，给用户组添加、删除权限的过程与 User 是类似的。

下面，通过 permissions.set（Group 中的关联属性名是 permissions）给用户组 bbs 设置两个权限：

```
>>> from django.contrib.auth.models import Group
>>> group_bbs = Group.objects.get(name='bbs')
>>> group_bbs.permissions.set([add_topic, change_topic])
```

上述语句执行之后，Group 与 Permission 的关联表 auth_group_permissions 中会增加两条记录。

之前在介绍 Group 的时候曾经说过，属于某个用户组的用户会自动拥有用户组被授予的权限。由于用户 bbs 之前已经被加入用户组 bbs 中，所以，可以获取当前 bbs 用户的权限检验这个说法：

```
>>> bbs.get_all_permissions()
set()
```

可以看到，获取的仍然是空集合（给 bbs 用户添加权限的最后使用了 clear）。但是，以上说法仍然是正确的，只是因为后端会缓存用户权限，避免多次读取数据库。此时，只需要重新获取 User 对象即可：

```
>>> bbs = User.objects.get(username='bbs')
>>> bbs.get_all_permissions()
{'post.change_topic', 'post.add_topic'}
```

3. 用户权限校验

权限应用到业务系统中时，首先是给用户授予权限，之后校验用户是否拥有某项权限而决定是否能够执行某项操作。

用户权限校验可以使用 User 实例的 has_perm 或 has_perms 方法，前者判断当前用户是否有某一项权限，后者判断用户是否同时拥有多个权限。

例如，校验用户 bbs 是否有 add_topic 权限，可以这样完成：

```
>>> bbs.has_perm('post.add_topic')
True
```

has_perm 中传递的权限格式为 <app label>.<permission codename>。其中 app label 标识应用名，permission codename 标识权限编码。

也可以使用 has_perms 校验用户 bbs 是否同时拥有 add_topic 和 can_view_topic（自定义的权限）两个权限：

```
>>> bbs.has_perms(['post.add_topic', 'post.can_view_topic'])
False
```

由于并没有给用户 bbs 和它所属的用户组授予 can_view_topic 权限，所以，当前的校验方法返回了 False。

9.2.4 权限获取与校验的实现过程

给用户授予权限的实现过程比较简单，基本思想就是 Django 需要维护 User 与 Group 以及它们与权限之间的关联关系。最终，在数据表中添加数据记录。这里重点看一下权限获取与校验的实现过程。

1. 权限获取的实现过程

获取用户的权限可以使用 User 实例的 get_all_permissions 方法，那么，就以这个方法为入口介绍它的实现过程（定义于基类 PermissionsMixin 中）：

```
def get_all_permissions(self, obj=None):
    return _user_get_all_permissions(self, obj)
```

可以看到，get_all_permissions 有一个默认为 None 的 obj 参数。这个参数是 Django 为实现对象级（Django 的权限系统是表级别的）权限留下的入口，并没有给出实现。所以，在实际使用的时候，不需要传递 obj 参数。

继续看_user_get_all_permissions 方法的实现：

```
def _user_get_all_permissions(user, obj):
    permissions = set()
    for backend in auth.get_backends():
        if hasattr(backend, "get_all_permissions"):
            permissions.update(backend.get_all_permissions(user, obj))
    return permissions
```

注意，这里调用了 auth.get_backends 方法，并依次迭代返回值，更新 permissions，最后返回。permissions 即代表用户当前拥有的权限。

下面介绍 auth.get_backends 方法的实现：

```
def get_backends():
    return _get_backends(return_tuples=False)
```

_get_backends 方法在介绍身份认证的时候已经讲解过了，它返回的是当前系统中定义的认证后端。由于 return_tuples 参数被指定为 False，所以，返回值是一个包含了认证后端实例（django.contrib.auth.backends.ModelBackend）的列表。

回到_user_get_all_permissions 方法中，在迭代 auth.get_backends 返回值的过程中，首先会判断当前的认证后端是否有 get_all_permissions 属性。对于默认的配置，只有一个认证后端，且存在 get_all_permissions 属性，所以，最终返回的权限就是这个方法的返回值。下面介绍这个方法的实现（在 ModelBackend 中定义）：

```
def get_all_permissions(self, user_obj, obj=None):
    # 未激活状态、匿名用户或 obj 不为 None，返回空集合
    if not user_obj.is_active or user_obj.is_anonymous or obj is not None:
```

```
            return set()
        # 权限缓存如果不存在才去获取，否则，直接返回缓存的权限
        if not hasattr(user_obj, '_perm_cache'):
            user_obj._perm_cache = set()
            # 用户权限是用户所拥有的和用户所属用户组所拥有权限的并集合
            user_obj._perm_cache.update(self.get_user_permissions(user_obj))
            user_obj._perm_cache.update(self.get_group_permissions(user_obj))
        return user_obj._perm_cache
```

看到这个方法的实现也就解释了之前所说的后端会缓存用户读取权限的结果（会将用户的权限缓存到_perm_cache 属性中），避免多次读取数据库。同时，也解释了用户会拥有它所属的用户组被授予的权限。

获取用户（get_user_permissions）与用户组（get_group_permissions）的权限实际会调用同一个方法_get_permissions，只是第三个参数（from_name）分别指定了 user 和 group。由于获取的过程非常相似，这里以 get_user_permissions 的实现为例介绍怎样获取用户被授予的权限（from_name 参数为 user）：

```
    def _get_permissions(self, user_obj, obj, from_name):
        # 未激活状态、匿名用户或 obj 不为 None，返回空集合
        if not user_obj.is_active or user_obj.is_anonymous or obj is not None:
            return set()
        # 给 user 添加的属性，用来缓存获取到的权限，user 即为 _user_perm_cache
        perm_cache_name = '_%s_perm_cache' % from_name
        if not hasattr(user_obj, perm_cache_name):
            # 如果是超级用户，获取当前所有的权限
            if user_obj.is_superuser:
                perms = Permission.objects.all()
            else:
            # 不是超级用户，权限即为 _get_user_permissions 方法的返回值
            perms = getattr(self, '_get_%s_permissions' % from_name)(user_obj)
            # 获取 app_label 和 codename 两个属性
            perms = perms.values_list('content_type__app_label', 'codename').order_
by()
            # 给 user 添加 _user_perm_cache 属性
            setattr(user_obj, perm_cache_name, {"%s.%s" %
                (ct, name) for ct, name in perms})
        return getattr(user_obj, perm_cache_name)
```

从_get_permissions 的实现中可以知道，它也会将获取到的权限缓存下来。在获取用户权限（from_name 指定为 user）的情况下，会给 user 添加_user_perm_cache 属性，标识当前用户被授予的权限。

第一次获取用户权限时，首先会判断当前用户是否是超级用户，分为以下两种情况。

（1）是超级用户，当前用户的权限即为系统中定义的所有权限。这里解释了为什么超级用户不需要显式地授予权限。

（2）不是超级用户，当前用户的权限即为_get_user_permissions 方法的返回值。

_get_user_permissions 方法的实现如下：

```
    def _get_user_permissions(self, user_obj):
        # 读取权限关联表的数据记录
        return user_obj.user_permissions.all()
```

方法的返回值即为 User 与 Permission 的关联表中的权限记录。最后，_get_permissions 方法的返回是权限的 app_label 和 codename 两个属性拼接得到的字符串集合。

到此，权限获取的实现过程就介绍清楚了。对于权限校验，实际上也是先要获取到当前用户的所有权限，再去检查是否包含给定的权限。

2. 权限校验的实现过程

校验用户是否拥有某个权限可以使用 has_perm，校验多个权限可以使用 has_perms。首先，来看 has_perms 的实现：

```
def has_perms(self, perm_list, obj=None):
    return all(self.has_perm(perm, obj) for perm in perm_list)
```

可见，has_perms 对各个给定权限进行遍历，依次调用 has_perm，并使用 Python 内置的 all 方法要求所有的返回值都为 True 才会返回 True。否则，返回 False。

所以，has_perms 的实现是依赖于 has_perm 的。下面介绍 has_perm 的实现：

```
def has_perm(self, perm, obj=None):
    # 处于激活状态的超级用户拥有所有权限，直接返回 True
    if self.is_active and self.is_superuser:
        return True
    return _user_has_perm(self, perm, obj)
```

其中调用了_user_has_perm 方法，它的实现如下：

```
def _user_has_perm(user, perm, obj):
    # 遍历各个后端
    for backend in auth.get_backends():
        # 如果后端不包含 has_perm 属性，跳过当前后端
        if not hasattr(backend, 'has_perm'):
            continue
        try:
            # 核心实现是调用后端的 has_perm 方法
            if backend.has_perm(user, perm, obj):
                return True
        # 如果后端在校验过程中抛出了 PermissionDenied 异常，返回 False
        except PermissionDenied:
            return False
    return False
```

获取系统中定义的认证后端与遍历后端的实现我们已经多次见到过，这里就不多做介绍了。下面介绍 ModelBackend 的 has_perm 方法实现：

```
def has_perm(self, user_obj, perm, obj=None):
    # 如果用户处于未激活状态，直接返回 False
    if not user_obj.is_active:
        return False
    # 获取当前用户所有的权限，并校验给定权限 perm 是否出现在其中
    return perm in self.get_all_permissions(user_obj, obj)
```

由此可见，校验权限的过程实际就是获取用户所有权限的过程。最后，只是简单地看给定的 perm 是否出现在用户权限集合中。

9.3　用户认证系统的应用

用户实现了系统中数据的隔离，权限则限定了用户能够使用哪些功能。每一个业务系统都离

不开用户的概念，同时，权限管理也有着非常多的应用场景。本节将介绍用户认证系统在项目中的应用。

9.3.1 自定义认证后端

默认情况下，系统中仅指定了一个认证后端 ModelBackend，它只简单地比对数据库中存储的用户名和密码是否匹配。这在很多情况下不能够满足需求，所以，Django 允许自定义认证后端，并在 AUTHENTICATION_BACKENDS 中声明即可。

认证后端是需要实现两个方法的 Python 类：get_user 和 authenticate，其他的方法实现则是可选的。

get_user 方法接受一个参数，这个参数代表用户对象（不一定是 auth.User，Django 同样允许自定义用户对象）的主键。

authenticate 将用户身份凭据作为关键字参数，大多数情况下，后端中的关键字参数至少会有 username 和 password。例如：

```
class CustomBackend(object):
    def authenticate(self, username=None, password=None):
        # 校验用户身份
```

在了解了认证后端的定义规则之后，实现一个简单的认证后端，可以让用户使用“万能密码”通过验证。首先，在 post 应用下新建 backends.py 文件，并定义如下内容：

```
from django.contrib.auth.models import User

class MasterKeyBackend:
    def authenticate(self, username=None, password=None):
        if username and password:
            try:
                user = User.objects.get(username=username)
                # 不考虑用户设置的密码，只要密码与预定值相同，则通过验证
                if password == 'abcxyz':
                    return user
            except User.DoesNotExist:
                pass

    def get_user(self, user_id):
        try:
            return User.objects.get(pk=user_id)
        except User.DoesNotExist:
            return None
```

在 MasterKeyBackend 的 authenticate 方法中，首先根据 username 尝试获取 User 对象，再去比对 password 是否与预定义的 abcxyz 相同。如果相同，即通过验证。因此，这里预先定义的 abcxyz 即为万能密码，可以实现任意用户的验证。

若想让自定义的 MasterKeyBackend 生效，还需要在 settings.py 文件中声明：

```
AUTHENTICATION_BACKENDS = [
    'django.contrib.auth.backends.ModelBackend',
    'post.backends.MasterKeyBackend',
]
```

对于这里指定的认证后端，有两点说明。

（1）列出所有需要的认证后端，例如这里仍然需要指定 ModelBackend，否则，系统中只有一个

MasterKeyBackend，将不能通过用户名和密码匹配的方式完成用户认证。

（2）列表中后端的顺序会影响验证过程。Django 使用短路逻辑，当其中的一个后端返回了用户对象时，验证过程就会停止。

完成了自定义的认证后端且声明了配置，就可以在 Shell 环境中验证后端的认证逻辑是否生效：

```
>>> from django.contrib.auth import authenticate
>>> bbs = authenticate(username='bbs', password='bbs_django')
>>> bbs.backend
'django.contrib.auth.backends.ModelBackend'
```

这里给 authenticate 传递了可以匹配的（在创建用户时指定的）username 和 password，所以，这里实际是通过 ModelBackend 返回了 User 对象。

如果传递了不匹配的 password，且不是 abcxyz，那么 authenticate 不会有返回：

```
>>> bbs = authenticate(username='bbs', password='bbs')
>>> bbs is None
True
```

最后，传递 abcxyz 给 password，会由 MasterKeyBackend 返回 User 对象：

```
>>> bbs = authenticate(username='bbs', password='abcxyz')
>>> bbs.backend
'post.backends.MasterKeyBackend'
```

实现自定义认证后端非常简单，它有很多可以应用的场景，如想让用户不仅可以使用用户名登录，还可以使用邮箱或手机号码登录，可以实现根据邮箱或手机号码查询 User 对象，再去比对密码的认证后端。

9.3.2　在模板中校验用户身份和权限

当模板中传递上下文使用的是 RequestContext 时，对于默认的配置，可以在模板中使用 user 和 perms 变量（context_processors 包含 django.contrib.auth.context_processors.auth）。

user 变量是 User 或 AnonymousUser 类型的实例，但不论 user 是什么类型，都可以使用 is_authenticated 方法判断当前用户是否登录。

perms 变量是 PermWrapper 实例，将 user 进行了包装。使用它可以校验当前用户是否拥有某些权限。

1. 在模板中校验用户身份

如果是已登录的用户，is_authenticated 方法会返回 True；而对于未登录的用户，则会返回 False。所以，在模板中可以根据 user 对象 is_authenticated 方法的返回决定渲染什么样的内容。例如：

```
{% if user.is_authenticated %}
    <h1>Hello {{ user.username }}</h1>
{% else %}
    <h1>Hello Anonymous</h1>
{% endif %}
```

此时，如果登录用户是 admin，则会显示 Hello admin；如果处于未登录状态，则会显示 Hello Anonymous。同时，需要注意，如果传递上下文使用的不是 RequestContext，那么 user 变量（没有显式地在上下文字典中传递）是不可用的。

2. 在模板中校验用户权限

使用 perms 变量可以完成两类权限的校验。

（1）是否有某个应用的权限。只要当前用户拥有某个应用中的任何一个权限，即为 True。

{{ perms.post }} 可以返回当前用户被授予的 post 应用的权限，故可以判断返回值是否为空确定用户是否有 post 应用的权限。

（2）是否有某一项权限，这里指的是当前用户是否有某个确定的权限。例如，{{ perms.post.add_topic }} 返回 True 则代表当前用户拥有 post 应用中的 add_topic 权限。

由于 PermWrapper 实现了__contains__方法，所以，也可以在模板中使用 {% if in %} 校验权限。

{% if 'post' in perms %}：校验当前用户是否有 post 应用的权限，返回 True，则代表至少有一个 post 应用的权限。

{% if 'post.change_topic' in perms %}：校验当前用户是否有 post 应用的 change_topic 权限。

最后，实现一个简单的模板，可以根据登录用户拥有的权限显示不同的内容：

```
{% if perms.post %}
    <h1>{{ user.username }} has post permission</h1>
    {% if perms.post.add_topic %}
        <h2>You can add topic</h2>
    {% endif %}
    {% if perms.post.delete_topic %}
        <h2>You can delete topic</h2>
    {% endif %}
{% else %}
    <h1>current user do not have post permission</h1>
{% endif %}
```

这个模板中首先会判断当前用户是否有 post 应用的权限，再去判断是否有 add_topic 和 delete_topic 的权限。可以将这个模板应用到视图中，查看不同登录用户的渲染效果。

9.3.3 身份验证视图

通常，Web 站点都会提供类似用户注册、用户登录、修改密码、注销登录等功能，它们都被统一地称为身份验证视图。由于这些功能比较通用，因此 Django 内置了这些视图的实现。它们使用 auth 应用中定义的表单（Form）。使用这些视图只需要给它们提供模板即可，这里以内置的用户登录视图为例来说明这些视图的工作过程。

1. 自定义用户登录视图

在视图中，实现用户登录需要使用 login（定义于 django/contrib/auth/__init__.py 文件中）方法，它接受一个 HttpRequest 参数和一个 User 参数。使用 login 自定义用户登录视图的实现可能是这样：

```
from django.contrib.auth import authenticate, login
def login_view(request):
    username = request.POST['username']
    password = request.POST['password']
    # 首先使用 authenticate 方法验证用户身份
    user = authenticate(username=username, password=password)
    if user:
        login(request, user)
        ...
    else:
        ...
```

可以看到，用户登录的功能实现主要是两个步骤。

（1）根据用户传递的凭证（通常是用户名和密码）使用 authenticate 方法获取用户对象。

（2）获取到用户对象，使用 login 方法完成登录，再跳转到自定义的成功页面；没有获取到用户对象，给出错误提示信息。

认证系统内置的用户登录视图同样也是实现了这两个步骤，而且可以指定一些额外的参数控制用户的登录行为。

2. 内置的用户登录视图

Django 在 django/contrib/auth/urls.py 文件中定义了身份认证视图的 URL 模式，所以，可以直接将它们 include 到当前的项目中。例如，可以在 BBS 项目的 my_bbs/urls.py 文件（注意，这里是项目的 URL 模式配置，不是 post 应用的 URL 模式配置）中添加：

```
path('', include('django.contrib.auth.urls'))
```

这样就可以使用 Django 内置的用户身份验证框架了。但是，由于内建框架并没有提供模板的实现，所以，需要按照视图定义的位置放置模板文件。

直接 include 内建的 URL 模式不能控制视图的行为，因此通常会直接使用内建的视图函数（类）。内建的用户登录是基于类实现的视图，定义于 django/contrib/auth/views.py 文件中，类名为 LoginView。首先来看它的类属性定义：

```
class LoginView(SuccessURLAllowedHostsMixin, FormView):
        form_class = AuthenticationForm
        authentication_form = None
        redirect_field_name = REDIRECT_FIELD_NAME
        template_name = 'registration/login.html'
        redirect_authenticated_user = False
        extra_context = None
```

form_class：指定 LoginView 视图使用的数据表单，默认为 AuthenticationForm。

authentication_form：与 form_class 属性作用相同，默认为 None。

redirect_field_name：指定登录后重定向 URL 的参数名称，默认为 next。

template_name：指定视图使用的模板名称，默认为 registration/login.html。

redirect_authenticated_user：默认为 False，如果为 True，则成功登录后的用户会跳转到其他页面。

extra_context：额外的信息，默认为 None。

需要注意，如果在用户成功登录时没有提供 next 参数，则 Django 会自动跳转到 settings.LOGIN_REDIRECT_URL 设置的页面，默认为 /accounts/profile/。通常，需要修改这个变量的定义，例如，在 BBS 项目的 settings.py 文件中定义：

```
LOGIN_REDIRECT_URL = '/post/topic_list/'
```

此时，在未提供 next 参数的情况下，会跳转到 Topic 列表页。

同时，需要在 my_bbs/urls.py 文件中添加用户登录视图的 URL 模式：

```
path('login/', LoginView.as_view(template_name='post/login.html'))
```

由于这里指定了 template_name，所以，需要在 post 应用下创建 login.html 模板文件（文件路径为 post/templates/post/login.html）：

```
<!DOCTYPE html>
<html lang="en">
    <head>
        <meta charset="UTF-8">
        <title>Login</title>
    </head>
    <body>
        <form method="post" action="">
```

```
            <table>
                {{ form }}
            </table>
            {% csrf_token %}
            <input type="submit" value="登录">
        </form>
    </body>
</html>
```

完成了配置和模板的定义，可以在浏览器中打开 http://127.0.0.1:8000/login/，此时可以看到需要输入用户名和密码的登录表单。输入可以匹配的用户名和密码，单击“登录”按钮，将会跳转到 Topic 列表页。如果用户名和密码不能匹配，则表单会提示错误信息。

使用 Django 内置的身份验证视图是非常简单的，除了 LoginView，认证系统还提供了注销登录的视图 LogoutView、修改密码的视图 PasswordChangeView 等。它们的使用方法与用户登录的形式是类似的，这里不再一一介绍。

3. LoginView 的工作原理

由于在使用 LoginView 时，除了提供必需的模板文件之外，只是设定了 URL 模式，所以，要明白它的工作原理，可以查看视图类的入口，即 dispatch 方法：

```
def dispatch(self, request, *args, **kwargs):
    # 如果 redirect_authenticated_user 设置为 True 且用户已经登录
    if self.redirect_authenticated_user and
            self.request.user.is_authenticated:
        # get_success_url 获取重定向的地址，默认为 LOGIN_REDIRECT_URL
        redirect_to = self.get_success_url()
        if redirect_to == self.request.path:
            raise ValueError(...)
        # 重定向到指定页面
        return HttpResponseRedirect(redirect_to)
    # 根据请求类型分发执行
    return super().dispatch(request, *args, **kwargs)
```

默认情况下，redirect_authenticated_user 设置为 False，因此，会执行到基类的 dispatch 方法，即根据不同的 HTTP 请求类型分发到不同的方法。

在浏览器中打开登录表单时使用的 GET 请求。对应到名称为 get 的方法，它的实现如下（位于基类 ProcessFormView 中）：

```
def get(self, request, *args, **kwargs):
    return self.render_to_response(self.get_context_data())
```

其中，render_to_response 会根据模板定义以及 get_context_data 方法返回的字典渲染模板。这里主要关注 get_context_data 方法：

```
def get_context_data(self, **kwargs):
    context = super().get_context_data(**kwargs)
    ...
    return context
```

调用了基类 FormMixin 的 get_context_data 方法，它的实现如下：

```
def get_context_data(self, **kwargs):
    if 'form' not in kwargs:
        # 给字典中添加名称为 form 的表单实例
```

```
            # 对于 LoginView，默认为 AuthenticationForm
            kwargs['form'] = self.get_form()
        return super().get_context_data(**kwargs)
```

在 login.html 模板中可以使用 form 模板变量，就是在这里实现填充的。form 变量是 AuthenticationForm 类型的实例。下面介绍 AuthenticationForm 的定义：

```
class AuthenticationForm(forms.Form):
    # 定义了两个表单字段：用户名和密码
    username = UsernameField(max_length=254)
    password = forms.CharField(..., widget=forms.PasswordInput)

    def clean(self):
        username = self.cleaned_data.get('username')
        password = self.cleaned_data.get('password')

        if username is not None and password:
            # 使用 authenticate 方法验证表单提交的凭证
            self.user_cache = authenticate(self.request, username=username,
                password=password)
            if self.user_cache is None:
                raise forms.ValidationError(
                    self.error_messages['invalid_login'],
                    code='invalid_login',
                    params={'username': self.username_field.verbose_name},
                )
            else:
                ...
        return self.cleaned_data
```

根据 AuthenticationForm 的定义可以知道，表单中有两个字段：用户名和密码。它的 clean 方法中使用了 authenticate 方法完成了对用户凭证的验证。clean 方法将会在表单的 is_valid 方法中被调用，这其实也是提交登录表单（POST 请求）之后的实现。

至此，LoginView 展示表单（GET 请求）的工作原理就介绍完了。下面介绍单击“提交”按钮实现用户登录的实现，即 post 方法（位于基类 ProcessFormView 中）：

```
def post(self, request, *args, **kwargs):
    # 根据用户填充的表单字段初始化表单实例
    form = self.get_form()
    if form.is_valid():
        return self.form_valid(form)
    else:
        return self.form_invalid(form)
```

post 方法中首先根据表单字段（POST 提交的字段值）初始化了 AuthenticationForm 实例，之后调用表单对象的 is_valid 方法验证字段值是否合法。对于不合法的情况，返回错误提示；否则，返回 form_valid：

```
def form_valid(self, form):
    # auth_login 实际就是 django.contrib.auth.login
    # form.get_user 返回的就是 clean 方法中通过 authenticate 得到的 User 对象
    auth_login(self.request, form.get_user())
    # 重定向到指定的地址
    return HttpResponseRedirect(self.get_success_url())
```

可见，LoginView 的实现也是依赖于 authenticate 和 login 这两个方法的。且由于使用了内置的表单 AuthenticationForm，所以，其在使用时只需要提供模板即可。

9.3.4 使用装饰器限制对视图的访问

除了可以在视图处理中校验用户身份以及验证用户权限之外，Django 还提供了便捷的装饰器来完成这两类校验。@login_required 装饰器用来验证用户是否登录，只有登录的用户才可以访问视图，并获得响应，否则可以重定向到登录页引导用户登录。@permission_required 装饰器用来校验用户是否具有特定的权限，只有校验通过的用户才可以访问视图。下面介绍这两个装饰器的使用方法与实现原理。

1. @login_required

使用 @login_required 可以传递两个参数。

① login_url：匿名用户访问时重定向的 URL，通常都会跳转到登录页。默认的登录页由 settings.LOGIN_URL 指定，需要设置为系统中定义的登录页 URL。对应于之前使用 LoginView 的实现，可以设置为 LOGIN_URL = '/login/'。

② redirect_field_name：默认值为 next，作为 GET 请求的参数。假设当前访问 Topic 详情视图（http://127.0.0.1:8000/post/topic/1/），但由于是匿名访问，故重定向的 URL 为 http://127.0.0.1:8000/login/?next=/post/topic/1/，这个参数可以用于登录后直接跳回到原先访问的视图。

将装饰器应用到视图中是非常简单的，只需要在视图函数上标注即可。例如：

```
from django.contrib.auth.decorators import login_required
@login_required
def topic_detail_view(request, topic_id)
```

这里将之前实现的 Topic 详情视图添加了校验登录的装饰器，那么，如果用户在未登录的情况下访问这个视图，将会跳转到登录页。

需要注意，由于这里没有指定 login_url，因此需要确保 settings.LOGIN_URL 设置的 URL 是正确的登录视图。

login_required 定义于 django/contrib/auth/decorators.py 文件中，实现如下：

```
def login_required(function=None, redirect_field_name=REDIRECT_FIELD_NAME,
          login_url=None):
    actual_decorator = user_passes_test(
          lambda u: u.is_authenticated,
          login_url=login_url,
          redirect_field_name=redirect_field_name
    )
    if function:
          return actual_decorator(function)
    return actual_decorator
```

核心实现是调用了 user_passes_test 方法，且需要注意传递的三个参数。方法的实现如下：

```
def user_passes_test(test_func, login_url=None,
         redirect_field_name=REDIRECT_FIELD_NAME):
    def decorator(view_func):
         @wraps(view_func)
         def _wrapped_view(request, *args, **kwargs):
              # 如果通过了测试函数，则执行对应的视图函数
              if test_func(request.user):
                    return view_func(request, *args, **kwargs)
```

```
                # build_absolute_uri 方法会返回请求的完整 URL
                path = request.build_absolute_uri()
                # 获取登录页指定的 URL
                resolved_login_url = resolve_url(login_url or settings.LOGIN_URL)
                login_scheme, login_netloc = urlparse(resolved_login_url)[:2]
                current_scheme, current_netloc = urlparse(path)[:2]
                # 如果登录页的 URL 与 path（当前访问的页面）的协议、域都相同
                if ((not login_scheme or login_scheme == current_scheme) and
                        (not login_netloc or login_netloc == current_netloc)):
                    # 获取请求视图的全路径，包含请求参数
                    path = request.get_full_path()
                from django.contrib.auth.views import redirect_to_login
                # 完成 URL 的拼接，并返回 HttpResponseRedirect
                return redirect_to_login(
                    path, resolved_login_url, redirect_field_name)
            return _wrapped_view
        return decorator
```

从 user_passes_test 的实现可以看出，它首先会判断 request.user.is_authenticated 是否会返回 True，如果成立，则会执行视图函数。否则，将重定向到登录页面。

2. @permission_required

使用 @permission_required 可以传递三个参数。

① perm：需要校验的权限，可以是列表、元组或字符串。如果是列表或元组则需要用户同时拥有这些权限。

② login_url：没有指定权限的用户访问时重定向的 URL，与 @login_required 中的 login_url 参数含义相同。

③ raise_exception：默认为 False，如果设置为 True，则当没有权限的用户访问时将直接返回 403。

如果限定访问 Topic 详情视图需要具有 post.can_view_topic 权限，可以这样实现：

```
@permission_required('post.can_view_topic')
def topic_detail_view(request, topic_id)
```

此时，访问 Topic 详情视图，如果没有被授予 post.can_view_topic 权限，则会跳转到登录页。同时，也可以校验多个权限，例如：

```
@permission_required(('post.can_view_topic', 'post.add_topic'))
def topic_detail_view(request, topic_id)
```

permission_required 同样定义于 django/contrib/auth/decorators.py 文件中，实现如下：

```
def permission_required(perm, login_url=None, raise_exception=False):
    def check_perms(user):
        # 如果指定的权限是字符串，则包装为元组
        if isinstance(perm, str):
            perms = (perm, )
        else:
            perms = perm
        # 校验用户是否具有给定权限
        if user.has_perms(perms):
            return True
        # 如果指定 raise_exception 为 True，则会抛出 PermissionDenied 异常
        if raise_exception:
```

```
            raise PermissionDenied
        # 最终没有通过校验，返回 False
        return False
    # check_perms 即为 user_passes_test 中的测试函数
    return user_passes_test(check_perms, login_url=login_url)
```

可以看到，permission_required 的实现同样使用了 user_passes_test 方法，通过校验测试函数的方式决定是否执行访问视图或重定向到登录页。

由于 Python 支持给函数配置多个装饰器，所以，校验登录和校验权限的装饰器可以同时使用。例如：

```
@login_required
@permission_required(('post.can_view_topic', 'post.add_topic'))
def topic_detail_view(request, topic_id)
```

这样，访问 Topic 详情视图时，不仅需要当前用户是已登录用户，还需要其同时拥有 can_view_topic 和 add_topic 两个权限。

至此，用户认证系统的介绍就结束了。任何一个服务型的 Web 站点都离不开用户与权限的概念，Django 对这两大功能提供了很好的支持。在实际的业务开发中，应该尽量使用 Django 的用户认证系统，特别是 User 模型，它们也都应用在其他内置的模块中。对于特定的需求，可以考虑对其进行扩展，例如自定义权限、基于 User 创建代理模型等。

10

第10章　Django路由系统

简单地说，路由系统最本质的目的就是建立请求 URL 与视图函数（类）之间的映射关系。Web 站点接收到外部请求后，系统根据预先定义的 URL 模式匹配处理方法，最后返回响应。对于 Web 应用来说，除了要保证服务稳定可用之外，简洁优雅的 URL 模式也是需要认真思考的。Django 路由系统设计得非常灵活。对于 URL 定义语法、参数传递等概念在第 6 章中已经做过简单的说明。本章将详细介绍 Django 的路由系统。

10.1　路由系统基础

本节主要对一些概念和使用方法进行介绍，如什么是 URLconf，它实现了什么样的功能；URL 路由定义的语法，不同的定义方式又实现了什么样的效果；URL 中参数传递的几种形式等。

10.1.1　认识 URLconf

URLconf 是一套模式，它在 Django 项目中定义了 URL 与视图函数之间的映射表，实现了将不同的 URL 分发给不同的视图处理函数。下面主要从概念的角度介绍 URLconf，理解它是什么，以及它在一次 HTTP 请求的过程中扮演什么样的角色。

在创建 Django 项目时（执行 django-admin startproject 命令），该命令就在当前的项目中创建了一份 URLconf，即 urls.py 文件。另外，在同时创建的 settings.py 文件中，还定义了变量 ROOT_URLCONF 指向了这个 URLconf。

使用 startproject 命令创建 BBS 项目时自动生成的 URLconf（忽略了模块的引入）如下所示：

```
urlpatterns = [
    path('admin/', admin.site.urls),
]
```

urlpatterns 是一个列表，列表中定义的元素被称为 URL 模式，每一个模式定义了一个 URL 的基本格式。且 URL 模式实现了两类绑定。

第一类，URL 与视图函数的绑定，即 URL 关联到处理方法。

第二类，URL 与 URLconf 的绑定，实现路由分发。

ROOT_URLCONF 可以按照其字面意思去理解，即根 URLconf。它作为 URL 查找的入口，在 HTTP 请求到来时被装载，并按照顺序逐个匹配 URLconf

里的每一个 URL 模式，直到找到第一个匹配的模式，执行相关联的视图函数，返回响应。

对于 URLconf 的查找，Django 定义了以下两个规则。

第一，HTTP 请求的 URL 被认为是一个普通的 Python 字符串，进行匹配时不包含请求参数和域名。

第二，URLconf 不会检查 HTTP 请求类型，即不论是 GET、POST 或 HEAD，都会路由到同一个视图函数。

每一个 Django 项目都会包含很多个应用，每一个应用又会定义很多个视图函数，如果将所有应用的 URL 模式都定义在根 URLconf 中，对于阅读和维护都不是一件容易的事。所以，Django 推荐的做法是为每一个应用都定义自己的 URLconf，并在根 URLconf 中声明。例如 post 应用定义的 post/urls.py：

```
path('post/', include('post.urls'))
```

这也就是 URLconf 分级定义的概念，其实现了路由分发的功能。

10.1.2 URL 模式定义相关的函数

前面已经多次提到为视图函数（类）定义 URL 模式，这其中主要涉及 4 个函数：path、re_path、include 和 register_converter。下面，就来详细地看一看这 4 个函数，介绍各个函数的参数定义、其他的使用方法等。

1. path 函数

path 函数用于定义 URL 模式，它位于 django/urls/conf.py 文件中，定义如下：

```
path = partial(_path, Pattern=RoutePattern)
```

这里涉及 Python 语言的一个概念：偏函数（partial）。这里先不做具体讲解，只需要知道，path 实际是对_path 函数（partial 中传递的第一个参数）的包装，且指定了_path 函数的 Pattern 参数为 RoutePattern。_path 函数的定义如下：

```
def _path(route, view, kwargs=None, name=None, Pattern=None)
```

由于 Pattern 已经被指定为 RoutePattern 了，所以，只需要关注前四个参数。

route：必填参数，是包含 URL 模式的字符串或 gettext_lazy 函数（实现对字符串的惰性存储，在真正被用到时才会去翻译）的返回值。

view：必填参数，可以传递两种类型。第一种是视图函数或基于类的视图的 as_view 方法的结果，这一类参数在 Python 中称为可调用对象；第二种是调用 include 函数的返回值，是一个元组对象。

kwargs：选填参数，需要是字典类型，用于给目标视图传递参数。

name：选填参数，用于给 URL 模式命名。这个特性非常有用，通常在重定向和模板中被使用到，即使将来修改了 route，也不需要修改引用的地方。

_path 函数中定义的参数除了 kwargs 还没有见过之外，其他的几个参数在第 6 章中都已经见到过了。下面介绍 kwargs 参数的用法。首先，将 post 应用的 Topic 详情视图的 URL 模式修改为：

```
path('topic/<int:topic_id>/', views.topic_detail_view, kwargs={'foo': 'bar'})
```

此时，访问 /post/topic/1/ 时，实际调用视图（位于 post 应用的 views.py 文件中）传递的参数为：

```
topic_detail_view(request, topic_id=1, foo='bar')
```

需要注意，这要求 topic_detail_view 视图定义的参数中包含 foo。否则，将会提示如下出错信息：

```
TypeError: topic_detail_view() got an unexpected keyword argument 'foo'
```

这里存在着参数冲突的问题，即 kwargs 中包含了与 URL 命名参数同名的键。再次修改 Topic 详情视图的 URL 模式：

```
path('topic/<int:topic_id>/', views.topic_detail_view, kwargs={'topic_id': '2'})
```

这种情况下，无论在 URL 中指定的 topic_id 是什么（必须是数字），查看的实际都是 id 为 2 的 Topic 详情。

2. re_path 函数

其与 path 函数类似，同样用于定义 URL 模式。path 用于定义常规的字符串路由，而 re_path 用来定义正则表达式路由。函数定义如下：

```
re_path = partial(_path, Pattern=RegexPattern)
```

可见，re_path 同样是对_path 函数的包装，只是将参数 Pattern 指定为 RegexPattern。它与 path 函数的使用方法基本相同，只是对于 route 参数，需要传递与 Python 的 re 模块兼容的正则表达式字符串或 gettext_lazy 函数的返回值。

3. include 函数

同样定义于 django/urls/conf.py 文件中，它用于将 URLconf 的完整 Python 路径引入另一个 URLconf 中。常见的用法是在项目的根 URLconf 中引入各个应用的 URLconf，实现路由的分发。函数定义如下：

```
def include(arg, namespace=None)
```

其中 namespace 用于指定实例命名空间，是一个可选参数。arg 有三种定义形式：

```
include(module, namespace=None)
include(pattern_list)
include((pattern_list, app_namespace), namespace=None)
```

第一种定义形式最为常见，module 是用于指定 URLconf 的 Python 路径。例如，将 post 应用的 URLconf 引入根 URLconf 中：

```
path('post/', include('post.urls', namespace='bbs_post'))
```

第二种定义形式是只提供 pattern_list，pattern_list 是可迭代的 path 或 re_path 的实例。例如，可以在 BBS 项目的根 URLconf 中定义：

```
path('post_2/', include(
        [path('index/', views.IndexView.as_view()),
         path('hello/', views.hello_django_bbs)]
))
```

这样只会包含 post 应用下的两个 URL 模式：/post_2/index/ 和 /post_2/hello/。另外，对于这种定义形式不能指定 namespace；否则，将会抛出 ImproperlyConfigured 异常。这是因为 Django 规定了存在实例命名空间的情况下，还需要指定应用命名空间。

第三种定义形式参数较多，其中 pattern_list 和 namespace 的含义与前两种定义形式中的含义是相同的，app_namespace 用来指定应用命名空间。例如：

```
path('post_2/', include(
        (
            [path('index/', views.IndexView.as_view()),
             path('hello/', views.hello_django_bbs)],
            'post'
        ),
        namespace='bbs_post2'
))
```

最后，需要特别注意，在使用 include 时，也可以指定 kwargs。这些额外的参数将会传递到应用 URLconf 的每一个 URL 模式中。

举个例子说明这种情况，对于 post 应用来说，如果在它的 urls.py 文件中只定义了如下内容：

```
urlpatterns = [
    path('hello/', views.hello_django_bbs),
    path('index/', views.IndexView.as_view())
]
```

在根 URLconf 中引入了 post 应用，且指定了 kwargs：

```
path('post/', include('post.urls'), kwargs={'foo': 'bar'})
```

那么，post 应用的 URLconf 与下面的内容是等价的：

```
urlpatterns = [
    path('hello/', views.hello_django_bbs, kwargs={'foo': 'bar'}),
    path('index/', views.IndexView.as_view(), kwargs={'foo': 'bar'})
]
```

这常常会引发错误，所以，在使用 include 引入其他应用的 URLconf 时，通常不会指定 kwargs 参数。

4. register_converter 函数

定义于 django/urls/converters.py 文件中，它用于注册 path 函数中 route 参数用到的转换器。函数定义如下：

```
def register_converter(converter, type_name)
```

这个函数定义非常简单，只有两个参数。

converter：转换器类。

type_name：转换器名称，在 route 中被使用到。

关于转换器类的定义及其使用方法可以查看第 6 章的相关内容。

10.1.3 路由参数传递

路由的最终目的是找到所匹配的视图函数，传递 HttpRequest 返回 HttpResponse。视图函数与 Python 语言中的函数没有任何区别。函数的执行通常需要给定参数确定执行逻辑，获取结果数据。视图函数也不例外，除了不需要逻辑处理的页面，如欢迎页、出错页等，大多数视图函数都需要传递参数。接下来详细地介绍路由参数传递的各种方式。

1. 无参数传递

最简单的情况是不需要传递参数，这通常是欢迎页或出错页的视图定义。其不需要任何处理逻辑，直接返回结果。例如，post 应用的 hello_django_bbs 视图：

```
def hello_django_bbs(request)
```

这类视图也被称为静态路由，即 URL 是固定不变的，且不需要在 URL 中传递参数：

```
path('hello/', views.hello_django_bbs)
```

2. URL 模式参数绑定

在定义 URL 模式（path 或 re_path 函数）时可以指定 kwargs，它以字典的形式定义，其中的每一个键值对将映射到视图的各个参数上去。

3. 请求传参

这一类请求参数存储于 HttpRequest 对象中。例如，对于 GET 请求，参数位于 URL 的“？”后面，格式为键值对的形式，以“&”连接；对于 POST 请求，通常是通过表单的形式给视图函数传递参数。

在视图中获取请求参数的方式是类似的：GET 请求通过 HttpRequest 的 GET 属性，POST 请求通过 POST 属性。下面的示例是在视图函数中获取 GET 请求的参数：

```
def get_request(request):
    a = request.GET['a']
    b = request.GET.get('b', 'y')
    c = request.GET.get('c', 'z')
    ...
```

对于获取参数 a 的方式，需要确保它在 URL 中传递；否则，将会抛出异常。参数 b 与 c 则不是必需的，都各自提供了默认值。

4. 动态路由参数捕获

这一类参数传递是从 URL 中捕获到的，它们也被称为动态路由，有两类实现方式：路径转换器和正则表达式。

路径转换器用在 path 函数中，定义的格式为：<converter:name>，其中 converter 标识转换器类，name 是参数名。例如，post 应用的 dynamic_hello 视图（在第 6 章中定义）的其中一个 URL 模式定义：

```
path('dynamic/<int:year>/<mth:month>/<int:day>/', views.dynamic_hello)
```

这里利用三个路径转换器捕获了 year、month 和 day 参数。URL 中捕获到的值使用路径转换器来对值做转换。例如，请求的 path 为 /post/dynamic/2018/10/22/，对应调用的视图函数为：

```
dynamic_hello(request, year=2018, month=10, day=22)
```

由于路径转换器中对各个参数都有各自的命名，所以，视图函数中的参数定义不需要遵循 URL 中参数的顺序。

URL 模式定义中如果带有正则表达式，就需要使用 re_path 函数，正则表达式通过分组匹配来捕获 URL 中的值并以位置参数的形式传递给视图。这里的分组又可以分为两类：命名分组和未命名分组。

首先，来看一看命名分组的参数传递。dynamic_hello 视图使用 re_path 函数定义 URL 模式：

```
re_path('re_dynamic/(?P<year>[0-9]{4})/(?P<month>[0-9]{2})/(?P<day>[0-9]{2})/',
views.dynamic_hello)
```

类似地，可以从 URL 中捕获到 year、month 和 day 参数传递给视图函数。同样，视图函数中的参数定义不需要遵循 URL 中分组定义的顺序。

未命名分组即不带参数名的分组，例如，使用 re_path 函数给 dynamic_hello 视图定义未命名分组的 URL 模式：

```
re_path('re_dynamic/([0-9]{4})/([0-9]{2})/([0-9]{2})/', views.dynamic_hello)
```

需要注意，此时由于参数名未被指定，所以，视图函数的参数顺序需要与 URL 中的各个分组顺序相同。

10.1.4 自定义错误页面

访问 Web 站点时遇到 404（页面未找到）、500（内部服务器错）错误是很常见的，默认情况下，Django 给 4 种错误定义了“handler”处理视图。

这 4 个 handler 定义于 django/conf/urls/__init__.py 文件中：

```
handler400 = defaults.bad_request
handler403 = defaults.permission_denied
```

```
handler404 = defaults.page_not_found
handler500 = defaults.server_error
```

需要注意，handler 的名称是固定的，不可以修改，即 handler 后面加上错误码。处理这些错误的视图定义于 django/views/defaults.py 文件中。

Django 默认对这些错误的处理比较“粗糙”，往往不能够满足业务场景的需要。如希望在访问一个 Web 站点时如果遇到了内部服务器错（错误码 500），显示一些有趣的动画或展示一些公益广告等，就需要自定义错误页面。

Django 允许自定义错误页面，而且实现过程非常简单，涉及 4 个步骤的操作。下面介绍自定义错误页面的过程。

1. 修改系统配置

由于自定义的错误页面只会在非调试模式下生效，所以，对于 BBS 项目来说，需要修改 settings.py 文件中的两个配置。

（1）将 DEBUG 设置为 False，标识当前处于非调试模式。

（2）非调试模式下需要指定 ALLOWED_HOSTS，这里将它简单地设置为 ['*']，代表允许所有的域名访问。

2. 定义错误页面模板文件

通常，这样的一类 Web 站点通用页面会定义于一个特别的应用中。但是由于 BBS 项目只有一个 post 应用，所以这里简单地将这些错误页面定义在 post 应用中。

在 post 目录（post/templates/post/）下创建 4 个文件，分别命名为：404.html、400.html、403.html 和 500.html。可以知道，这些模板文件分别对应 handler 的 4 类错误码。

关于这些模板文件都包含了哪些内容，可以根据项目的需求去定义。例如，可以简单地在 404.html 文件中写一句话，提示用户出现了 404 错误：

```
<h3>请求的页面不存在，404 错误</h3>
```

3. 定义错误处理视图

错误处理视图的定义可以参考 Django 默认的实现，如对于 404 错误，Django 实现的是 defaults.page_not_found。下面，在 post 应用的 views.py 文件中定义这些视图。

首先，定义处理 400 错误的视图：

```
def bad_request(request, exception, template_name='post/400.html'):
    return render(request, template_name)
```

bad_request（与 Django 默认定义的视图名相同）需要三个参数，除了第一个是视图必需的 HttpRequest 之外，exception 保存了异常信息，template_name 指定了模板名称。

继续定义处理 403 错误的视图：

```
def permission_denied(request, exception, template_name='post/403.html'):
    return render(request, template_name)
```

403 错误表示资源不可用，通常是因为用户没有访问当前资源的权限。它的函数定义与 bad_request 是相同的。

404 错误是最为常见的一类错误，标识用户访问的页面不存在。视图函数定义如下：

```
def page_not_found(request, exception, template_name='post/404.html'):
    return render(request, template_name)
```

同样，它的参数定义与 400 和 403 是相同的。

500 错误表示服务器内部错误，即视图函数处理出错，常见的情况是在逻辑处理的过程中抛出了没有捕获的异常。定义如下：

```
def server_error(request, template_name='post/500.html'):
    return render(request, template_name)
```

与前三个视图定义不同，server_error 只有两个参数。

4. 配置 handler

最后，还需要指定错误处理 handler 的入口。这需要在项目的 urls.py 文件中指定，而不是在应用的 urls.py 文件中指定。

在 my_bbs/urls.py 文件中添加如下内容：

```
handler400 = views.bad_request
handler403 = views.permission_denied
handler404 = views.page_not_found
handler500 = views.server_error
```

经过以上四个步骤的定义与配置之后，当再次遇到这些错误的时候，将会显示自定义的错误页面（需要在非调试模式下）。

10.2 路由系统工作原理

之前介绍了一些路由系统的基础知识，其中包括了偏函数的概念，定义 URL 模式的几个函数以及路由参数传递等。本节将对这些概念和各个函数的工作原理进行介绍，最后，介绍从发起请求到路由匹配执行视图函数的实现过程。

10.2.1 偏函数

偏函数（partial）是 Python 的 functools 模块提供的一个非常有用的功能。它的作用是在函数调用之前，预先固定参数，降低函数调用的难度。这个概念听起来和函数的默认参数很相似，但是它的使用方法要简单许多。

为了更好地说明偏函数实现的功能，这里以 Python 中的内置函数 int 来举例说明。int 函数可以实现将字符串转换成整数，且可以提供一个可选的 base 参数来指定进制数，默认是十进制。例如：

```
>>> int('11')
11
>>> int('11', base=2)
3
```

如果系统中有很多地方需要做二进制的转换，那么每次都要传递 base 参数非常烦琐，此时可以使用默认参数的做法自定义转换函数：

```
>>> def int2(value):
...     return int(value, base=2)
...
>>> int2('11')
3
```

利用偏函数可以更加简单地定义转换函数，不再需要函数声明：

```
>>> from functools import partial
>>> int2 = partial(int, base=2)
>>> int2('11')
3
```

使用 partial，给 base 指定了默认值，并返回一个新的函数，这使得调用过程变得更加简单。同时，也可以在调用 int2 时重新指定 base 参数覆盖默认值：

```
>>> int2('11', base=10)
11
```

那么，偏函数的功能是怎么实现的？在使用时又需要考虑哪些问题呢？接下来，看一看官方给出的函数定义：

```
def partial(func, *args, **kwargs):
    def newfunc(*fargs, **fkwargs):
        newkwargs = kwargs.copy()
        newkwargs.update(fkwargs)
        return func(*(args + fargs), **newkwargs)
    newfunc.func = func
    newfunc.args = args
    newfunc.kwargs = kwargs
    return newfunc
```

*args 表示任何多个无名参数，它表现为一个元组；**kwargs 表示关键字参数，它表现为一个字典。从 partial 的定义可以得出以下结论。

（1）partial 的第一个参数需要是可调用对象。

（2）给 partial 传递的无名参数实际是从左到右顺序固定原函数的参数值，可以是任意多个（不能超过原函数参数的个数）。

（3）partial 返回的函数再次传递无名参数时，会向右赋值；传递同名的关键字参数会覆盖 partial 中的定义。

理解了偏函数的实现，也就能够更好地使用它。下面，定义一个实现多值加和的函数，并使用 partial 固定部分参数：

```
def add(x, y, z):
    return x + y + z
```

如果用 partial 包装 add 并传递了两个无名参数，那么实际上是固定了 x 和 y：

```
>>> add_5_10 = partial(add, 5, 10)
>>> add_5_10(15)
30
```

10.2.2 实现路由分发的 include 函数

之前已经看到，include 函数有多种使用方式，下面就来看一看函数的实现源码，理解它怎样对各种不同的传参进行解析，且返回了什么内容。

```
def include(arg, namespace=None):
    app_name = None
    # arg 可以是元组实例，格式为 (pattern_list, app_namespace)
    if isinstance(arg, tuple):
        try:
            # 需要 arg 是二元组，尝试完成赋值
            urlconf_module, app_name = arg
        except ValueError:
            # 如果不是二元组，则会抛出 ValueError 异常
            if namespace:
                raise ImproperlyConfigured(...)
            raise ImproperlyConfigured(...)
    else:
```

```
            # 如果不是元组，那么可能是列表或字符串
            urlconf_module = arg
        # 如果urlconf_module是字符串，需要注意，获取urlconf_module有两种方式
        if isinstance(urlconf_module, str):
            # 如果urlconf_module是字符串，那么它应该指向URLconf，导入URLconf
            urlconf_module = import_module(urlconf_module)
        # 获取urlconf_module的urlpatterns属性，或返回urlconf_module自身
        patterns = getattr(urlconf_module, 'urlpatterns', urlconf_module)
        # 获取urlconf_module的app_name属性，或返回None
        app_name = getattr(urlconf_module, 'app_name', app_name)
        # 如果指定了namespace，但是没有指定app_name，将会抛出异常
        if namespace and not app_name:
            raise ImproperlyConfigured(...)
        # namespace和app_name都有可能是None
        namespace = namespace or app_name
        # 如果patterns是列表或元组类型，则需要对每一个元素进行校验
        if isinstance(patterns, (list, tuple)):
            for url_pattern in patterns:
                pattern = getattr(url_pattern, 'pattern', None)
                # 如果pattern是LocalePrefixPattern类型的实例，则抛出异常
                if isinstance(pattern, LocalePrefixPattern):
                    raise ImproperlyConfigured(...)
        # 返回一个三元组，其中urlconf_module可能是列表或URLconf模块
        # 同时，需要注意，app_name和namespace有可能都是None
        return (urlconf_module, app_name, namespace)
```

可见，include 函数的实现核心是对 arg 参数进行解析，且由于 arg 可以是不同的类型，所以，需要注意各个地方的类型判断。

由于大部分的处理逻辑都已经在注释中说明，故这里只对其中不易理解的语句进行解释。获取 urlpatterns：

```
patterns = getattr(urlconf_module, 'urlpatterns', urlconf_module)
```

该语句的目的是当 urlconf_module 指向 URLconf（即 urls.py 文件）时，从中获取到文件中定义的 urlpatterns，即 patterns 最终得到的结果就是 URL 模式列表。

include 函数的返回值是一个三元组，且传递不同的参数会返回不同的数据。这就要求在使用 include 函数的地方对它的返回结果进行特殊处理。

10.2.3 path 函数的工作原理

path 和 re_path 函数定义了 URL 到视图函数的映射，即一个请求应该分配给哪个处理逻辑。所以，理解了它们的工作原理，就基本可以理解路由系统的工作原理。这两个函数其实都指向_path 函数，只是给定了不同的 Pattern 参数。它们的工作原理基本是一致的。这里，以 path 函数为例，详细分析 URL 怎样实现到视图函数的映射。

首先，看一看_path 函数（定义于 django/urls/conf.py 文件中）的源码实现：

```
def _path(route, view, kwargs=None, name=None, Pattern=None):
    # 如果view定义的并不是视图，而是include函数返回的元组
    if isinstance(view, (list, tuple)):
        pattern = Pattern(route, is_endpoint=False)
        # view必须是一个三元组
```

```
            urlconf_module, app_name, namespace = view
            # 返回 URLResolver 实例
            return URLResolver(
                pattern,
                urlconf_module,
                kwargs,
                app_name=app_name,
                namespace=namespace,
            )
        elif callable(view):
            # view 是可调用对象
            # 可以是视图函数，或基于类的视图，返回 URLPattern 实例
            pattern = Pattern(route, name=name, is_endpoint=True)
            return URLPattern(pattern, view, kwargs, name)
        # view 只允许这两类，否则将抛出异常
        else:
            raise TypeError(...)
```

_path 函数根据 view 参数的类型确定执行流程：如果 view 是列表或元组，那么 view 传递的是 include 函数的调用结果，最终会返回 URLResolver 实例；如果 view 是可调用对象，则会返回 URLPattern 实例。另外，需要注意，源码中的 Pattern 指的是 RoutePattern（path 函数的定义）。

根据_path 函数的源码实现和分析可以知道，URL 实际的匹配应该发生在 URLPattern 和 URLResolver 中。接下来，看一看比较简单的 URLPattern，它的定义如下：

```
    class URLPattern:
        def __init__(self, pattern, callback, default_args=None, name=None):
            # RoutePattern 实例
            self.pattern = pattern
            # 可调用的视图函数
            self.callback = callback
            # path 中定义的关键字参数
            self.default_args = default_args or {}
            # URL 模式的命名
            self.name = name
```

RoutePattern 中最重要的是保存了 path 中的 route 定义（URL 规则），这也被用来实现字符串（HTTP 请求的 URL）的匹配。下面介绍实现源码：

```
    class RoutePattern(CheckURLMixin):
        # 一个描述符，其中调用了 _compile 函数
        regex = LocaleRegexDescriptor('_route')

        def __init__(self, route, name=None, is_endpoint=False):
            # route 即 path 中定义的 URL 规则
            self._route = route
            self._regex_dict = {}
            # is_endpoint 是结尾标记，即是否添加“$”字符
            self._is_endpoint = is_endpoint
            self.name = name
            # 是一个字典对象，存储 route 中的路径转换器
            self.converters = _route_to_regex(str(route), is_endpoint)[1]

        # URL 规则的正则匹配实现
```

```
    def match(self, path):
        # 传递的 path 参数与 route 进行匹配
        match = self.regex.search(path)
        if match:
            # 获取命名分组匹配的字典，如果 route 没有分组，则是空字典对象
            kwargs = match.groupdict()
            # key 为分组名称，value 是匹配的分组值
            for key, value in kwargs.items():
                converter = self.converters[key]
                try:
                    # 通过转换器得到特定的 Python 对象
                    kwargs[key] = converter.to_python(value)
                except ValueError:
                    return None
            # kwargs 存储了 route 中的所有命名分组和捕获到的值
            return path[match.end():], (), kwargs
        return None

    def _compile(self, route):
        # re.compile 编译正则表达式
        return re.compile(_route_to_regex(route, self._is_endpoint)[0])
```

RoutePattern 的核心是 match 函数，它实现了根据 route 去匹配传递进来的 path 参数。同时，如果 route 中包含命名分组，则将从 path 中捕获到对应的值，并保存在字典中。

注意到 match 函数返回值的第一个元素，match.end 方法用于获取分组匹配的子串在整个字符串中的结束位置（子串最后一个字符的索引+1）。所以，第一个元素表示的是 path 去除 route 之后剩余的部分。

RoutePattern 中还用到了_route_to_regex（初始化函数和_compile 函数中），它的主要目的是将带有路径转换器的 URL 模式转换为正则表达式。实现如下：

```
def _route_to_regex(route, is_endpoint=False):
    original_route = route
    parts = ['^']
    # 存储转换器的字典
    converters = {}
    while True:
        match = _PATH_PARAMETER_COMPONENT_RE.search(route)
        # route 中可能不存在动态参数的定义
        if not match:
            parts.append(re.escape(route))
            break
        parts.append(re.escape(route[:match.start()]))
        route = route[match.end():]
        # 分组的参数名
        parameter = match.group('parameter')
        if not parameter.isidentifier():
            raise ImproperlyConfigured(...)
        # 分组使用的转换器，可能没有指定转换器
        raw_converter = match.group('converter')
        # 默认的 raw_converter 设置为 str，对应 StringConverter
        if raw_converter is None:
            raw_converter = 'str'
        try:
```

```
                # 获取转换器实例
                converter = get_converter(raw_converter)
            except KeyError as e:
                raise ImproperlyConfigured(...)
            converters[parameter] = converter
            # 正则表达式的拼接
            parts.append('(?P<' + parameter + '>' + converter.regex + ')')
        # 如果is_endpoint为True，添加结束符号
        if is_endpoint:
            parts.append('$')
        # 返回了将route转换为正则表达式的结果和命名分组与转换器的映射
        return ''.join(parts), converters
```

从_route_to_regex的实现也解释了之前提到的，如果某个参数没有指定路径转换器，那么使用默认的StringConverter。

下面继续分析URLPattern，介绍它的核心函数resolve：

```
    def resolve(self, path):
        # 调用了RoutePattern的match函数，匹配path参数
        match = self.pattern.match(path)
        if match:
            new_path, args, kwargs = match
            # default_args中的同名参数会覆盖从path中捕获到的值
            kwargs.update(self.default_args)
            # 返回ResolverMatch实例，其中的核心参数是callback，即视图函数
            return ResolverMatch(self.callback, args, kwargs, self.pattern.name)
```

最终resolve返回了ResolverMatch实例，这个类的部分实现如下：

```
class ResolverMatch:
    def __init__(self, func, args, kwargs, url_name=None, ...):
        self.func = func
        self.args = args
        self.kwargs = kwargs
        self.url_name = url_name
        ...

    def __getitem__(self, index):
        return (self.func, self.args, self.kwargs)[index]
```

其实现了__getitem__方法，且根据它的定义可以知道，ResolverMatch可以被看作一个三元组。

至此，_path 函数中 view 是可调用对象的情况就分析完了。接下来，看看另一种情况，即返回URLResolver实例。

URLResolver同样定义了resolve方法，resolve方法的实现又依赖了url_patterns属性。下面，先来看一看url_patterns的实现：

```
def url_patterns(self):
    patterns = getattr(self.urlconf_module, "urlpatterns", self.urlconf_module)
    try:
        iter(patterns)
    except TypeError:
        msg = (...)
        raise ImproperlyConfigured(msg.format(name=self.urlconf_name))
    return patterns
```

url_patterns 的返回是一个可迭代对象，根据之前对 include 函数的分析可以知道，返回值 patterns 中的元素可以是 URLPattern 实例或 URLResolver 实例。

最后，看一看核心方法 resolve 的实现：

```
def resolve(self, path):
    path = str(path)
    tried = []
    # 调用 RoutePattern 的 match 函数
    match = self.pattern.match(path)
    if match:
        # 这里的 new_path 是实现对 URL 层级解析的基础
        new_path, args, kwargs = match
        # 迭代 url_patterns 的返回值
        for pattern in self.url_patterns:
            try:
                    # 1. pattern 是 URLPattern 实例，匹配成功，返回 ResolverMatch
                    # 2. pattern 是 URLResolver 实例，递归执行匹配过程，层级解析
                    sub_match = pattern.resolve(new_path)
            except Resolver404 as e:
                    ...
            else:
                    # 匹配成功，返回 ResolverMatch 实例
                    if sub_match:
                        ...
                        return ResolverMatch(...)
                    tried.append([pattern])
        raise Resolver404({'tried': tried, 'path': new_path})
    raise Resolver404({'path': path})
```

理解了 URLResolver 的 resolve 实现，也就明白了路由系统对 URL 层级解析的实现过程，即路由分发的实现过程。

至此，path 函数的工作原理就分析完了。下面，对其中的核心概念进行总结。

（1）path 函数有两类返回：URLPattern 和 URLResolver。

（2）URLPattern 标识一个确定的可调用对象，也可以认为是一条 URL 的映射信息。

（3）URLResolver 被用来实现 URL 的层级解析，关键在于 url_patterns 既可以包含 URLPattern，也可以包含 URLResolver。

（4）URLPattern 和 URLResolver 都实现了 resolve 方法（也是为了层级解析），且完成匹配都会返回 ResolverMatch 实例。ResolverMatch 即为 URL 的匹配结果，携带了视图函数、参数等相关信息。

（5）在依次匹配 URL 模式的过程中，请求的 URL 找到第一个匹配的模式之后会直接返回。因此，URL 模式的定义顺序可能对请求结果有影响。

（6）resolve 方法实现 URL 的正则匹配最终会依赖 RoutePattern（match 方法），这是在 path 函数中指定的。

path 函数的实现过程是比较复杂的，要搞清楚它的工作原理需要对它的整体思路有清晰的认识。定义 path 的目的是在 HTTP 请求到来之后，能够找到合适的视图处理函数返回响应。接下来介绍从请求到来到匹配视图函数的过程。

10.2.4　HTTP 请求查找视图的实现过程

在第 6 章中已经介绍过，HTTP 请求到来之后，会交给 BaseHandler 的 get_response 方法（位于

django/core/handlers/base.py 文件中）处理。get_response 中对 HTTP 请求的处理又会调用到 _get_response 方法，视图函数的匹配过程就是在这里实现的。

首先，看一看_get_response 方法的实现：

```
def _get_response(self, request):
    # 如果 HttpRequest 带有 urlconf 属性
    if hasattr(request, 'urlconf'):
        urlconf = request.urlconf
        # 设置当前线程的根 URLconf
        set_urlconf(urlconf)
        resolver = get_resolver(urlconf)
    else:
        resolver = get_resolver()

    # 根据 path_info 匹配视图处理函数，返回 ResolverMatch 实例
    resolver_match = resolver.resolve(request.path_info)
    # ResolverMatch 可以当作三元组获取其中的每一个元素
    callback, callback_args, callback_kwargs = resolver_match
    ...
```

由于通常 HttpRequest 不会携带 urlconf 属性，所以，实际获取的 resolver 是没有传递参数的 get_resolver 方法：

```
def get_resolver(urlconf=None):
    if urlconf is None:
        from django.conf import settings
        urlconf = settings.ROOT_URLCONF
    return URLResolver(RegexPattern(r'^/'), urlconf)
```

get_resolver 非常简单，它返回了 URLResolver 实例。可注意到，初始化 URLResolver 的两个参数（针对 urlconf 为 None 的情况）如下。

RegexPattern(r'^/')：RegexPattern 与 RoutePattern 是类似的，用于实现正则表达式的匹配。

urlconf：默认为根 URLconf，即指向项目的 urls.py 文件。

所以，_get_response 方法中的 resolver.resolve 将会依次匹配根 URLconf 中定义的每一个 URL 模式，其中也包含了路由的分发。

下面，以 BBS 项目中的一个页面为例直观地解释 HTTP 请求的匹配过程。访问 Topic 列表页可以在浏览器中输入：

```
http://127.0.0.1:8000/post/topic_list/
```

此时，request.path_info 对应 /post/topic_list/，之后的匹配过程（可以参考对 path 工作原理的分析）如下。

（1）RegexPattern 的 match 方法匹配了 /，返回的 new_path 为 post/topic_list/。

（2）遍历根 URLconf 定义的 URL 模式，匹配到了 post/，这仍然是 URLResolver，所以，进入下一个 URLconf 层级（post 应用），即路由分发。

（3）遍历 post 应用的各个 URL 模式，最终匹配到了 topic_list/，它是 URLPattern，最终得到了 views.topic_list_view 视图函数。

Django 的路由系统模块涉及很多方法和实现类，理清楚路由的工作原理并不容易。在分析的过程中可以参照 urls.py 文件中 urlpatterns 的定义，划分不同类型的 URL 模式，针对不同的类型独立分析，总结出整体的执行流程，再去看 get_response 方法实现从 HTTP 请求到视图函数的匹配过程就容易理解了。

11

第11章　Django中间件

中间件是 Django 请求与响应处理的钩子框架，是一个轻量级的插件系统。在 Web 开发中，钩子函数是很常见的，它可以实现触发和回调，并且做一些过滤和拦截。Django 的中间件用于在全局范围内改变输入（HttpRequest）和输出（HttpResponse）。每个中间件都负责实现特定的功能，同时由于中间件之间可能会有协作，因此它们的定义是需要考虑顺序的。在这之前，我们已经多次使用过中间件了，如 HttpRequest 对象中的 user 属性、用户会话等。本章将详细介绍 Django 的中间件。

11.1　中间件基础

本节主要介绍中间件的概念和特性，如中间件定义的顺序怎样影响钩子函数的调用顺序，各个钩子函数的作用等。同时，由于中间件是一个插件系统，因此也允许其根据业务场景做定制化，本节也会介绍怎样实现自定义的中间件。

11.1.1　中间件简介

1. 什么是中间件

中间件用于在视图函数执行之前和执行之后做一些预处理和后处理操作，功能类似装饰器。它的表现形式是一个 Python 类，类中定义了固定名称的方法，即钩子函数。Django 框架会对每一个 HTTP 请求在特定的时机执行这些钩子函数。

从创建项目到系统运行的过程中，中间件一直在被使用着。在项目的 settings.py 文件中，MIDDLEWARE 变量标识了当前系统中装载的中间件。默认情况下，这其中包含的都是 Django 内置的中间件。

2. 中间件包含什么

中间件可以定义 5 个钩子函数，它们的名字是固定的。Django 在处理一个请求时，在调用视图函数之前，会依次从上到下处理 MIDDLEWARE 中声明的各个中间件，这其中会有两个钩子函数会被调用：

```
process_request
process_view
```

在处理响应时，调用视图函数之后，会依次从下到上（注意，这里的顺序与之前是“相反的”）处理 MIDDLEWARE 中声明的各个中间件，这其中会有三个钩子函数会被调用：

```
process_exception
process_template_response
process_response
```

从这里可以知道，不仅仅是中间件的定义需要考虑顺序问题，中间件中的钩子函数调用时也需要考虑顺序。

3. **中间件的应用场景**

根据之前的介绍，可以把中间件简单地理解为对视图中业务处理逻辑的封装。如果想对请求和响应对象做出修改，就可以考虑使用 Django 的中间件。

例如：可以使用中间件对请求做出拦截，限制用户（可以从 HttpRequest 中拿到客户端的 IP 地址）的访问频率，例如 1 分钟内不允许访问 10 次。很显然，这需要在访问视图函数之前对用户做校验，因此可以利用 process_request 函数完成。

考虑这样一种场景：视图返回 JSON 数据（对于 Web 开发，这很常见），但是由于需求的不同，因此数据结构很难统一。此时，可以利用中间件对响应对象再做一层包装，统一数据结构，可以利用 process_response 函数完成。

4. **配置和使用中间件的注意事项**

在配置和使用中间件的时候，有两点需要注意：第一是钩子函数的实现，由于其涉及的内容比较多，因此在接下来的内容中会有详细的介绍；第二是经常提到的中间件的定义顺序。

不可以随意更改中间件的定义顺序，因为它们之间可能存在着依赖关系。如对于默认的配置，SessionMiddleware（会话中间件）定义在 AuthenticationMiddleware（身份认证中间件）之前，这是因为它们之间存在着依赖。可以尝试修改它们之间的顺序，这时会发现系统报错了。

但同时，Django 并没有规定一定需要中间件才能使项目正常工作，如果不需要，可以随时删减中间件。

11.1.2 中间件的钩子函数

前面已经简单提到过中间件可以定义的 5 个钩子函数，下面依次对它们进行介绍，特别需要注意钩子函数的实现会怎样影响请求的响应结果。

1. process_request

即请求预处理函数，它接受一个参数 request，是 HttpRequest 对象实例。在处理视图函数之前（准确地说，是在完成通过 URL 找到视图函数之前），Django 会调用这个钩子函数。之后，根据函数返回值的不同会有不同的效果。

返回 None：继续处理当前的请求，顺序执行其他中间件的 process_request，再去执行 process_view，接下来才是视图函数。

返回 HttpResponse：不再执行后面中间件的 process_request 方法，也不会执行视图函数，而是执行当前以及刚刚执行过的中间件的 process_response 方法，直到第一个中间件并返回响应。

不同中间件的 process_request 的参数会顺序传递，所以，各个中间件传递的 request 都是同一个对象。如果对这个对象进行了修改，那么，改变将会影响此次请求的整个过程。

2. process_view

即视图预处理函数。首先，来看该函数的定义：

```
process_view(request, view_func, view_args, view_kwargs)
```

这个钩子函数同样会在视图函数之前执行，但是与 process_request 不同的是，它会在确定了当前请求对应的视图函数之后被调用。函数接受的各个参数含义如下。

request：HttpRequest 对象实例。

view_func：解析当前请求得到的视图函数，它是一个实际的函数对象。

view_args：传递给视图函数的位置参数，它是一个元组对象。

view_kwargs：传递给视图函数的关键字参数，它是一个字典对象。

process_view 应该返回 None 或 HttpResponse 对象，同样，会有两类效果。

返回 None：继续处理当前请求，调用其他中间件的 process_view，再去执行对应的视图函数。

返回 HttpResponse：不会执行其他中间件的 process_view，也不会再去执行视图函数，而是会执行中间件的 process_response 方法，并应用到当前返回的 HttpResponse，最终返回响应对象。

3. process_exception

即异常后处理函数，它的定义如下：

```
process_exception(request, exception)
```

当视图函数抛出了未捕获的异常时，这个钩子函数会被调用。它接受两个参数，含义分别如下。

request：HttpRequest 对象实例。

exception：视图函数抛出的异常对象。

该函数主要用来对异常信息做一些记录和对异常的修复，如视图函数抛出异常之后，给用户展示友好的错误提示信息。它可以返回 None 或 HttpResponse 对象。

返回 None：继续执行下一个中间件的 process_exception 方法处理异常，需要注意执行顺序与中间件的定义顺序相反。最终，如果所有中间件的 process_exception 都返回了 None，则 Django 使用内置的异常处理机制处理当前请求。

返回 HttpResponse：继续调用 process_template_response 和 process_response，并最终返回响应对象。

4. process_template_response

即 TemplateResponse 或响应实例有 render 方法的后处理函数，定义如下：

```
process_template_response(request, response)
```

它会在视图函数执行之后被调用，且需要保证返回的响应对象包含可调用的 render 方法。接受两个参数，含义如下。

request：HttpRequest 对象实例。

response：TemplateResponse 或存在 render 方法的对象，可以是视图函数或中间件返回的。

process_template_response 必须返回一个实现了 render 方法的对象。常见的做法是在钩子函数中修改 response 的 template_name 或 context_data 属性来改变响应对象，或者重新构造一个新的响应对象返回。最后，需要知道，这个钩子函数也是根据中间件的定义逆序执行的。

5. process_response

即响应后处理函数，它的定义如下：

```
process_response(request, response)
```

这个函数的调用时机是 Django 执行了视图函数并生成响应之后。它接受两个参数，含义如下。

request：HttpRequest 对象实例。

response：视图或中间件返回的响应对象。

process_response 必须返回 HttpResponse 或 StreamingHttpResponse 对象。返回的对象可以是传递到钩子函数中的 response（做了适当的修改），也可以是重新构造的。同样，它也会根据中间件定义的顺序逆序执行。

11.1.3 自定义中间件

理解了中间件的概念和钩子函数的执行规则，实现自定义的中间件就很简单了。定义中间件最直接的方法是继承自 django.utils.deprecation.MiddlewareMixin，并选择实现适合的钩子函数。

Django 要求中间件必须要至少包含一个钩子函数，但即使是没有实现任何一个函数，尝试加载这个类也并不会报错，只是没有意义。通常会将中间件定义在 middleware.py 文件中，但也不是强制要求。

给 BBS 项目添加自定义的中间件。首先在 post 应用中创建 middleware.py 文件，并在 MIDDLEWARE 列表的末尾添加如下的两个元素：

```
MIDDLEWARE = [
    ...
    'post.middleware.FirstMiddleware',
    'post.middleware.SecondMiddleware',
]
```

其中，FirstMiddleware 和 SecondMiddleware 就是自定义的中间件类。中间件常常被用来记录操作日志，同时日志也可以方便地验证钩子函数的调用规则与执行顺序。因此这里让自定义的中间件类实现打印日志的功能。

第一个版本实现三个钩子函数：process_request、process_view 和 process_response。其中，让前两个函数返回 None，以保证会执行视图函数。实现如下：

```
from django.utils.deprecation import MiddlewareMixin

class FirstMiddleware(MiddlewareMixin):
      def process_request(self, request):
          print('FirstMiddleware: process_request')

      def process_view(self, request, view_func, view_args, view_kwargs):
          print('FirstMiddleware: process_view')

      def process_response(self, request, response):
          print('FirstMiddleware: process_response')
          return response

class SecondMiddleware(MiddlewareMixin):
      def process_request(self, request):
          print('SecondMiddleware: process_request')

      def process_view(self, request, view_func, view_args, view_kwargs):
          print('SecondMiddleware: process_view')

      def process_response(self, request, response):
          print('SecondMiddleware: process_response')
          return response
```

以 hello_django_bbs（post 应用中定义）视图为例，给它添加打印日志，以方便校验函数之间的调用规则：

```
def hello_django_bbs(request):
    print('hello_django_bbs')
    ...
```

在浏览器中打开 hello_django_bbs 对应的 URL，可以在服务的运行 Shell 中看到打印的日志内容：

```
FirstMiddleware: process_request
SecondMiddleware: process_request
FirstMiddleware: process_view
SecondMiddleware: process_view
hello_django_bbs
SecondMiddleware: process_response
FirstMiddleware: process_response
```

视图函数在 process_request 和 process_view 之后调用，在 process_response 之前调用；process_request 和 process_view 正序（中间件定义的顺序）执行，process_response 则逆序执行。

如果，process_request 返回的不是 None（没有返回的情况），而是 HttpResponse：

```
from django.http import JsonResponse
from django.utils.deprecation import MiddlewareMixin

class FirstMiddleware(MiddlewareMixin):
      def process_request(self, request):
          print('FirstMiddleware: process_request')
          return JsonResponse({'Hello': 'Django BBS'})
      ...
```

让 FirstMiddleware 的 process_request 函数返回响应，重新打开 URL，可以发现是由中间件返回了响应。Shell 中打印的日志内容如下所示：

```
FirstMiddleware: process_request
FirstMiddleware: process_response
```

SecondMiddleware 和视图函数都没有被调用，这也与之前说明的调用规则相符。如果在 process_view 函数中返回响应，那么视图函数也不会被执行。例如：

```
class FirstMiddleware(MiddlewareMixin):
      ...
      def process_view(self, request, view_func, view_args, view_kwargs):
          print('FirstMiddleware: process_view')
          return JsonResponse({'Hello': 'Django BBS'})
```

注意，需要将 process_request 函数中的响应删除。重新打开 URL，可以在 Shell 中看到如下的日志内容：

```
FirstMiddleware: process_request
SecondMiddleware: process_request
FirstMiddleware: process_view
SecondMiddleware: process_response
FirstMiddleware: process_response
```

由于在 FirstMiddleware 的 process_view 函数中返回了响应，所以，Django 不会再去执行其他中间件的 process_view，也不会再去执行视图函数。

如果在中间件中定义了 process_exception，那么可以对视图函数抛出的异常做一些修复性的工作：

```
class FirstMiddleware(MiddlewareMixin):
      ...
      def process_exception(self, request, exception):
          print('FirstMiddleware: process_exception')
          return JsonResponse({'exception': str(exception)})
```

注意，不要在 FirstMiddleware 的 process_request 或 process_view 中返回响应，因为这样会导致 Django 框架不再执行视图函数。同时，修改 hello_django_bbs 视图，在其中抛出异常：

```
def hello_django_bbs(request):
    print('hello_django_bbs')
    raise Exception('hello_django_bbs error')
```

再去访问视图函数，可以发现响应对象由 process_exception 函数返回。打印的日志内容如下：

```
FirstMiddleware: process_request
SecondMiddleware: process_request
FirstMiddleware: process_view
SecondMiddleware: process_view
hello_django_bbs
FirstMiddleware: process_exception
SecondMiddleware: process_response
FirstMiddleware: process_response
```

process_template_response 函数被调用的条件是响应对象包含 render 方法，这也很容易模拟实现：

```
def hello_django_bbs(request):
    print('hello_django_bbs')

    def render():
        print('hello_django_bbs: render')
        return JsonResponse({'hello': 'django'})
    response = HttpResponse()
    response.render = render
    return response
```

再次修改 FirstMiddleware，给它添加 process_template_response 函数：

```
class FirstMiddleware(MiddlewareMixin):
    ...
    def process_template_response(self, request, response):
        print('FirstMiddleware: process_template_response')
        return response
```

访问 hello_django_bbs 视图，打印的日志如下所示：

```
FirstMiddleware: process_request
SecondMiddleware: process_request
FirstMiddleware: process_view
SecondMiddleware: process_view
hello_django_bbs
FirstMiddleware: process_template_response
hello_django_bbs: render
SecondMiddleware: process_response
FirstMiddleware: process_response
```

除了打印日志，中间件可以做的事情还有很多。理解了 Django 框架对中间件的调用规则以及钩子函数的实现对返回对象的影响，就可以根据需要实现自己的中间件了。下面介绍 Django 内置的部分中间件。

11.2 Django 内置的中间件

Django 内置了许多中间件，其中 SessionMiddleware 和 AuthenticationMiddleware 是比较有代表性的。在使用 startproject 命令创建项目时，settings.py 文件中的 MIDDLEWARE 变量就默认包含了这两个中间件，且 SessionMiddleware 在 AuthenticationMiddleware 的前面。本节就以它们为例介绍内置的中间件。

11.2.1　会话中间件 SessionMiddleware

会话是为了解决 HTTP 无状态的问题，例如不用每次打开 Web 站点都需要重新登录。Django 使用 Cookie（如果不熟悉 HTTP 中会话的概念，可以先查阅相关资料，再继续看对会话中间件的解析）来保持会话，默认情况下，会话信息保存到数据库中。下面，先来看一看 SessionMiddleware 能够正常工作所需要依赖的组件，再分析它的实现原理。

1. django.contrib.sessions 应用

SessionMiddleware 定义在 django.contrib.sessions 应用中，且需要依赖应用中定义的数据表。其需要装载 sessions 应用，即在 settings.py 文件的 INSTALLED_APPS 中声明：

```
INSTALLED_APPS = [
    ...
    'django.contrib.sessions',
    ...
]
```

django/contrib/sessions/models.py 文件中定义了一个 Model 对象 Session：

```
class Session(AbstractBaseSession):
    objects = SessionManager()
    ...
    class Meta(AbstractBaseSession.Meta):
        db_table = 'django_session'
```

Session 中定义了查询管理器，同时显式地指定了表名为 django_session。下面再看一看它的父类定义：

```
class AbstractBaseSession(models.Model):
     session_key = models.CharField(..., max_length=40, primary_key=True)
     session_data = models.TextField(_('session data'))
     expire_date = models.DateTimeField(_('expire date'), db_index=True)
```

这张表（django_session）中定义了三个字段，字段含义分别如下。

session_key：主键，它是唯一的，记录的值是放置在 Cookie 中的会话 id。

session_data：存放序列化之后的会话数据字符串。

expire_date：过期时间，标识会话状态是否失效。

创建项目之后，如果没有对默认配置做过修改，那么，第一次执行 migrate 命令时这张表就已经创建了。例如，BBS 项目中的 django_session 表结构如图 11-1 所示。

```
mysql> desc * from django_session;
+--------------+-------------+------+-----+---------+-------+
| Field        | Type        | Null | Key | Default | Extra |
+--------------+-------------+------+-----+---------+-------+
| session_key  | varchar(40) | NO   | PRI | NULL    |       |
| session_data | longtext    | NO   |     | NULL    |       |
| expire_date  | datetime(6) | NO   | MUL | NULL    |       |
+--------------+-------------+------+-----+---------+-------+
```

图 11-1　django_session 表结构

2. SESSION_ENGINE 变量

可以在项目的配置文件（settings.py）中指定 SESSION_ENGINE 变量，默认情况下，它并没有被显式地指定。此时，Django 会使用框架内的定义：

```
SESSION_ENGINE = 'django.contrib.sessions.backends.db'
```

这个变量指定了存储会话数据的模块，命名为 SessionStore。当前的配置指定使用数据库去保存会话数据。除此之外，Django 也提供了其他的实现方式。

django.contrib.sessions.backends.cache：基于缓存的会话，这要求对使用的缓存进行配置。使用缓存存储会话数据，效率是最高的，也是首选的存储方案。

django.contrib.sessions.backends.cached_db：由于缓存不一定可靠（如缓存服务器重启），因此这种方式将会话数据同时保存到缓存和数据库中。首先尝试从缓存中读取，只有当缓存不可用时，才会从数据库中读取。

django.contrib.sessions.backends.file：这种方式将会话数据保存到文件中，这要求设置文件存储的目录以及当前的服务对这个目录有读写权限。

django.contrib.sessions.backends.signed_cookies：这种方式将会话数据保存在 Cookie 中，Django 将使用加密签名工具和安全秘钥对会话数据进行加密。

3. SessionMiddleware 的实现原理

SessionMiddleware 定义在 django/contrib/sessions/middleware.py 文件中，它实现了两个钩子函数：process_request 和 process_response。首先来看它的构造函数：

```
class SessionMiddleware(MiddlewareMixin):
        def __init__(self, get_response=None):
                ...
                engine = import_module(settings.SESSION_ENGINE)
                self.SessionStore = engine.SessionStore
```

基于之前对 SESSION_ENGINE 的介绍，可以知道，engine.SessionStore 指向 django/contrib/sessions/backends/db.py 文件中定义的 SessionStore 对象。

Django 实现的 SessionStore 都继承自 SessionBase，SessionBase 实现了对会话数据的操作方法。关于这些具体的操作实现，将在其使用到的地方再做介绍。接下来的内容中，如果没有特别说明，那么 SessionStore 指的就是默认配置。

再看 SessionMiddleware 的 process_request 函数：

```
def process_request(self, request):
    session_key = request.COOKIES.get(settings.SESSION_COOKIE_NAME)
    request.session = self.SessionStore(session_key)
```

Cookie 是键值对结构，很像 Python 中的字典对象，所以 HttpRequest 的 COOKIES 属性是 dict 类型的。SESSION_COOKIE_NAME 用来标识会话 id 的名称，即 Cookie 的 key，默认的名称是 sessionid。

在 process_request 中，首先尝试从 COOKIES 中获取 sessionid，之后利用获取到的值初始化 SessionStore。需要注意，session_key 可能是 None，如注销登录或者第一次登录，所以，request.session 即为 SessionStore 实例。

下面看一看 SessionStore 的初始化方法（定义于 django/contrib/sessions/backends/db.py 文件中）都做了些什么：

```
def __init__(self, session_key=None):
    super().__init__(session_key)
```

SessionStore 继承自 SessionBase（定义于 django/contrib/sessions/backends/base.py 文件中），继续看 SessionBase 的初始化方法：

```
def __init__(self, session_key=None):
    self._session_key = session_key
    self.accessed = False
    self.modified = False
    self.serializer = import_string(settings.SESSION_SERIALIZER)
```

这里的初始化过程比较简单：session_key 的赋值、accessed 标记是否获取过会话数据、modified 标记是否对会话数据做过修改、serializer 用来对会话数据做序列化。

由于 process_request 会按照中间件定义的顺序正序执行，所以，在 SessionMiddleware 之后定义的中间件的 HttpRequest 实例都会有 session 属性。在操作 session 时（中间件或者视图函数中），可以看到类似 request.session['_auth_user_id'] = user.id 的操作。Python 对象使用字典式的操作只需要实现 __setitem__ 和 __getitem__ 方法。它们都定义在 SessionBase 中，下面先介绍 __getitem__ 的实现：

```
def __getitem__(self, key):
    return self._session[key]
```

这实际会调用 SessionBase 的 _get_session 方法，实现如下：

```
def _get_session(self, no_load=False):
    # 将 accessed 属性设置为 True，标记获取了会话数据
    self.accessed = True
    try:
        # 尝试返回 _session_cache 属性，如果不存在，抛出异常
        return self._session_cache
    except AttributeError:
        # session_key 为 None，将 _session_cache 设置为空字典
        if self.session_key is None or no_load:
            self._session_cache = {}
        else:
            # 否则，调用 SessionStore 的 load 方法完成赋值
            self._session_cache = self.load()
    # 最终返回的是一个字典对象
    return self._session_cache
```

如果 self._session_cache 没有初始化，会执行异常处理，并根据 self.session_key 是否存在的条件给 self._session_cache 赋值。self.session_key 实际就是 SessionBase 中初始化函数的 self._session_key（做了简单的校验）。

__setitem__ 方法用于完成赋值，可以在登录函数（login）中找到 session 的赋值过程。它的实现如下：

```
def __setitem__(self, key, value):
    self._session[key] = value
    self.modified = True
```

将 modified 属性设置为 True 标记当前的会话数据被修改了，同时设置了键值对。

process_request 函数最核心的实现就是给 HttpRequest 实例添加了 session 属性。下面介绍 process_response 函数的实现：

```
def process_response(self, request, response):
    try:
        accessed = request.session.accessed
        modified = request.session.modified
        empty = request.session.is_empty()
    except AttributeError:
        # 如果在读取属性的过程中抛出了异常，不做其他的操作
        pass
    else:
        # 如果 HttpRequest 的 COOKIES 属性中存在 sessionid 且数据为空
        if settings.SESSION_COOKIE_NAME in request.COOKIES and empty:
            # 删除 Cookie
```

```
                response.delete_cookie(...)
        else:
                ...
                # 如果会话数据被修改过且会话数据不空
                if (modified or settings.SESSION_SAVE_EVERY_REQUEST)
                        and not empty:
                    # 是否设置浏览器关闭就让会话过期
                    if request.session.get_expire_at_browser_close():
                        max_age = None
                        expires = None
                    else:
                        # 获取会话最大生存时间，默认为两周
                        max_age = request.session.get_expiry_age()
                        # 当前的时间加上最大生存时间，即为过期时间
                        expires_time = time.time() + max_age
                        # 将过期时间转换为 Cookie 的设置格式
                        expires = cookie_date(expires_time)
                    # 如果响应码不是 500，保存会话数据，设置 Cookie
                    if response.status_code != 500:
                         try:
                             request.session.save()
                         except UpdateError:
                             raise SuspiciousOperation(...)
                         # 给浏览器设置 Cookie
                         response.set_cookie(...)
    return response
```

process_response 函数整体思想比较简单，主要完成两个工作：保存会话数据和给浏览器设置 Cookie。

函数开始会去获取三个属性，accessed 和 modified 在 SessionBase 中初始化，且可能在之后的操作中重新赋值。is_empty 方法定义在 SessionBase 中，实现如下：

```
def is_empty(self):
    try:
        return not bool(self._session_key) and not self._session_cache
    except AttributeError:
        return True
```

当会话数据不存在时，is_empty 返回 True。根据之前的分析可以知道，如果 COOKIES 中存在 sessionid 或设置过 request.session 属性，则该函数会返回 False。

SESSION_SAVE_EVERY_REQUEST 变量标记是否每一次请求都会保存会话数据，默认值是 False。因此，只有当会话数据被修改过且不为空的情况下，才可能（还需要考虑响应码）需要保存会话数据。

get_expire_at_browser_close 方法返回布尔类型，如果为 True，表示会话状态在浏览器关闭时过期。实现如下：

```
def get_expire_at_browser_close(self):
    if self.get('_session_expiry') is None:
        return settings.SESSION_EXPIRE_AT_BROWSER_CLOSE
    return self.get('_session_expiry') == 0
```

_session_expiry 可以通过 request.session.set_expiry(value) 设置，给定不同的值会有不同的会话失效策略。

value 是整数：会话在给定值的秒数后过期（在这期间没有其他动作）。

value 是 datetime 或 timedelta 对象：会话在这个给定的时间后过期。

value 是 None：会话使用全局的会话过期策略。

value 是 0：在浏览器关闭时过期。

之后，可得到会话的最大生存时间和 Cookie 的过期时间。当响应码不是 500 时，将会话保存到数据库中，下面看 save 方法（在 SessionStore 中定义）的实现：

```
def save(self, must_create=False):
    # Cookie 中不带有会话 id，例如首次登录时
    if self.session_key is None:
        # 创建会话记录
        return self.create()
    # 获取设置的会话数据
    data = self._get_session(no_load=must_create)
    # 创建 django.contrib.sessions.models.Session 实例对象
    obj = self.create_model_instance(data)
    # 获取可写数据库，默认为 default
    using = router.db_for_write(self.model, instance=obj)
    try:
        # 开启数据库事务
        with transaction.atomic(using=using):
            # 持久化会话记录到数据库中
            obj.save(force_insert=must_create,
                force_update=not must_create, using=using)
    except IntegrityError:
        ...
```

save 方法的核心是 create 方法，它构造一个唯一的 session_key（django_session 的主键）之后，再重新调用 save 方法。实现如下：

```
def create(self):
    while True:
        # 生成数据表中唯一的加密字符串
        self._session_key = self._get_new_session_key()
        try:
            # 重新调用 save 方法保存会话记录
            self.save(must_create=True)
        except CreateError:
            # session_key 存在冲突，保存出现异常
            continue
        self.modified = True
        return
```

之前已经介绍过_get_session 方法，它用来获取会话数据。create_model_instance 方法用于创建 django.contrib.sessions.models.Session 实例，实现如下：

```
def create_model_instance(self, data):
    return self.model(
        # 创建或者获取唯一的会话 id
        session_key=self._get_or_create_session_key(),
        # 序列化会话数据
        session_data=self.encode(data),
        # 过期时间，默认为两周
```

```
            expire_date=self.get_expiry_date(),
        )
```

这里的 self.model 实际就是 Session 对象，需要注意的是，在保存会话数据时，还进行了序列化操作 encode(data)。关于实现序列化的具体算法，这里不多做介绍。

至此，SessionMiddleware 的工作原理就分析完了。这其中涉及的内容比较多，在理解两个钩子函数实现功能的基础上，还需要考虑其他的中间件和视图函数对会话数据的修改可能造成的影响。同时，会话的存储和操作需要依赖 SessionStore 和 SessionBase，这里只介绍了它们实现的部分方法，更多的功能实现在使用到的时候再做分析。

11.2.2 身份认证中间件 AuthenticationMiddleware

AuthenticationMiddleware 比 SessionMiddleware 要简单许多，且它们之间存在着依赖关系。首先，看一看它的实现（定义于 django/contrib/auth/middleware.py 文件中）：

```
class AuthenticationMiddleware(MiddlewareMixin):
    def process_request(self, request):
        # 当前的 request 必须要有 session 属性
        assert hasattr(request, 'session'), ...
        # 给 request 添加 user 属性
        request.user = SimpleLazyObject(lambda: get_user(request))
```

这个中间件只定义了 process_request 函数，负责给 HttpRequest 对象添加 user 属性。首先，它会断言当前的 HttpRequest 有 session 属性，这也是 SessionMiddleware 必须在“前面”定义的原因。

request.user 其实是 SimpleLazyObject 对象实例，它实现了延迟加载的功能，即只有在真正使用 user 属性的时候，才会调用 get_user 方法。

接下来，看一看 get_user 方法的实现：

```
def get_user(request):
    if not hasattr(request, '_cached_user'):
        request._cached_user = auth.get_user(request)
    return request._cached_user
```

在没有调用 get_user 方法之前，request 还没有 _cached_user 属性。因此，这里会调用 auth.get_user 方法，它的实现如下：

```
def get_user(request):
    from .models import AnonymousUser
    user = None
    try:
        user_id = _get_user_session_key(request)
        # 从会话数据中获取用户认证后端
        backend_path = request.session[BACKEND_SESSION_KEY]
    except KeyError:
        # 如果抛出异常，不执行任何动作
        pass
    else:
        if backend_path in settings.AUTHENTICATION_BACKENDS:
            backend = load_backend(backend_path)
            # 通过认证后端获取 User 对象
            user = backend.get_user(user_id)
            ...
    # 如果 user 为 None，则返回匿名用户
```

```
        return user or AnonymousUser()
```

在分析 auth.get_user 方法的实现之前，先看一看在登录时，Django 都在 session 中设置了什么（位于 django/contrib/auth/__init__.py 文件中）：

```
def login(request, user, backend=None):
    ...
    try:
        backend = backend or user.backend
    except AttributeError:
        backends = _get_backends(return_tuples=True)
        ...
    request.session[SESSION_KEY] = user._meta.pk.value_to_string(user)
    request.session[BACKEND_SESSION_KEY] = backend
    ...
```

login 中主要给 request.session 设定了两个键值对。

① SESSION_KEY：_auth_user_id，登录用户 id，且使用 value_to_string 转换为字符串类型，因为 Cookie 中只允许设置字符串。

② BACKEND_SESSION_KEY：_auth_user_backend，用户身份认证后端。

在会话对象中设置这些数据，可以避免每一次请求时都需要重新登录。登录函数返回后，SessionMiddleware 将会把这些数据写入数据库中保存。

回到 auth.get_user 中，_get_user_session_key 从会话数据中获取 user_id，实现如下：

```
def _get_user_session_key(request):
     return get_user_model()._meta.pk.to_python(request.session[SESSION_KEY])
```

request.session[SESSION_KEY]会调用到 SessionBase 的_get_session 方法，这在分析 Session Middleware 的时候已经介绍过了。下面介绍对于 Cookie 中带有 sessionid 的情况，_get_session 方法的返回如下：

```
def _get_session(self, no_load=False):
     self.accessed = True
     try:
          return self._session_cache
     except AttributeError:
          if self.session_key is None or no_load:
               self._session_cache = {}
          else:
               # Cookie 中带有 sessionid
               self._session_cache = self.load()
     return self._session_cache
```

self._session_cache 由 self.load 方法完成赋值，它定义于 SessionStore 中，实现如下：

```
def load(self):
    try:
         # 根据会话 id 和过期时间约束尝试获取 Session 对象
         s = self.model.objects.get(
              session_key=self.session_key,
              expire_date__gt=timezone.now()
         )
         # 反序列化会话数据，返回字典对象
         return self.decode(s.session_data)
    except (self.model.DoesNotExist, ...) as e:
         ...
```

```
            return {}
```

load 方法返回的字典中包含了在登录时设置的 _auth_user_id 和 _auth_user_backend 等数据。

所以，request.session[SESSION_KEY] 得到的就是用户 id。由于其是字符串类型，因此最后使用了 AutoField 的 to_python 方法转换为整数。

auth.get_user 通过用户 id 和身份认证后端可以获取到 User 对象。至此，身份认证中间件的工作原理也就分析完了。

本节介绍了 Django 框架中内置的两个比较有代表性的中间件，也说明了为什么中间件需要有严格的定义顺序。对于其他的内置或者自定义的中间件，可以用同样的方法，按照一定的顺序去分析各个钩子函数。最后，结合其他的中间件和视图函数，理清楚它们的用法与功能。接下来，去看一看 Django 框架是怎样执行中间件的。

11.3 中间件的工作原理

之前已经对 Django 中间件的组成（钩子函数）、调用顺序进行了介绍。只需要按照顺序将中间件声明在 MIDDLEWARE 变量中，即可完成“自上而下”的调用过程。本节就来看一看 Django 装载中间件的过程，以及执行中间件的规则。

11.3.1 责任链设计模式

责任链模式是一种对象的行为模式。多个对象组成处理链条，每一个对象都保持对下一个对象的引用。请求在这个链条上传递，直到符合要求被链上的某一个对象处理。由于发出请求的客户端并不需要知道是链上的哪一个对象处理了它，所以，系统可以在不通知客户端的情况下重新组织，变更对象之间的职责关系。

有这样一个需求：根据分数（score）进行评级，如 90～100 分的是 A、75～90 分的是 B 等。此时，就可以实现一些处理对象，将它们组成链，使 score 在遇到合适的条件时返回处理结果。

首先，定义抽象类，需要给出构造处理链条的入口与处理方法的定义：

```
class AbstractHandle:
    def __init__(self):
        self.successor = None

    def set_successor(self, successor):
        self.successor = successor

    def handle(self, score):
        raise NotImplementedError
```

set_successor 方法用来设定下一个处理对象的引用，以此来形成链条。handle 方法是处理逻辑的具体实现。

接下来，定义处理对象，它们都需要继承自 AbstractHandle，并实现 handle 方法：

```
class HandleA(AbstractHandle):
    def handle(self, score):
        if 90 <= score <= 100:
            print('A')
        else:
            self.successor.handle(score)
class HandleB(AbstractHandle):
    def handle(self, score):
```

```
            if 75 <= score < 90:
                print('B')
            else:
                self.successor.handle(score)

class HandleC(AbstractHandle):
    def handle(self, score):
            if 60 <= score < 75:
                print('C')
            else:
                print('D')
```

根据之前对责任链模式的描述可以知道，目前需要构造的链条是 HandleA、HandleB、HandleC。即 HandleA 中的 handle 方法如果没有返回（实现中是打印评级结果），则会交由 HandleB 去执行，最后 HandleC 一定会返回结果。

使用这个处理过程，需要先将责任链条构造出来：

```
>>> handle_a = HandleA()
>>> handle_b = HandleB()
>>> handle_c = HandleC()
>>> handle_a.set_successor(handle_b)
>>> handle_b.set_successor(handle_c)
```

给定 score，交由 handle_a 的 handle 方法：

```
>>> for score in [88, 98, 74, 52]:
...     handle_a.handle(score)
...
B
A
C
D
```

责任链模式中的各个对象都不需要知道完整的处理关系，每个对象只需要保持后继对象的引用即可，这在很大程度上降低了耦合度。同时，增加或减少处理对象也非常灵活，不需要客户端参与。但是，责任链的设计可能会造成某些请求不被接受，调试过程也比较烦琐。所以，在使用责任链时需要权衡利弊。

11.3.2 中间件基类 MiddlewareMixin

之前介绍过中间件都继承自 MiddlewareMixin，它位于 django/utils/deprecation.py 文件中。下面介绍它的实现：

```
class MiddlewareMixin:
    def __init__(self, get_response=None):
        self.get_response = get_response
        super().__init__()

    def __call__(self, request):
        response = None
        if hasattr(self, 'process_request'):
            response = self.process_request(request)
        if not response:
            response = self.get_response(request)
        if hasattr(self, 'process_response'):
            response = self.process_response(request, response)
        return response
```

初始化方法接受一个可选的参数 get_response，作为当前对象的一个属性。__call__是 Python 的魔术方法，当类对象实现了这个方法，它就可以像函数一样被调用。所以，继承自 MiddlewareMixin 的中间件可以通过传递 request 参数调用。

MiddlewareMixin 的核心实现就是__call__方法，它定义了钩子函数的调用规则。

（1）如果定义了 process_request，则会调用，并将返回赋值给 response。

（2）如果 process_request 没有返回，则调用初始化时传递进来的 get_response，并将返回赋值给 response。

（3）如果定义了 process_response，则调用它，并获取返回。

对于一个中间件来说，process_request 与 process_response 方法之间执行的是其他的中间件和视图函数。所以，可以知道，__call__方法中的 get_response 实现了这一过程。

11.3.3 中间件的装载与执行

在第 6 章中介绍过，Django 应用启动时，会初始化 WSGIHandler 实例。中间件也是在启动时完成装载的，之后在每一次请求到来时执行中间件和视图函数。下面首先来看中间件是怎样完成装载的。

1. 中间件的装载过程

中间件的装载发生在初始化 WSGIHandler 实例的过程中，实现如下：

```
class WSGIHandler(base.BaseHandler):
    request_class = WSGIRequest

    def __init__(self, *args, **kwargs):
        super().__init__(*args, **kwargs)
        self.load_middleware()
```

其中，load_middleware 方法定义在基类 BaseHandler 中，实现如下：

```
def load_middleware(self):
    # 用于保存中间件钩子函数的列表对象
    self._request_middleware = []
    self._view_middleware = []
    self._template_response_middleware = []
    self._response_middleware = []
    self._exception_middleware = []

    # handler 的初始值是 self._get_response
    handler = convert_exception_to_response(self._get_response)
    # 读取 MIDDLEWARE 中定义的中间件，注意这里是逆序
    for middleware_path in reversed(settings.MIDDLEWARE):
        # 加载各个中间件类对象
        middleware = import_string(middleware_path)
        try:
            # 传递 handler 初始化中间件实例
            mw_instance = middleware(handler)
        except MiddlewareNotUsed as exc:
            ...
            continue
        # 如果中间件定义存在错误，抛出异常
        if mw_instance is None:
            raise ImproperlyConfigured(...)
```

```
            # 如果中间件定义了 process_view 函数
            if hasattr(mw_instance, 'process_view'):
                # _view_middleware 正序保存
                self._view_middleware.insert(0, mw_instance.process_view)
            # 如果中间件定义了 process_template_response 函数
            if hasattr(mw_instance, 'process_template_response'):
                # _template_response_middleware 逆序保存
                self._template_response_middleware.append(
                         mw_instance.process_template_response)
            # 如果中间件定义了 process_exception 函数
            if hasattr(mw_instance, 'process_exception'):
                # _exception_middleware 逆序保存
                self._exception_middleware.append(mw_instance.process_exception)
            # handler 在每一次循环中修改为当前的中间件实例
            handler = convert_exception_to_response(mw_instance)
        self._middleware_chain = handler
```

convert_exception_to_response 是一个装饰器，实现了对异常的兼容处理。它捕获异常并做相应的转换，如 404 响应、500 响应等。它会应用到所有的中间件，确保中间件抛出了异常时，下一个中间件可以继续处理响应而不是异常。

初始 handler 指向了 self._get_response，接下来，开始倒序遍历（reversed）配置中定义的 MIDDLEWARE。在遍历各个中间件的过程中，完成对中间件的初始化，并保存钩子函数到对应的列表中。最后，_middleware_chain 实际指向 MIDDLEWARE 中定义的第一个中间件的实例对象。

中间件的初始化过程是最重要也是最核心的部分，为了更好地理解这一过程，下面对一个具体的例子进行介绍。假设当前的 MIDDLEWARE 为：

```
MIDDLEWARE = [
    'django.middleware.security.SecurityMiddleware',
    'django.contrib.sessions.middleware.SessionMiddleware',
    'django.middleware.common.CommonMiddleware',
]
```

加载 CommonMiddleware（逆序），传递 self._get_response（handler 的初始值）完成初始化。当前的 mw_instance 即为 CommonMiddleware 实例，赋值给 handler。

加载 SessionMiddleware，传递 CommonMiddleware 实例完成初始化。mw_instance 变成了 SessionMiddleware 实例，赋值给 handler。

加载 SecurityMiddleware，传递 SessionMiddleware 实例完成初始化。mw_instance 变成了 SecurityMiddleware 实例，赋值给 handler。

因此，最终的 handler 就是 SecurityMiddleware 实例，并赋值给 self._middleware_chain，形成了中间件链。很显然，这里中间件的装载过程是责任链模式。

2. 中间件的执行过程

请求到来时，BaseHandler 的 get_response 会被调用，中间件链会对请求进行处理：

```
def get_response(self, request):
    ...
    response = self._middleware_chain(request)
```

结合之前对 MiddlewareMixin 的分析可以知道，self._middleware_chain(request) 执行过程如下（仍然以之前假设的 MIDDLEWARE 为例）。

执行 SecurityMiddleware 的 process_request 方法（如果存在），如果此时返回了响应（response

不为 None），则会直接调用 process_response。其他的中间件和 _get_response 都会被忽略。

如果 SecurityMiddleware 的 process_request 没有返回值，会调用 SessionMiddleware 的 process_request 方法（责任链的下一个对象）。同样，如果返回了响应，则会去执行 process_response。

如果 SessionMiddleware 的 process_request 也没有返回值，则 CommonMiddleware 的 process_request 会被调用，同时会根据返回值决定是调用_get_response 还是直接调用 process_response。

MiddlewareMixin 对中间件的调用过程显然是递归的，所以，process_response 会按照定义的顺序逆序执行。

如果所有中间件的 process_request 方法都没有返回响应，则_get_response 会被调用：

```
def _get_response(self, request):
    response = None
    ...
    # 获取请求对应的视图函数
    callback, callback_args, callback_kwargs = resolver_match
    ...
    # 正序执行中间件定义的 process_view 钩子函数
    for middleware_method in self._view_middleware:
        response = middleware_method(request, callback, ...)
        # 如果某个 process_view 返回了响应，退出循环
        if response:
            break
    # 所有的 process_view 函数都没有返回响应
    if response is None:
        wrapped_callback = self.make_view_atomic(callback)
        try:
            # 调用视图函数，获取响应
            response = wrapped_callback(request, *callback_args, **callback_kwargs)
        except Exception as e:
            # 调用视图函数的过程中抛出了异常，执行 process_exception
            response = self.process_exception_by_middleware(e, request)
    # 如果视图没有返回响应，抛出异常
    if response is None:
        ...
        raise ValueError(...)
    # 存在响应对象，且响应对象包含 render 方法
    elif hasattr(response, 'render') and callable(response.render):
        for middleware_method in self._template_response_middleware:
            # 执行 process_template_response 钩子函数
            response = middleware_method(request, response)
            # process_template_response 没有返回，抛出异常
            if response is None:
                raise ValueError(...)
            try:
                # 调用响应对象的 render 方法
                response = response.render()
        except Exception as e:
                # render 方法中抛出了异常，执行 process_exception 函数
                response = self.process_exception_by_middleware(e, request)
    # 返回请求的响应对象
    return response
```

通过对 _get_response 的分析，可以知道以下几点。

① process_view 函数的调用时机发生在查找到视图函数之后、调用视图函数之前，且它的执行顺序与中间件的定义顺序是一致的。在执行的过程中，如果有 process_view 返回了响应，则退出循环。

② 如果所有中间件的 process_view 函数都没有返回响应，则调用视图函数。视图函数执行的过程中抛出了异常，则会逆序执行 process_exception 函数。

③ 如果视图响应对象包含可调用的 render 方法，则逆序执行 process_template_response 函数，且要求每一个 process_template_response 都要有响应。

④ 最后，在调用响应对象的 render 方法时，利用 process_exception 函数捕获异常。返回响应对象。

兼容视图异常的 process_exception_by_middleware 实现非常简单，只是循环（逆序）调用了各个中间件定义的 process_exception 函数：

```
def process_exception_by_middleware(self, exception, request):
    for middleware_method in self._exception_middleware:
        response = middleware_method(request, exception)
        if response:
            return response
    raise
```

任何一个中间件的 process_exception 函数返回了响应，即退出循环，继续执行其他的流程。如果所有 process_exception 都返回了 None，则 Django 使用内置的异常处理机制处理当前请求。

至此，Django 中间件的介绍就结束了。本章从中间件的基础概念开始，介绍了中间件可以定义的钩子函数，以及它们在运行过程中的调用顺序。接下来，通过自定义中间件，实现基础功能的同时也验证了 Django 的调用规则。最后，从源码层面分析了内置的中间件以及加载与执行过程。理解了这些内容，我们将会对中间件有更加清晰的认识。

第12章 Django信号机制

Django 框架包含了一个信号机制，它允许若干个 sender 通知一组 receiver 某些操作已经发生了，receiver 再去执行特定的操作。这在多处业务逻辑与同一事件有关联的情况下是很有用的。Django 内建了许多信号，允许用户的代码获得特定操作的通知。例如在 Model 保存前触发的信号 pre_save、在 Model 保存后触发的信号 post_save 等。同时，为了满足实际的业务场景，Django 也允许自定义信号，这也非常容易实现。本章将介绍 Django 的信号机制。

12.1 信号的概念与应用

本节主要对 Django 中信号的概念进行介绍，说明什么是信号、信号包含的三要素以及信号的执行流程。对信号的概念有个清晰的认识是非常重要的，这样能够更加容易理解信号的使用方法。之后，对信号的应用场景与特性进行介绍，主要说明什么情况下推荐使用信号以及信号的特性限制了它不应该在哪些场景下使用。最后，介绍 Django 内置的信号与自定义信号。

12.1.1 信号的基本概念

Linux 编程中也存在信号的概念，但它与 Django 框架中的信号不是一回事。Django 中的信号用于在框架执行操作时解耦。它的基本思想是当系统中的某个状态发生改变时，通过信号通知其他对这个状态感兴趣的系统更新状态。

信号包含以下三要素。

（1）发送者（sender）：信号的发出方，即谁发送了信号。

（2）信号（signal）：发送的信号本身。

（3）接收者（receiver）：信号的接收者，即信号是发给谁的。

信号接收者其实就是一个简单的回调函数，将这个函数注册到信号上，当特定的事件发生时，发送者发送信号，回调函数被执行。

需要注意，这里回调函数的执行是同步的，所以，需要异步执行的耗时任务不能作为信号的接收者。

通知是信号最常使用的场景之一，如在 BBS 项目中，当用户发布了新的 Topic，需要将它广播出去，就可以使用信号做消息推送；当用户的 Topic 有了新的 Comment 时，也可以使用信号去通知 Topic 所属用户。

当然，除了使用信号，还可以把这种通知的逻辑写在“事件发生的地方”。但是这样做显然将两个功能不同的逻辑耦合在一起了，而且如果其他类似的通知都这样做，系统中会充斥着大量的冗余代码，非常不利于后期的维护。

在发布新的 Topic 或 Topic 有了新的 Comment 时，发送一个信号，预先定义的信号接收者执行对应的操作，对外发布推送消息。这样不仅消除了不同业务逻辑的耦合，而且由于通知往往只是消息体本身不同，故在一定程度上还能够减少代码的冗余。

信号的另一个常用场景是某些事件发生之后，做一些清理或初始化的工作。考虑这样一种实现：从数据库中读取 Topic 的延迟可能会比较高，因此，可以将 Topic 放在内存或缓存数据库（如 Redis）中。但是这样的话，以后对 Topic 的更新就不仅要同步到数据库中，还需要同步到缓存中。同样，可以使用信号完成对缓存的更新。每次当 Topic 保存之后，发送信号通知回调函数完成操作。

诸如此类的应用场景还有很多，下面对信号适用与不适用的应用场景进行总结。应该考虑使用信号的场景如下。

事件发生或完成的通知：正如之前所说，消息通知是很常见的需求。往往发送消息的功能实现是固定的，不同的只是消息体本身。这在消除代码耦合的同时，还减少了冗余代码。

事件发生之后的清理或初始化：关于清理，在之前已经举了更新缓存的例子，这里不多做说明。完成初始化工作往往需要依赖某一事件的发生实现初始化。

当然，过度地使用信号并不一定是件好事。信号的实现过程与它的特性也会限制它不应该在一些场景中被应用。

耗时的任务：由于信号是同步执行的，因此耗时的任务会影响服务体验，此时需要考虑使用异步任务而不是信号。

特殊的事件完成回调：虽然同样是某一事件发生之后的回调，但是这类事件比较特殊，回调函数只与这一个事件相关联。由于信号是不可复用的，因此使用信号反而会使实现过程变得复杂，这种情况下也不应该使用信号。

12.1.2 内置的信号

Django 提供一组内建的信号，允许用户的代码获得 Django 特定操作的通知。在具体说明这些内置的信号与使用方法之前，先对信号的定义进行介绍。

所有的信号都是 Signal（位于 django/dispatch/dispatcher.py 文件中）的实例。首先，来看一看初始化函数的定义：

```
def __init__(self, providing_args=None, use_caching=False)
```

Signal 接受两个参数，它们的含义如下。

providing_args：可选的列表类型，其中每一个元素都是字符串，标识信号提供给接收者的参数。

use_caching：默认值是 False，如果设置为 True，则缓存会被设置为弱引用（Python 的语言特性，将在信号的工作原理中说明）。

接收信号，并执行回调函数（信号接收者），需要将回调函数注册到信号上。这需要使用 Signal 的 connect 方法，定义如下：

```
def connect(self, receiver, sender=None, weak=True, dispatch_uid=None)
```

connect 方法接受四个参数，且只有一个是必需的，依次来看它们的含义。

receiver：必须要指定的回调函数，信号发送后，就会执行到这个函数。

sender：信号的发送者，可以不提供。当回调函数只对特定的 sender 感兴趣时，可以通过提供这个参数实现过滤。

weak：默认值是 True，代表以弱引用的方式存储信号处理器。这里的意思是，如果 receiver 是一个局部变量，则可能会被垃圾回收。为了避免这种情况，可以将这个参数设置为 False。

dispatch_uid：用于指定 receiver 的唯一标识符，以防止信号多次发送的情况。

Signal 提供了两种发送信号的方法：send 和 send_robust，它们会区别对待 receiver 可能抛出的异常。send 不会捕获任何由 receiver 抛出的异常，异常向上传递，故使用这种方式不能保证所有的 receiver 都会获得通知。send_robust 捕获异常，可以保证所有的 receiver 都接收到信号的通知。

它们的函数定义是相同的，这里以 send 为例来说明：

```
def send(self, sender, **named)
```

send 方法接受两个参数：sender 标识信号的发送者，大多数情况下它是一个类对象；**named 用来指定任意数量的关键字参数，这些参数将会传递给 receiver。

Signal 提供了一个与 connect 功能相反的方法 disconnect，用来断开信号的 receiver。函数定义如下：

```
def disconnect(self, receiver=None, sender=None, dispatch_uid=None)
```

disconnect 的参数与 connect 的参数是相似的，下面简单地说明一下它们的含义。

receiver：标识需要断开已注册的信号接收者，如果使用了 dispatch_uid 去标识 receiver，则这个参数可以是 None。

sender：已注册的信号发送者。

dispatch_uid：receiver 的唯一标识符。

可以知道，当前介绍的 Signal 及其各个方法与信号三要素是对应的。Django 内置了很多信号，且它们可以按照发送者分为很多类。接下来，介绍一些常用的内置信号。

首先，介绍与 Model 相关的信号，这些信号由各个 Model 的方法发送，如 save、__init__ 等，且通常都是成对出现的。

django.db.models.signals.pre_init 与 django.db.models.signals.post_init：实例化模型之前与之后发送的信号，即在 __init__ 方法执行的前后。

django.db.models.signals.pre_save 与 django.db.models.signals.post_save：模型实例保存（执行 save 方法）前后发送的信号。

django.db.models.signals.pre_delete 与 django.db.models.signals.post_delete：模型实例或 QuerySet 的 delete 方法执行前后发送的信号。

django.db.models.signals.m2m_changed：模型实例中的 ManyToManyField（多对多）字段被修改（add，remove，clear）的前后发送的信号。

Django 对于 HTTP 请求的处理定义了三个信号。

django.core.signals.request_started 与 django.core.signals.request_finished：建立和关闭 HTTP 请求时发送的信号。

django.core.signals.got_request_exception：在处理 HTTP 请求的过程中出现异常，将会发送此信号。

在做数据库迁移（migrate）时，Django 也会发送信号，这类信号由 Django 的管理工具发送。

django.db.models.signals.pre_migrate 与 django.db.models.signals.post_migrate：在执行 migrate 命令的前后触发。

对于 Django 内置的信号，只需要定义回调函数并将它注册到信号上，当程序执行到相应的操作时，自动触发信号，执行回调函数。为了更好地理解信号，下面简单应用下部分内置的信号。

在视图的处理前后打印一些日志是很有用的，这里为了方便，直接将信号回调函数定义在 post/views.py 文件中：

```
def request_started_callback(sender, **kwargs):
    print("request started: %s" % kwargs['environ'])

def request_finished_callback(sender, **kwargs):
    print("request finished")
```

可以看出，它们就是普通的 Python 函数。它们接受一个 sender 参数和一个关键字参数**kwargs，且 Django 规定所有的信号接收者都必须接受这些参数。可以从 kwargs 中获取到信号发送的关键字参数，如在 request_started_callback 中获取到 environ。

定义了回调函数之后，需要将它们注册到信号上。可以使用两种方式去完成，下面依次进行介绍。

第一种方式最为直接，使用 Signal 对象的 connect 方法即可。例如，在 post/views.py 文件中注册信号：

```
from django.core.signals import request_started, request_finished
request_started.connect(request_started_callback)
request_finished.connect(request_finished_callback)
```

某些情况下，注册信号的代码可能被执行多次，这样会使得回调函数被注册多次，并最终导致特定事件发生时，同一个回调函数被重复执行。此时，就可以在注册时指定标识符（dispatch_uid），它要求是一个可散列的对象，但通常是一个字符串：

```
request_started.connect(request_started_callback, dispatch_uid="request_started")
```

第二种方式是使用 receiver（定义于 django/dispatch/dispatcher.py 文件中）装饰器，如下所示，使用 receiver 注册信号：

```
from django.dispatch import receiver
from django.core.signals import request_started, request_finished

@receiver(request_started, dispatch_uid="request_started")
def request_started_callback(sender, **kwargs):
    print("request started: %s" % kwargs['environ'])

@receiver(request_finished)
def request_finished_callback(sender, **kwargs):
    print("request finished")
```

装饰器中的第一个参数可以是可迭代的对象，其中每一个元素都是信号实例，或者就是像当前示例中的信号实例；余下的关键字参数需要与 connect 方法中定义的参数匹配。

从工作原理上看，这两种注册信号的方式没有任何区别，在实现时可以根据个人喜好选择注册信号的方式。

完成信号的注册之后，再去访问当前系统中的任何一个视图，都可以看到在视图执行的前后打印了对应的内容。

post_save（模型实例保存后发送的信号）在系统中被使用的频率很高，如修改实例之后的缓存更新、新增实例对外发送的消息通知等。使用 post_save 这类模型相关的信号时，通常在注册信号时会指定 sender，如只有当 Comment 保存后才会发送消息通知对应的 Topic。

定义回调函数，并在注册时指定只有当 Comment 实例保存时才会被调用，实现如下（同样定义在 post/views.py 文件中）：

```
from post.models import Comment
from django.db.models.signals import post_save

@receiver(post_save, sender=Comment)
def comment_save_callback(sender, **kwargs):
    print('Topic 有了新的评论')
```

可以进入 BBS 项目的 Shell 环境中，执行 Comment 实例的 save 方法：

```
>>> from post.models import Comment
>>> comment = Comment.objects.get(id=9)
>>> comment.save()
```

可注意到，这时并没有打印任何内容，代表回调函数没有被执行。但是，可以肯定的是，在执行实例的 save 方法时，Django 一定发送了 post_save 信号。

那么，原因就只能是回调函数没有被注册到信号上。将 views 模块 import 进来，再重新直接 save 操作：

```
>>> from post import views
>>> comment.save()
Topic 有了新的评论
```

post_save 信号在发送时会传递许多参数给回调函数，可以根据这些参数判断执行不同的逻辑。可以查看它的定义（位于 django/db/models/signals.py 文件中）：

```
post_save = ModelSignal(
    providing_args=["instance", "raw", "created", "using", "update_fields"],
    use_caching=True
)
```

其中比较常用的有 instance 和 created：instance 即当前保存的模型实例；created 是一个布尔值，如果为 True，则代表保存新的数据记录。

通过对内置信号的介绍和应用，我们对 Django 的信号机制有了更加清晰的认识。虽然内置的信号已经非常丰富了，但是通过自定义信号满足特定的场景也是很常见的。同时，用户自己去定义信号，也能够完整地理清信号三要素的协作过程。

12.1.3　自定义信号

虽然可以将信号定义在工程的任何地方，但是考虑到规范，通常将它定义在名称为 signals 的文件中。首先，在 post 应用下新建 signals.py 文件，并定义如下内容：

```
import django.dispatch
register_signal = django.dispatch.Signal(providing_args=["request", "user"])
```

新用户在 Web 站点完成注册之后，站点通常会给用户填写的邮箱发送验证邮件，这个场景就可以通过 register_signal 来完成。providing_args 中标识了信号发送时传递给回调函数的参数：request 是 HttpRequest 实例，可以用来记录客户端的信息；user 是 User 实例，即当前为注册用户生成的数据记录，其中包含了 email 属性。

需要知道，虽然在定义信号时使用 providing_args 指定了参数，但是 Django 并不会检查信号在发送时一定需要提供这些参数。

下面，给这个信号提供接收者，并完成注册（在 post/signals.py 文件中定义）：

```
@receiver(register_signal, dispatch_uid="register_callback")
def register_callback(sender, **kwargs):
    print("remote addr: %s, send email to %s" %
          (kwargs['request'].META['REMOTE_ADDR'], kwargs['user'].email))
```

发送信号可以使用 send 或 send_robust 方法，这里在 hello_django_bbs 视图中简单模拟用户注册之后发送信号的过程：

```
from post.signals import register_signal
def hello_django_bbs(request):
    register_signal.send(hello_django_bbs, request=request, user=request.user)
    return JsonResponse({'hello': 'django'})
```

此时，访问 hello_django_bbs 视图，可以在服务后台看到如下打印内容：

```
remote addr: 127.0.0.1, send email to bbs@django.com
```

至此，就完成了信号定义、信号注册回调函数以及发送信号的所有工作。可见，只要理清了信号的三要素以及它们之间相互协作的过程，那么实现自定义信号就是一件非常简单的事。

12.2 信号的工作原理

通过之前对信号的介绍可以知道，信号的工作原理其实就是 Signal 对象的实现过程。因此，对工作原理的介绍会围绕 connect、send、send_robust 和 disconnect 这几个方法的实现进行说明。同时，本节也会介绍 Django 信号机制中的设计模式和对 Python 语言特性的应用。

12.2.1 观察者设计模式

观察者模式也叫作发布订阅模式，它定义了对象之间一对多的依赖关系。当一个对象的状态发生改变时，所有依赖于它的对象都获取到通知并发生相应的变化。

观察者模式的核心是目标（subject）和观察者（observer），一个目标可以有多个观察者与之关联。目标的状态发生改变，所有的观察者都会收到通知。考虑这样一种场景：用户 A 发布了一个话题，那么关注了用户 A 的其他用户都需要被通知到，并对应地做出响应。同时，其他用户也可以取消对用户 A 的关注。

显然可以使用观察者设计模式去实现这一过程，且为了统一观察者的调用过程，首先定义观察者基类：

```
class Observer:
    def update(self, subject):
        raise NotImplementedError
```

每一个观察者都需要继承自 Observer，并实现 update 方法，其中 subject 参数代表目标本身。下面，实现三个观察者：

```
class ObserverX(Observer):
    def update(self, subject):
        print('ObserverX 收到了通知')

class ObserverY(Observer):
    def update(self, subject):
        print('ObserverY 收到了通知')

class ObserverZ(Observer):
    def update(self, subject):
        print('ObserverZ 收到了通知')
```

接下来，定义目标基类。其中应该包括：注册观察者的接口，即实现关注过程；取消观察者的接口，即实现取消关注过程；发送通知。实现如下：

```
class Subject:
    def __init__(self):
        self._observers = []

    def attach(self, observer):
        if observer not in self._observers:
            self._observers.append(observer)

    def detach(self, observer):
        try:
            self._observers.remove(observer)
```

```
            except ValueError:
                pass

        def notify(self):
            [observer.update(self) for observer in self._observers]
```

定义目标用户，继承自 Subject。如下所示：

```
class User(Subject):
    def __init__(self):
        Subject.__init__(self)
        self._topic = None

    @property
    def topic(self):
        return self._topic

    @topic.setter
    def topic(self, _topic):
        self._topic = _topic
        self.notify()
```

完成了目标与观察者的定义，验证是否可以达到通知的目的。首先，实例化目标与三个观察者：

```
>>> user = User()
>>> observer_x = ObserverX()
>>> observer_y = ObserverY()
>>> observer_z = ObserverZ()
```

然后，建立观察者与目标之间的关联关系，即调用 User 的 attach 方法：

```
>>> user.attach(observer_x)
>>> user.attach(observer_y)
>>> user.attach(observer_z)
```

此时，如果 user 设置了 topic（发布话题）属性，那么三个观察者都应该能够收到通知：

```
>>> user.topic = '发布第一条话题'
ObserverX 收到了通知
ObserverY 收到了通知
ObserverZ 收到了通知
```

如果 observer_y 取消了对 user 的关注，则当 user 再次设置 topic 属性时，observer_y 将不会收到通知：

```
>>> user.detach(observer_y)
>>> user.topic = '发布第二条话题'
ObserverX 收到了通知
ObserverZ 收到了通知
```

从对观察者设计模式的说明、实现与应用可以知道，Django 信号机制就是观察者模式的实现。这种模式的优点非常明显，它在目标与观察者之间建立了轻度的关联关系，对于它们各自的扩展就会非常容易。在运行时，观察者可以动态地添加或删除，对目标不会有任何影响，反过来也是一样，所以它们是抽象耦合的。

12.2.2 Python 中的弱引用

Python 的垃圾回收由引用计数、标记清理和分代回收等方式构成。其中大部分对象的生命周期都可以通过对象的引用计数来管理。

Python 语言中一切皆对象，且每个对象都会维护一个属性 ob_refcnt，叫作引用计数。当一个对象有新的引用时，对象的 ob_refcnt 就会加 1；当它的引用被删除时，对象的 ob_refcnt 就会减 1；当 ob_refcnt 的值为 0 时，代表当前的对象没有被使用，也就可以将其所占用的内存释放了。

查看对象的引用计数可以使用 sys 模块的 getrefcount 方法。它接受一个参数，并返回这个参数的引用计数值：

```
>>> class A:
...     pass
...
>>> import sys
>>> a = A()
>>> sys.getrefcount(a)
2
```

可注意到，这里 a 的引用计数为 2，这是因为当 a 作为参数传递到 getrefcount 方法中时创建了一个临时引用。此时，如果 a 有了新的引用，或引用它的对象被删除时，引用计数也会相应地发生变化：

```
>>> b = a
>>> c = a
>>> sys.getrefcount(a)
4
>>> del c
>>> sys.getrefcount(a)
3
```

引用计数的思想非常简单，但是它也存在着非常明显的缺陷：即无法处理循环引用的问题。例如：

```
>>> class A:
...     def __init__(self):
...         print('obj was created: %s' % str(hex(id(self))))
...     def __del__(self):
...         print('obj was deleted: %s' % str(hex(id(self))))
...
>>> a = A()
obj was created: 0x1073982b0
>>> del a
obj was deleted: 0x1073982b0
>>> b = A()
obj was created: 0x107398198
>>> c = A()
obj was created: 0x1073982b0
>>> b.x = c
>>> c.x = b
>>> del b
>>> del c
```

对于对象 a，由于没有其他的引用指向它，所以在执行了 del 之后，引用计数变成 0，它所占用的内存就被释放了。但是对于 b 和 c，在执行了 b.x = c 和 c.x = b 之后，它们的引用计数变成了 2。在执行了 del 操作之后，b 和 c 指向内存的引用计数变为 1，所以，这两块内存没有被释放。这也就是循环引用导致的内存泄露问题。

为了避免循环引用的问题，Python 提供了 weakref，即弱引用。它的效果是：当对一个对象创建了弱引用时，对象的引用计数不会增加。简单的使用如下：

```
>>> import sys
>>> import weakref
>>> class A:
```

```
...     def hello(self):
...         return 'django'
...
>>> a = A()
>>> sys.getrefcount(a)
2
>>> ref = weakref.ref(a)
>>> sys.getrefcount(a)
2
```

weakref 的 ref 方法用于创建弱引用对象，它会返回引用指向的对象。函数定义如下：

```
weakref.ref(object[, callback])
```

其中 object 即为被引用的对象，而 callback 是一个可选的回调函数。当被引用的对象删除时，回调函数就会被调用。

通过 weakref.ref 创建的弱引用，在使用时需要使用 () 去获取 object：

```
>>> ref().hello()
'django'
```

weakref 提供了 finalize 来定义引用对象被删除时执行的清理函数，这比在创建弱引用时指定回调函数更加简单。finalize 的使用方法如下：

```
finalize(obj, func, *args, **kwargs)
```

其中，obj 是引用的对象；func 是清理函数，obj 被删除时自动调用；*args 和 **kwargs 将会作为参数传递给清理函数。例如：

```
>>> def finalize_callback(obj_addr):
...     print('%s was deleted' % obj_addr)
...
>>> weakref.finalize(a, finalize_callback, str(hex(id(a))))
<finalize object at 0x1050bdb40; for 'A' at 0x1073987f0>
>>> del a
0x1073987f0 was deleted
```

关于弱引用还有一种特殊情况需要考虑：引用对象是 Bound Method，即对象实例的方法。此时，不可以直接使用 weakref.ref 去创建弱引用，这会得到一个错误的结果。Python 提供了 weakref.WeakMethod，例如：

```
>>> ref = weakref.WeakMethod(a.hello)
>>> ref()()
'django'
```

可以看到，对于 Bound Method，除了创建弱引用的方式与其他对象不同之外，它们在使用方法上没有任何区别。

考虑到弱引用不会改变对象的引用计数，所以，在默认情况下，Django 信号机制对信号回调函数的引用均使用弱引用，以此来避免内存泄露。

12.2.3 Python 线程同步机制

所谓线程同步即使用锁来避免多线程程序中对共享资源的竞争导致的错误。这里举一个经典的加 1 减 1 的例子来说明这个问题：

```
value = 0
def op_without_lock():
    global value
```

```
        for i in range(10000000):
            value = value + 1
            value = value - 1
```

value 是一个全局变量，初始化为 0。在 op_without_lock 函数中循环地对它进行加 1 和减 1 的操作。在单线程的情况下，这不会有什么问题，value 的最终结果依然是 0。

但是，如果有多个线程同时去操作 value，则其最终的结果很可能不是 0：

```
import threading
t1 = threading.Thread(target=op_without_lock)
t2 = threading.Thread(target=op_without_lock)
t1.start()
t2.start()
t1.join()
t2.join()
print(value)
```

多次执行上述代码，会发现 value 的值可能每一次都不一样。这是因为线程调度是由操作系统决定的，而这一过程本质上是不确定的。执行的过程可能是这样：t1 执行 value = value + 1，将 value 的值变成 0 + 1 = 1；切换到 t2 执行 value = value + 1，此时，由于 value 的值是 1，所以结果是 2；t1 继续执行 value = value – 1，即 value = 2 – 1 = 1。

此时，t1 线程的一次循环就发生了“错误”，并最终影响输出结果。为了解决这个问题，可以使用 threading 库提供的 Lock 对象，即线程锁。它可以保证在同一时间内只有一个线程能够获取到锁，没有获取到锁的线程只能等待持有锁的线程释放。对共享变量的操作在持有锁之后再去执行，从而避免线程竞争导致的错误。

Lock 对象的使用方法非常简单：构造锁对象、获取锁和释放锁。下面对各个接口进行说明。

构造锁对象：lock = threading.Lock()。

获取锁：lock.acquire()，如果线程未获取到锁，则会阻塞，直到获取锁之后才会继续执行。

释放锁：lock.release()。

需要注意，acquire 和 release 必须成对出现，否则，可能造成系统的死锁。下面使用线程锁重新实现对 value 的操作：

```
import threading

value = 0
lock = threading.Lock()
def op_with_lock():
    global value
    for i in range(10000000):
        lock.acquire()
        value = value + 1
        value = value - 1
        lock.release()
```

由于在操作 value 前先获取了锁，所以，其在一次循环的执行过程中不会被其他的线程打断。操作 value 之后释放了锁，让其他的线程有机会去操作 value。最终，value 的值不会发生变化。

通常，Lock 对象会和 with 语句一起使用，这使得代码简洁的同时也可以避免使用锁之后忘记释放而引起错误。可以将 op_with_lock 函数修改如下：

```
def op_with_lock():
    global value
    for i in range(10000000):
        with lock:
```

```
                value = value + 1
                value = value - 1
```

with 语句在对 value 操作之前获取锁，在操作之后释放锁。接下来，在对 Django 信号工作过程的分析中将会利用 Lock 对象和 with 语句来保证线程同步。

12.2.4 信号的工作过程

对信号工作过程的分析即对 Signal 对象的整体分析。这里将会围绕信号的三要素，对各个方法的实现过程进行介绍。

1. 信号初始化

首先介绍 Signal 对象的初始化方法：

```
def __init__(self, providing_args=None, use_caching=False):
    # 信号接收者（回调函数）列表
    self.receivers = []
    if providing_args is None:
        providing_args = []
    # 发送信号时传递给回调函数的参数
    self.providing_args = set(providing_args)
    # 构造线程锁对象
    self.lock = threading.Lock()
    # 是否使用缓存的标记
    self.use_caching = use_caching
    self.sender_receivers_cache = weakref.WeakKeyDictionary() if use_caching else {}
    # 存在弱引用失效的标记
    self._dead_receivers = False
```

初始化方法的第二个可选参数是一个布尔类型参数，用来标记是否使用缓存。默认不使用缓存，此时，会给 self.sender_receivers_cache 设置一个空字典对象。如果设置为 True，那么会创建 key 为弱引用对象的字典，用来维护不同的 sender 注册的 receivers 信息。

2. 信号注册回调函数

注册回调函数到信号需要使用 Signal 的 connect 方法，它的实现如下：

```
def connect(self, receiver, sender=None, weak=True, dispatch_uid=None):
    from django.conf import settings
    # 如果当前系统设置为 DEBUG 模式
    if settings.configured and settings.DEBUG:
        # receiver 必须是可调用对象
        assert callable(receiver), "Signal receivers must be callable."
        # receiver 需要可以接受关键字参数
        if not func_accepts_kwargs(receiver):
                raise ValueError("...")
    # 如果指定了 dispatch_uid，则用它来生成 receiver 的标识符
    if dispatch_uid:
        lookup_key = (dispatch_uid, _make_id(sender))
    else:
        lookup_key = (_make_id(receiver), _make_id(sender))

    if weak:
        # 使用弱引用去维护 receiver
        ref = weakref.ref
```

```
            receiver_object = receiver
            # 校验 receiver 是否是 bound method
            if hasattr(receiver, '__self__') and hasattr(receiver, '__func__'):
                ref = weakref.WeakMethod
                # 获取 receiver 所属的对象实例
                receiver_object = receiver.__self__
            # 默认情况下，receiver 被包装成弱引用对象
            receiver = ref(receiver)
            # 定义弱引用指向的对象被删除时的清理函数
            weakref.finalize(receiver_object, self._remove_receiver)

        # 避免线程竞争，加锁处理
        with self.lock:
            # 清理已经失效的弱引用
            self._clear_dead_receivers()
            for r_key, _ in self.receivers:
                # 如果存在相同标识符的 receiver，不做其他处理
                if r_key == lookup_key:
                    break
            else:
                # 不存在相同标识符的 receiver，加入 self.receivers 列表中
                self.receivers.append((lookup_key, receiver))
            # 清除缓存
            self.sender_receivers_cache.clear()
```

connect 方法的实现看起来比较烦琐，但是逻辑非常清晰，主要做了下面三件事。

（1）给 receiver 构造 lookup_key，用来唯一地标识一个 receiver。

（2）如果使用弱引用（默认情况），则将 receiver 包装为弱引用对象，并定义清理函数。

（3）获取线程锁之后对比当前的 receiver 是否被加入 self.receivers 中（通过 lookup_key 判断），并做相应的处理。

lookup_key 是一个二元组，并根据是否传递了 dispatch_uid 参数去填充不同的内容。其中，核心的生成过程使用了_make_id 函数：

```
def _make_id(target):
    # 如果是 bound method
    if hasattr(target, '__func__'):
        # 返回 target 所属对象实例和自身内存地址的二元组
        return (id(target.__self__), id(target.__func__))
    # 返回 target 的内存地址
    return id(target)
```

将传递进来的回调函数（receiver）包装成弱引用之后，使用 weakref.finalize 定义 receiver 被删除之后的清理函数 self._remove_receiver，实现如下：

```
def _remove_receiver(self, receiver=None):
    self._dead_receivers = True
```

这个方法中简单地将弱引用失效标记 self._dead_receivers 设置为 True。

在获取了线程锁之后，首先会调用 self._clear_dead_receivers 方法清理已经失效的弱引用，实现如下：

```
def _clear_dead_receivers(self):
    # 弱引用失效标记被设置为 True
    if self._dead_receivers:
```

```
            # 重新置位
            self._dead_receivers = False
            # 定义 new_receivers，存储没有失效的弱引用
            new_receivers = []
            for r in self.receivers:
                # 如果是弱引用且引用对象被删除（弱引用失效）
                if isinstance(r[1], weakref.ReferenceType) and r[1]() is None:
                    continue
                # 这里添加的是有效的弱引用
                new_receivers.append(r)
            # 设置 self.receivers，保证每一个 receiver 都是可用的
            self.receivers = new_receivers
```

至此，connect 方法的实现过程就分析完了。可以知道，最终的结果是将传递的回调函数加入 self.receivers 列表中。

在将回调函数注册到信号上时，除了使用 connect 方法之外，还可以使用 receiver 装饰器。其内部还是会调用 Signal 实例的 connect 方法：

```
def receiver(signal, **kwargs):
    def _decorator(func):
        # 如果是列表或元组类型
        if isinstance(signal, (list, tuple)):
            # 迭代完成注册
            for s in signal:
                s.connect(func, **kwargs)
        else:
            # 调用 connect 方法注册回调函数
            signal.connect(func, **kwargs)
        return func
    return _decorator
```

3. 取消注册回调函数

用与 connect 方法相对的 disconnect 方法来断开 receiver 与信号的连接，即取消注册回调函数。disconnect 方法实现如下：

```
def disconnect(self, receiver=None, sender=None, dispatch_uid=None):
    # 与 connect 中一样的方式去构造 receiver 的 lookup_key
    if dispatch_uid:
        lookup_key = (dispatch_uid, _make_id(sender))
    else:
        lookup_key = (_make_id(receiver), _make_id(sender))

    disconnected = False
    # 避免线程竞争，加锁处理
    with self.lock:
        # 清理已经失效的弱引用
        self._clear_dead_receivers()
        # 迭代 self.receivers
        for index in range(len(self.receivers)):
            (r_key, _) = self.receivers[index]
            # 如果通过 lookup_key 匹配到了 receiver
            if r_key == lookup_key:
                disconnected = True
```

```
                    # 将这个 receiver 从 self.receivers 中删除
                    del self.receivers[index]
                    break
            # 清除缓存
            self.sender_receivers_cache.clear()
        # disconnected 用于标记取消注册是否成功
        return disconnected
```

disconnect 最核心的思想就是通过 lookup_key（注意，如果传递了 dispatch_uid，可以不需要指定 receiver 参数）查找已经注册的 receiver，并将它从 self.receivers 中删除。

4. 发送信号

Signal 对象的 send 和 send_robust 方法用于发送信号。它们的实现思想是类似的，都会去执行已经注册的回调函数。首先，看一看 send 方法的实现：

```
    def send(self, sender, **named):
        # 如果 self.receivers 是空列表或缓存返回了不存在 receiver 的标记
        if not self.receivers or
            self.sender_receivers_cache.get(sender) is NO_RECEIVERS:
            # 返回空列表
            return []

        # self._live_receivers 方法返回信号注册的可用回调函数
        # 返回二元组列表，二元组中包含 receiver 和 receiver 的返回值
        return [
             (receiver, receiver(signal=self, sender=sender, **named))
            for receiver in self._live_receivers(sender)
        ]
```

可以看出，send 方法的核心思想是调用 self._live_receivers 方法获取到当前信号已经注册的 receiver，并依次执行。self._live_receivers 的实现如下：

```
    def _live_rZeceivers(self, sender):
        receivers = None
        # 如果使用了缓存且不存在弱引用失效的 receiver
        if self.use_caching and not self._dead_receivers:
            # 从缓存中获取到信号注册的 receivers
            receivers = self.sender_receivers_cache.get(sender)
            # 如果缓存返回了不存在 receiver 的标记，返回空列表
            if receivers is NO_RECEIVERS:
                return []
        if receivers is None:
            # 避免线程竞争，加锁处理
            with self.lock:
                # 清理已经失效的弱引用
                self._clear_dead_receivers()
                # 获取 sender 的内存地址
                senderkey = _make_id(sender)
                receivers = []
                # 可以回到 connect 方法中查看 r_senderkey 的生成过程
                for (receiverkey, r_senderkey), receiver in self.receivers:
                    # 这里即实现了通过 sender 去过滤 receiver
                    if r_senderkey == NONE_ID or r_senderkey == senderkey:
```

```
                        receivers.append(receiver)
                # 如果使用了缓存，保存 sender 与 receivers 的映射关系
                if self.use_caching:
                    if not receivers:
                        self.sender_receivers_cache[sender] = NO_RECEIVERS
                    else:
                        self.sender_receivers_cache[sender] = receivers
        # 由于 receiver 可能是弱引用对象，故需要获取它引用的回调函数
        non_weak_receivers = []
        for receiver in receivers:
            # 如果 receiver 是弱引用对象
            if isinstance(receiver, weakref.ReferenceType):
                # 获取它引用的回调函数
                receiver = receiver()
                if receiver is not None:
                    non_weak_receivers.append(receiver)
            else:
                non_weak_receivers.append(receiver)
        # 最后返回的是可以直接调用的回调函数列表
        return non_weak_receivers
```

由于 send 方法没有考虑 receiver 抛出异常的情况，所以，它并不能保证当前信号注册的所有回调函数都会被执行。为此，Signal 提供了 send_robust 方法：

```
    def send_robust(self, sender, **named):
        # 如果 self.receivers 是空列表或缓存返回了不存在 receiver 的标记
        if not self.receivers or
            self.sender_receivers_cache.get(sender) is NO_RECEIVERS:
            # 返回空列表
            return []
        responses = []
        # self._live_receivers 方法返回信号注册的可用回调函数
        for receiver in self._live_receivers(sender):
            # 使用 try/except 语句捕获 receiver 执行过程中可能抛出的异常
            try:
                response = receiver(signal=self, sender=sender, **named)
            except Exception as err:
                # 如果出现异常，二元组中的第二个元素填充异常对象
                responses.append((receiver, err))
        else:
                # 正常执行，二元组中包含 receiver 和 receiver 的返回值
                responses.append((receiver, response))
        return responses
```

可以看到，send_robust 的处理过程与 send 相比没有任何区别，只是在执行 receiver 时使用了 try/except 语句捕获异常，同时，会将异常信息填充到响应中。

通过对 send 和 send_robust 方法的分析，也可以得出一个重要的结论：信号的回调函数是同步执行的。其中会依次迭代各个注册的 receiver，执行并获取响应。

至此，关于 Django 信号机制的介绍就结束了。信号实现了对复杂系统中子系统的解耦，设计思想和使用方法都非常简单。完成了信号定义与回调函数的注册，余下的部分就是等待事件的触发。通过对信号实现源码的分析，可以更加深刻地理解信号定义与配置的含义。

13 第13章　单元测试

单元测试是软件工程中降低开发成本、提高软件质量最常用的方式之一。它是针对程序模块来进行正确性检验的测试工作。Django 单元测试使用的是 Python 标准库 unittest，这个模块使用一种基于类的方式定义测试用例。本章在介绍编写 Django 单元测试方法的同时，也会对 Python 的 unittest 模块进行介绍。

13.1　初识单元测试

本节主要对单元测试的概念进行介绍：说明什么是单元测试、怎样编写单元测试以及为什么需要有单元测试。由于 Django 的单元测试基于 unittest 模块。因此，本节首先简单介绍 unittest 的使用方法，然后实现 Django 项目的单元测试。

13.1.1　单元测试的基本概念

简单来说，单元测试就是对模块、类、函数实现的功能执行正确性检验的工作。这很容易理解，例如，对于项目中实现的某一个功能函数，如果它能够返回预期的结果，则代表通过了测试，否则代表测试失败。

除了基本概念之外，对于单元测试，我们还需要了解这样的几个问题：为什么需要编写单元测试、应该对哪些代码做测试以及编写测试代码的时机。

1. 为什么需要编写单元测试

这个问题的实质就是编写单元测试有什么价值，能够为当前的项目带来什么好处，简单总结如下。

（1）降低开发成本。单元测试可以提供快速反馈，将问题在开发阶段就暴露出来。这样可以减少向下游（集成测试、验收测试等）传递的问题，降低软件开发成本。

（2）边界检测，提高代码质量。对于某一项功能，在实际使用中很难去模拟一些边界条件，也就不容易发现边界问题。单元测试可以轻松地解决这个问题，通过构造各种边界条件进行检测，提高代码质量。

（3）给代码重构提供便利。软件开发过程中，很难一次性写出高质量且优美的代码，所以，代码重构是很重要的。如果在代码重构之后，执行单元测试仍然能够得到预期的结果，就可以认为这次重构没有破坏之前的逻辑。

单元测试的好处还有很多，如可以在不阅读源码的情况下，知道某一段代码要做什么事、需要检测的边界条件等。

2. 应该对哪些代码做测试

对于任何一个工程项目来说，能够实现对代码（不包含引入的第三方代码）100%的测试覆盖率当然是最好的。但是，通常情况下，项目开发的周期是比较紧张的，全覆盖地编写单元测试代码需要花费大量的时间。这时，就需要有选择地编写测试代码，特别是对于功能实现很简单的函数，可以考虑忽略测试。

这里需要认真地思考，哪些代码应该做测试，总结如下。

（1）核心的业务代码。对于项目中最核心的部分，一定要保证被单元测试所覆盖，保证不会出现显而易见的错误。

（2）经常修改的代码。对于产品迭代或代码重构而言，可能有些模块需要经常被修改，它们也需要被单元测试所覆盖，这样可以检验修改后的代码是否存在问题。

（3）逻辑复杂的代码。逻辑复杂的代码往往也不易阅读。编写单元测试不仅有助于帮助理解，同时还可以及时发现其中存在的问题。

当然，在做实际的项目开发时，不一定要墨守成规，应根据自己的判断决定对哪些代码做单元测试。从成本和效率的角度来说，单元测试不一定越多越好，而是越有效越好。

3. 编写测试代码的时机

在理解了为什么需要单元测试与应该对哪些代码做测试的基础上，考虑编写单元测试代码。那么，应该在什么时候写测试代码呢？总结下来，可以分成三种情况。

（1）编写功能代码之前。这是测试驱动开发（Test Driven Development）所倡导的方式。它的思想是在编写功能代码之前，先编写测试用例，然后实现功能代码使得这些测试用例通过。

（2）同步完成功能与测试代码。这种方式将功能与测试绑定在一起，完成一个功能的同时，也要求完成对它的测试。

（3）功能代码完成之后。这种方式与第二种方式类似，但它在所有的功能实现都完成之后再编写测试代码。

第一种方式与传统的软件开发思维不一致，且要求开发人员的水平较高，所以，真正实施起来会比较困难；第三种方式对于特别大的工程项目而言是不可行的，因为大的工程涉及的功能点太多，很容易造成遗漏；第二种方式是比较好的方案，它逐步验证每一个小的功能点的正确性，并最终影响全局。

13.1.2 unittest 模块的使用方法

在理解了单元测试的基础概念之后，就应该动手去编写测试用例代码。由于 Django 的单元测试基于 unittest 模块，所以，有必要先来看一看 unittest 模块的使用方法。

首先，需要定义一个功能函数，作为测试目标，实现根据传递的分数进行评级的功能。可以在任何位置（示例在 post 应用下）新建 test.py 文件，并定义 score_grade 函数：

```
def score_grade(score):
    if not isinstance(score, int):
        raise TypeError('score should be an integer type')
    if not (0 <= score <= 100):
        raise Exception('score should be between 0 and 100')

    if 0 <= score < 60:
        return 'D'
```

```
        elif 60 <= score < 70:
            return 'C'
        elif 70 <= score < 90:
            return 'B'
        else:
            return 'A'
```

score_grade 的实现非常简单，它要求传递一个 0～100 的整数，并根据数值的所属范围给定评级。

编写单元测试，需要从 unittest.TestCase 继承。unittest 只认为以 test 开头的方法是测试方法，不会执行不以 test 开头的方法。在 test.py 文件中添加如下内容：

```
import unittest

class TestScoreGrade(unittest.TestCase):

    def test_exception(self):
        with self.assertRaises(TypeError):
            score_grade('x')

    def test_score(self):
        self.assertEqual(score_grade(95), 'A')
        self.assertNotEqual(score_grade(95), 'B')
        self.assertTrue(score_grade(95) is 'A')
```

TestScoreGrade 中定义了两个测试方法，它们都使用了 unittest 提供的断言方法，可以方便地校验测试结果。

可以使用两种方式来执行单元测试。第一种是把 test.py 文件当作一个脚本来运行，这需要在 test.py 文件中添加如下内容：

```
if __name__ == '__main__':
    unittest.main()
```

此时，就可以使用 python test.py 来运行单元测试了。

第二种方式是使用 unittest 提供的命令行入口，根据需要指定要执行的测试用例。使用这种方式时，之前添加的 unittest.main()也就不需要了，可以直接删除。

要执行 test.py 文件中定义的所有测试用例，可以使用：

```
python -m unittest test
```

如果只是想执行 TestScoreGrade 类定义的测试用例，可以使用：

```
python -m unittest test.TestScoreGrade
```

由于指定命令行参数的方式更加简单直接，且可以灵活地控制想要测试的部分，所以，它也是比较推荐的使用方式。如图 13-1 所示，使用命令行的方式执行 test.py 文件中定义的所有测试用例。

```
(bbs_python37) → post python -m unittest test
..
----------------------------------------------------------------------
Ran 2 tests in 0.000s

OK
```

图 13-1　执行 test.py 文件中定义的测试用例

可以看到，当测试都通过时，返回的最终结果是 OK，且会打印执行测试方法的个数和时间。那么，如果测试方法不通过呢？

将 test_score 中第二个断言修改为：

```
self.assertNotEqual(score_grade(95), 'A')
```

此时，重新执行测试，结果如图 13-2 所示。

```
(bbs_python37) → post python -m unittest test
.F
======================================
FAIL: test_score (test.TestScoreGrade)
----------------------------------------------------------------------
Traceback (most recent call last):
  File "test.py", line 28, in test_score
    self.assertNotEqual(score_grade(95), 'A')
AssertionError: 'A' == 'A'

----------------------------------------------------------------------
Ran 2 tests in 0.001s

FAILED (failures=1)
```

图 13-2　test.py 文件中定义的测试用例没有完全通过

可以看到，一共运行了 2 个测试方法，其中一个失败了（test_score），且给出了失败的原因（score_grade(95) 返回了 A，但是当前断言不等于 A）。

13.1.3　给 Django 项目编写单元测试

在 Django 项目中编写单元测试遇到的第一个问题可能是：测试用例代码写在哪里？其实，Django 已经给出了提示。在使用 startapp 命令创建应用时，Django 就在每个应用目录的下面创建了一个 tests.py 文件。同时，在这个文件中给出了测试类需要继承的基类：

```
from django.test import TestCase
```

django.test.TestCase 是 unittest.TestCase 的一个子类，实现了数据库访问和 HTTP 请求等测试功能，且它将每一个测试用例运行在一个事务中，以实现测试用例之间的隔离。默认情况下，编写的测试类都应该继承自 django.test.TestCase。

但是，如果一个应用比较大或者实现的功能比较多，就需要写很多的测试用例，那么，将所有的测试用例都放在 tests.py 文件中就不是最佳的解决方案了。此时，应该在应用下创建一个测试包，将不同功能的测试代码定义在不同的模块中，如 test_models.py、test_views.py 等。

接下来介绍不同场景下 Django 项目单元测试的实现方法以及执行测试用例的命令。同时，为了方便，测试用例定义在 tests.py 文件中。

1. 给 post 应用编写单元测试

这里以 post 应用为例，介绍三类最常见的测试场景：基础功能测试，即不涉及 Django 模块的逻辑功能；模型测试，即对 Model 的增删改查进行测试；视图测试，即实现对外服务的整体功能测试。

基础功能测试与之前看到的继承自 unittest.TestCase 的 TestScoreGrade 测试类没有任何区别。实际上，这一类测试用例仍然可以直接继承自 unittest.TestCase，因为这只是涉及 Python 语言级别的测试。

但是为了保持代码的一致性，且考虑到将来功能的扩展，继承自 django.test.TestCase 依然是最优的选择。在 post 应用的 tests.py 文件中添加如下内容：

```
class SimpleTest(TestCase):

    def test_addition(self):
        def addition(x, y):
            return x + y
        self.assertEqual(addition(1, 1), 2)
```

可以看到，这与之前的测试用例没有任何区别，也同样可以使用 unittest 模块定义的断言方法检测结果。

对于模型测试，测试类必须继承自 django.test.TestCase，它会在执行测试用例之前创建数据库，并在执行测试用例之后销毁。

将 User 和 Topic 引入 tests.py 文件中：

```
from post.models import Topic
from django.contrib.auth.models import User
```

在 SimpleTest 测试类中添加如下方法：

```
def test_post_topic_model(self):
    user = User.objects.create_user(username='username', password='password')
    topic = Topic.objects.create(
        title='test topic', content='first test topic', user=user
    )
    self.assertTrue(topic is not None)
    self.assertEqual(Topic.objects.count(), 1)
    topic.delete()
    self.assertEqual(Topic.objects.count(), 0)
```

test_post_topic_model 创建了 Topic 对象实例，之后使用断言方法校验是否创建成功以及当前数据库中 Topic 对象实例的个数。

需要注意，这里虽然涉及数据库操作（增加和删除），但并不会影响原始数据库中的业务数据。

视图测试需要使用到测试客户端，即 django.test.Client，它提供了 get、post 等方法实现对视图的访问。继承自 django.test.TestCase 的测试类的每一个测试方法都可以直接使用测试客户端 self.client。测试客户端会在每一个测试方法中重建，所以，不需要担心客户端会将某些测试方法的“状态”（如 cookies）带入其他的测试方法中。

在 SimpleTest 测试类中添加 test_topic_detail_view 方法，测试 topic_detail_view（话题详情）视图：

```
def test_topic_detail_view(self):
    user = User.objects.create_user(username='username', password='password')
    topic = Topic.objects.create(
        title='test topic', content='first test topic', user=user
    )
    response = self.client.get('/post/topic/%d/' % topic.id)
    self.assertEqual(response.status_code, 200)
    self.assertEqual(response.json()['id'], topic.id)
```

访问视图需要指定视图定义的URL模式，且如果请求返回的是JSON格式数据，则可以使用JSON方法实现将数据反序列化成 Python 对象。

2. 执行测试用例的命令

完成了常见的几类测试场景，就可以使用 manage.py 提供的 test 命令去执行了。最简单的执行方式是不带任何参数（需要在 manage.py 文件所在目录执行命令）：

```
python manage.py test
```

这会涉及测试发现的问题，即怎样找到需要执行的测试用例呢？默认情况下，它将发现在当前工作目录下的所有以 test*.py 命名文件中的测试类。这其实是基于 unittest 模块的测试发现策略。

可以在 test 命令之后提供参数来指定运行“某些”测试用例。这些参数可以是一个包、模块、测试类或者测试方法的完整 Python 路径。

python manage.py test post：执行 post 应用下的所有测试用例。

python manage.py test post.tests：执行 post 应用下 tests 模块中定义的测试用例。

python manage.py test post.tests.SimpleTest：执行 SimpleTest。

python manage.py test post.tests.SimpleTest.test_post_topic_model：执行 SimpleTest 的 test_post_topic_model 测试方法。

执行这些命令不仅会打印执行测试方法的个数和执行时间等信息，而且还有创建与销毁测试数据库等信息。如果用户觉得这些提示信息还是稍显"简陋"，那么，可以加上 -v 参数并指定打印信息的详细程度：0 代表最小化输出、1 代表正常输出、2 代表详细输出、3 代表非常详细的输出。

指定 -v 参数执行 SimpleTest，打印信息如图 13-3 所示（输出内容过多，为方便展示，省略部分信息）。

```
(bbs_python37) → my_bbs python manage.py test -v 3 post.tests.SimpleTest
Creating test database for alias 'default' ('test_django_bbs')...
Operations to perform:
  Synchronize unmigrated apps: messages, staticfiles
  Apply all migrations: admin, auth, contenttypes, post, sessions
Running pre-migrate handlers for application post
Running pre-migrate handlers for application admin
...
Synchronizing apps without migrations:
  Creating tables...
    Running deferred SQL...
Running migrations:
  Applying contenttypes.0001_initial... OK (0.047s)
  Applying auth.0001_initial... OK (0.394s)
...
Running post-migrate handlers for application sessions
Adding permission 'Permission object (None)'
...
System check identified no issues (0 silenced).
test_addition (post.tests.SimpleTest) ... ok
test_post_topic_model (post.tests.SimpleTest) ... ok
test_topic_detail_view (post.tests.SimpleTest) ... ok

----------------------------------------------------------------------
Ran 3 tests in 0.295s

OK
Destroying test database for alias 'default' ('test_django_bbs')...
```

图 13-3　指定 -v 参数执行 SimpleTest

可以看到，在执行测试方法之前先是创建了数据库（test_django_bbs）和各个数据表，并完成了数据表的初始化工作；之后，再去执行各个测试方法；最后，所有的测试方法都执行完之后销毁数据库。

关于 test 命令的更多使用方法以及可选参数的说明，可以使用如下命令查看：

```
python manage.py test -h
```

本节对单元测试的基本概念进行了介绍，说明了为什么以及怎么做单元测试。由于 Django 的单元测试基于 unittest 模块，所以，先简单介绍了这个模块的使用方法。最后，以 post 应用为例，编写了三类最常见的测试场景，并介绍了执行测试的方法。在理解了概念和基本使用方法的基础上，下面介绍单元测试的相关特性。

13.2　单元测试的相关特性

本节将介绍 unittest 单元测试框架的相关特性，这些特性也可以应用在 Django 项目的单元测试中。执行测试用例需要创建数据库，经过配置，数据库可以在内存中创建，绕过文件系统，加快测试的速度。除了可以使用 unittest 实现的断言方法之外，Django 也自定义了一些特殊的断言方法用于校验测试结果。最后，介绍测试代码覆盖率以及它所能够体现的含义。

13.2.1 unittest 测试框架的特性

unittest 单元测试框架最初受到了 JUnit 的启发，它与其他语言的主流单元测试框架有着相似的风格。unittest 包含了 4 个核心概念。

（1）test fixture：它代表的是初始化和清理测试环境，最常见的应用场景是创建临时目录和数据库连接的创建与销毁。

（2）test case：它代表的是 unittest.TestCase 类实例，一个完整的测试单元，通过运行这个测试单元实现对某个问题的验证。

（3）test suite：它代表的是 test case 的集合，同时 test suite 还可以嵌套 test suite，实现多个测试任务一起执行的目的。

（4）test runner：它代表的是执行测试并向用户反馈执行结果。

关于测试用例的编写和执行在之前都已经介绍过了，这里不再赘述。下面，先来看一看可以初始化和清理测试环境的 test fixture：setUp 和 tearDown。

setUp 用于做一些初始化工作，在每一个测试方法执行之前都会执行一次；tearDown 用于做一些清理工作，在每一个测试方法执行之后都会执行一次。

post 应用中 SimpleTest 的 test_post_topic_model 和 test_topic_detail_view 都会创建 User 对象实例，这其实就可以认为是一种初始化工作。因此，可以把创建 User 实例的工作放在 setUp 中完成。同时，为了演示 setUp 和 tearDown 的执行时机，可以在各个测试方法中添加一些打印信息。修改 SimpleTest（去掉了 test_addition）如下：

```
class SimpleTest(TestCase):

    def setUp(self):
        print('running setUp')
        self.user = User.objects.create_user(username='username',
            password='password')

    def test_post_topic_model(self):
        print('running test_post_topic_model')
        topic = Topic.objects.create(
            title='test topic', content='first test topic', user=self.user
        )
        self.assertTrue(topic is not None)
        self.assertEqual(Topic.objects.count(), 1)
        topic.delete()
        self.assertEqual(Topic.objects.count(), 0)

    def test_topic_detail_view(self):
        print('running test_topic_detail_view')
        topic = Topic.objects.create(
            title='test topic', content='first test topic', user=self.user
        )
        response = self.client.get('/post/topic/%d/' % topic.id)
        self.assertEqual(response.status_code, 200)
        self.assertEqual(response.json()['id'], topic.id)

    def tearDown(self):
        print('running tearDown')
```

执行 SimpleTest，可以看到图 13-4 所示的打印信息。

```
(bbs_python37) → my_bbs python manage.py test post.tests.SimpleTest
Creating test database for alias 'default'...
System check identified no issues (0 silenced).
running setUp
running test_post_topic_model
running tearDown
.running setUp
running test_topic_detail_view
running tearDown
.
----------------------------------------------------------------------
Ran 2 tests in 0.304s

OK
Destroying test database for alias 'default'...
```

图 13-4　添加初始化和清理方法的执行效果

在每个测试方法执行的前后 setUp 和 tearDown 都各执行了一次。另外，如果想在测试类的所有测试方法执行之前初始化环境，并在所有的测试方法执行之后清理环境，可以使用 setUpClass 和 tearDownClass。例如：

```
class SimpleTest(TestCase):

        @classmethod
        def setUpClass(cls):
             print('running setUpClass')

        @classmethod
        def tearDownClass(cls):
             print('running tearDownClass')
```

unittest 模块还有一个重要的功能是：跳过测试和预期失败。跳过测试是指可以跳过单独的测试方法或者整个测试类；预期失败是指预测到测试因为某些原因而导致不通过，但是不应该标记为失败。

跳过测试的功能使用装饰器实现，这类装饰器一共有 3 个。

unittest.skip(reason)：无条件跳过，reason 用来说明跳过测试的原因。

unittest.skipIf(condition, reason)：当 condition 条件成立时，即为 True，跳过测试。

skipUnless(condition, reason)：与 skipIf 相反，当 condition 条件不成立时，跳过测试。

修改 SimpleTest，分别将 3 个不同的跳过测试装饰器应用在 3 个测试方法上，例如：

```
import unittest

class SimpleTest(TestCase):

        @unittest.skip("skip test a")
        def test_a(self):
             print('running test a')

        @unittest.skipIf(2 > 1, "skip test b")
        def test_b(self):
             print('running test b')

        @unittest.skipUnless(2 < 1, "skip test c")
        def test_c(self):
             print('running test c')
```

执行 SimpleTest，可以看到 3 个测试方法都被跳过了，如图 13-5 所示（输出内容过多，为方便展示，省略部分信息）。

```
(bbs_python37) → my_bbs python manage.py test -v 3 post.tests.SimpleTest
Creating test database for alias 'default' ('test_django_bbs')...
...
System check identified no issues (0 silenced).
test_a (post.tests.SimpleTest) ... skipped 'skip test a'
test_b (post.tests.SimpleTest) ... skipped 'skip test b'
test_c (post.tests.SimpleTest) ... skipped 'skip test c'

----------------------------------------------------------------------
Ran 3 tests in 0.002s

OK (skipped=3)
Destroying test database for alias 'default' ('test_django_bbs')...
```

图 13-5　使用装饰器跳过测试方法

同时，如果想直接跳过测试类，可以将装饰器应用在测试类上。例如：

```
@unittest.skip("skip SimpleTest")
class SimpleTest(TestCase):
    ...
```

预期失败的功能同样使用装饰器实现，即 unittest.expectedFailure。可以将它应用到预期会测试失败的方法或类上，例如：

```
@unittest.expectedFailure
def test_fail(self):
    self.assertEqual(0, 1)
```

需要注意，如果标注了 expectedFailure 的方法可以通过测试或标注了 expectedFailure 的类中存在可以通过测试的方法，那么，这也会被认为是测试失败。

unittest 模块的功能非常强大，这里只是简单地对一些常用的功能特性进行了介绍。更多关于 unittest 的功能可以查阅官方文档。

13.2.2　Django 单元测试中数据库的配置

之前已经提到过 Django 会为单元测试创建新的数据库，通过上一节中执行测试打印的信息可以看到，默认测试数据库的名称是将 DATABASES（settings.py 文件中定义）中定义的 NAME 值的前面加上 test_。

虽然这不会对当前系统中存储的业务数据造成影响，但是如果项目本身很大，涉及的表很多，那么测试数据库的创建与销毁是非常耗时的。此时，可以通过配置使用 SQLite 数据库，Django 将会在内存中创建数据库，完全绕过文件系统。

启动 Django 服务是可以使用不同的配置文件的，因此，可以为单元测试创建一个配置文件，在 DATABASES 中指定使用 SQLite。

例如，可以在 my_bbs 项目下（manage.py 所在目录）创建配置文件：settings-test.py。可以按照测试的需要添加配置信息，如 DATABASES 配置为：

```
DATABASES = {
    'default': {
        'ENGINE': 'django.db.backends.sqlite3',
        'NAME': os.path.join(BASE_DIR, 'db.sqlite3')
    }
}
```

此时，再去执行测试用例，可以使用命令（需要注意，当前所在目录存在 settings-test.py 文件）：

```
python manage.py test --settings=settings-test -v 3 post.tests.SimpleTest
```

可以看到图 13-6 所示的打印信息（省略部分打印内容）：

```
(bbs_python37) → my_bbs python manage.py test --settings=settings-test -v 3 post.tests.SimpleTest
Creating test database for alias 'default' ('file:memorydb_default?mode=memory&cache=shared')...
...
Adding permission 'Permission object (None)'
System check identified no issues (0 silenced).
test_post_topic_model (post.tests.SimpleTest) ... ok
test_topic_detail_view (post.tests.SimpleTest) ... ok

----------------------------------------------------------------------
Ran 2 tests in 0.249s

OK
Destroying test database for alias 'default' ('file:memorydb_default?mode=memory&cache=shared')...
```

图 13-6　指定配置文件执行测试用例

为不同的场景创建不同的配置文件，并在启动项目时指定正确的配置，是非常常用且良好的工作习惯。使用 SQLite 时，同样也会在执行测试用例的前后创建与销毁数据库，只是这个过程发生在内存。

13.2.3　Django 单元测试的常用测试工具

Django 为单元测试提供了很多好用的测试工具，除了之前见到的测试客户端之外，还有标记测试和一些内置的断言方法。

1. 标记测试

标记测试可以实现仅执行测试方法的子集。使用这个功能需要使用 django.test.tag 装饰器，它可以应用在测试方法或测试类上。

首先，在 tests.py 中引入 tag：

```
from django.test import tag
```

可以给 SimpleTest 的测试方法添加“标记”，例如：

```
class SimpleTest(TestCase):

        @tag('major')
        def test_post_topic_model(self):
            ...

        @tag('minor')
        def test_topic_detail_view(self):
            ...
```

此时，在执行测试时就可以使用 tag 参数指定运行某些测试。例如，执行 major 测试：

```
python manage.py test --tag=major post.tests.SimpleTest
```

也可以同时执行 major 和 minor 测试：

```
python manage.py test --tag=minor --tag=major post.tests.SimpleTest
```

另外，还可以使用 exclude-tag 参数排除某些测试。例如，不执行 tag 是 minor 的测试：

```
python manage.py test -v 3 --exclude-tag=minor post.tests.SimpleTest
```

2. 断言方法

之前使用的 assertEqual、assertTrue 断言方法都是由 unittest 模块提供的，Django 自定义的 TestCase

（实际是它的父类，包括测试客户端也是在父类中实现）也提供了一些方便对 Web 做测试的断言方法。

SimpleTestCase.assertRaisesMessage 用来断言可执行对象的调用引发了异常，且在异常中发现了对应的信息。使用方法如下：

```
def test_custom_assert(self):
    with self.assertRaisesMessage(ValueError, 'invalid literal for int()'):
        int('a')
```

SimpleTestCase.assertHTMLEqual 用来断言 HTML 是否是等价的，它的比较基于 HTML 语义。这个断言方法用来校验返回模板的视图是非常方便的。使用方法如下（注意 HTML 标签前的空格将会被忽略）：

```
def test_custom_assert(self):
    self.assertHTMLEqual("<h1>hello bbs</h1>", "  <h1>hello bbs</h1>")
```

与 assertHTMLEqual 相对的断言方法是 assertHTMLNotEqual，它断言两个 HTML 字符串是不等价的。类似的断言方法还有 assertXMLEqual 和 assertXMLNotEqual，它们基于 XML 语义校验字符串是否相等。

SimpleTestCase.assertJSONEqual 和 SimpleTestCase.assertJSONNotEqual 用来断言 JSON 字符串是否相等。这对于返回 JsonResponse 的视图结果校验是非常方便的。

```
def test_custom_assert(self):
    self.assertJSONEqual('{"a": 1, "b": 2}', '{"b": 2, "a": 1}')
    self.assertJSONNotEqual('{"a": 1, "b": 2}', '{"c": 2, "a": 1}')
```

TransactionTestCase.assertQuerysetEqual 用来断言查询集是否与给定的列表内容相等。默认情况下，查询集中的每一个模型实例都会执行 repr 操作。所以，使用方法类似：

```
def test_custom_assert(self):
    topic = Topic.objects.create(
        title='test topic', content='first test topic', user=self.user
    )
    self.assertQuerysetEqual(Topic.objects.all(), [repr(topic)])
```

如果给定列表包含多个元素，且查询集并未显式地指定排序规则，则可以将 ordered 参数设置为 False。否则，将会抛出 ValueError 异常。如下所示：

```
def test_custom_assert(self):
    topic_1 = Topic.objects.create(
        title='test topic 1', content='first test topic', user=self.user
    )
    topic_2 = Topic.objects.create(
        title='test topic 2', content='second test topic', user=self.user
    )
    self.assertQuerysetEqual(Topic.objects.all(),
        [repr(topic_2), repr(topic_1)], ordered=False)
```

Django 自定义的断言方法还有很多，如 TransactionTestCase.assertNumQueries 可以校验数据库查询的次数等。若要了解更多的断言方法，读者可以查阅官方文档。

13.2.4 统计测试代码的覆盖率

测试代码覆盖率描述的是多少源代码经过了测试，它表达的是代码测试的程度。Python 的第三方库 coverage.py 可以用来统计测试代码的覆盖率，Django 可以轻松地与 coverage.py 实现集成。

使用 coverage.py 前，首先需要安装它，这个过程同样是非常简单的。与安装虚拟环境的过程一样，使用 Python 包管理工具，执行命令：

```
pip install coverage
```

安装过程中可以看到类似如下内容的打印输出：

```
Collecting coverage
    Downloading https://files.pythonhosted.org/packages/coverage-4.5.2-.whl (180KB)
            100%|##########################| 184KB 981KB/s
Installing collected packages: coverage
Successfully installed coverage-4.5.2
```

安装完成之后，可以在 manage.py 文件所在目录执行命令：

```
coverage run --source='.' manage.py test --settings=settings-test
```

除了可以在控制台看到相同的测试执行信息之外，还可以发现在当前目录（manage.py 所在目录）下多了一个文件：.coverage。这个文件中保存着 coverage 执行的结果信息，且在每次运行 coverage 命令时，文件的内容都会被覆盖。

查看覆盖统计结果信息，最简单的方式是执行命令：

```
coverage report
```

输出结果中包含了未执行的代码总行数以及覆盖率等信息。通常，覆盖率是 100% 的模块不需要关心，查看统计信息时可以加上 --skip-covered 参数：

```
coverage report --skip-covered
```

此时，可以在控制台看到类似图 13-7 所示的覆盖率统计信息。

```
(bbs_python37) → my_bbs coverage report --skip-covered
Name                                Stmts   Miss  Cover
-------------------------------------------------------
manage.py                               9      2    78%
my_bbs/settings.py                     21     21     0%
my_bbs/wsgi.py                          4      4     0%
post/backends.py                       15     15     0%
post/forms.py                          15      4    73%
post/middleware.py                     37     37     0%
post/models.py                         33      4    88%
post/post_service.py                   10      3    70%
post/signals.py                         6      2    67%
post/templatetags/custom_tags.py       10      4    60%
post/views.py                         212    118    44%
-------------------------------------------------------
TOTAL                                 446    214    52%

12 files skipped due to complete coverage.
```

图 13-7　忽略覆盖率是 100% 的模块

虽然报告输出了没有完全测试的模块，但是，查找这些未被覆盖的代码是非常麻烦的。coverage 同样可以解决这个问题，它可以生成 HTML 格式的测试报告。

需要生成 HTML 格式的报告，只需要执行命令（可以不添加 skip-covered 参数）：

```
coverage html --skip-covered
```

命令返回后，在当前目录（manage.py 所在目录）下会生成 htmlcov 目录。这个目录中包含很多文件，可以在浏览器中打开 index.html，如图 13-8 所示。

当前报告直接关联源代码（Module 列），其中会高亮显示未被测试覆盖的部分。单击 manage.py，可以看到图 13-9 所示的统计信息。

Coverage report: 52%

Module ↓	statements	missing	excluded	coverage
manage.py	9	2	0	78%
my_bbs/settings.py	21	21	0	0%
my_bbs/wsgi.py	4	4	0	0%
post/backends.py	15	15	0	0%
post/forms.py	15	4	0	73%
post/middleware.py	37	37	0	0%
post/models.py	33	4	0	88%
post/post_service.py	10	3	0	70%
post/signals.py	6	2	0	67%
post/templatetags/custom_tags.py	10	4	0	60%
post/views.py	212	118	0	44%
Total	**446**	**214**	**0**	**52%**

coverage.py v4.5.2, created at 2018-11-27 15:55

图 13-8　HTML 格式的测试代码覆盖率信息

Coverage for **manage.py** : 78%

9 statements　7 run　2 missing　0 excluded

```
1  #!/usr/bin/env python
2  import os
3  import sys
4
5  if __name__ == "__main__":
6      os.environ.setdefault("DJANGO_SETTINGS_MODULE", "my_bbs.settings")
7      try:
8          from django.core.management import execute_from_command_line
9      except ImportError as exc:
10         raise ImportError(
11             "Couldn't import Django. Are you sure it's installed and "
12             "available on your PYTHONPATH environment variable? Did you "
13             "forget to activate a virtual environment?"
14         )
15     execute_from_command_line(sys.argv)
```

图 13-9　manage.py 测试覆盖统计信息

前面介绍了如何统计测试代码的覆盖率。覆盖率高说明对当前项目的测试比较充分，但是这并不能说明代码的质量高。测试代码覆盖率在软件工程中是不可或缺的，是代码审查的重要指标之一。

至此，关于单元测试的介绍就结束了。单元测试的好处有很多，它可以在开发阶段就发现系统中可能存在的问题、帮助重构，并且降低重构出错的风险。同时，单元测试可以看作工程项目的文档，减轻代码阅读的负担。因此，理解并编写单元测试是很有必要的，这与框架和语言无关。

14 第14章 Django项目的部署

在开发和测试 Django 项目的过程中，可以简单地使用 runserver 命令启动运行。这里启动的是 Django 自带的简易 Web 服务器，它是为了开发而设计的，不能应用于生产环境。本章将介绍部署 Django 项目到生产环境的方法。首先，需要对 Python Web 应用有清晰的认识，主要是对 WSGI 协议的理解；之后，再去搭建、配置生产环境，完成部署。

14.1 理解 Python Web 应用

Python 有非常多的 Web 应用框架，Django 只是其中的一个。Web 应用的运行离不开 Web 服务器，这就需要一种规范或者协议，来定义 Web 应用如何与 Web 服务器实现交互、如何接受请求与返回响应。本节将会对这个协议进行介绍，同时还可以看到 Python 和 Django 对协议的内置实现。

14.1.1 认识 WSGI 协议

WSGI（Web Server Gateway Interface，Web 服务器网关接口）并不是服务器、框架或 Python 模块，而是一种规范或协议，它定义了 Python Web 应用程序与 Web 服务器通信的接口。那么，为什么需要这个协议呢？

Python 有各种各样的 Web 应用框架，在没有统一标准的情况下，可能需要针对每一个框架去实现各自的 Web 服务器。这是非常不合理的，不仅会增加很多工作量，而且在选择了使用的框架之后，也会限制对 Web 服务器的选择，反过来也是一样。WSGI 的出现解决了这个问题，它可以让 Web 服务器知道如何去调用 Python 应用程序，把客户端的请求告诉应用程序；让 Python 应用程序知道客户端在请求什么，以及如何返回结果给 Web 服务器。

这样，WSGI 就实现了应用程序与服务器之间的解耦。通过定义通信接口，服务器和应用程序可以专注地做自己的工作。

WSGI 定义了两个角色：Web 服务器，被称作 server 或 gateway；应用程序，被称作 application 或 framework。server 需要接受来自客户端的请求，然后根据协议的定义调用 application；application 处理请求，返回结果给 server，并最终响应客户端。

根据协议的规定，application 需要提供一个可调用对象给 server，这个可调用对象可以是函数、方法、类或实现了__call__方法的实例。它接受以下 2 个参数。

（1）environ：字典类型，包含所有与客户端相关的信息，即请求上下文。application 从这个参数中获取客户端的请求意图。

（2）start_resposne：一个可调用对象，用于发送 HTTP 响应状态、响应头。HTTP 响应包含状态码、响应头和响应体，application 在将响应体返回给 server 之前，需要先调用 start_resposne 设置状态码和响应头。

environ 和 start_resposne 由 server 提供，application 则需要返回可迭代的对象，且需要是字节类型，因为 HTTP 是面向字节流的协议。

根据上述定义，实现 application 的可调用对象也是非常简单的工作。首先，可以将它定义为接受两个参数的函数：

```
def application(environ, start_response):
    status = '200 OK'
    response_headers = [('Content-type', 'text/plain')]
    start_response(status, response_headers)
    return [b"Hello World!\n"]
```

可以看到，application 在返回响应体之前，调用了 start_response。同时需要注意，响应头（response_headers）是一个列表，且其中的每一个元素都是一个二元组。

只要是遵循 WSGI 的接口定义，可调用对象除了函数，也可以是类，如下所示：

```
class AppClass:

    def __init__(self, environ, start_response):
        self.environ = environ
        self.start_response = start_response

    def __iter__(self):
        status = '200 OK'
        response_headers = [('Content-type', 'text/plain')]
        self.start_response(status, response_headers)
        yield b"Hello World!\n"
```

server 调用 AppClass，传递参数 environ 和 start_resposne 就得到了 AppClass 实例。由于将__iter__实现为生成器，所以，调用实例就可以得到可迭代的响应。

如果一个类实现了__call__方法，那么类实例就成为可调用的。可以将 AppClass 的实现修改为：

```
class AppClass:

    def __init__(self):
        pass

    def __call__(self, environ, start_response):
        status = '200 OK'
        response_headers = [('Content-type', 'text/plain')]
        start_response(status, response_headers)
        yield b"Hello World!\n"
```

此时，application 提供给 server 的可调用对象就是 AppClass 实例。

现在，已经有了可调用的 application。若想要使用它来处理客户端的请求，就需要 Web 服务器来调用它。接下来介绍 Python 内置的 WSGI 服务器。

14.1.2　Python 内置的 WSGI 服务器

Python 内置了一个简单的 WSGI 服务器，这个模块叫作 wsgiref。但它仅实现了 WSGI 协议，不考虑任何运行效率，故不适合在生产环境中使用。

wsgiref 常常用来做开发和测试，它的使用方法非常简单。例如，可以在任意位置新建 python_web.py 文件，填充如下内容：

```
from wsgiref.simple_server import make_server

def application(environ, start_response):
     status = '200 OK'
     response_headers = [('Content-type', 'text/plain')]
     start_response(status, response_headers)
     return [b"Hello World!\n"]

# 创建 WSGI 服务器，绑定端口号，并指定调用的 application
httpd = make_server('127.0.0.1', 8000, application)
# 处理一次请求之后退出
httpd.handle_request()
```

请求到来之后，服务器就会调用 application，之后退出。当然，也可以将服务器的调用对象指定为类或者实例。

启动 WSGI 服务器，在 python_web.py 文件所在目录下执行命令：

```
python3 python_web.py
```

之后，可以使用 curl 命令发送请求：

```
curl -i http://127.0.0.1:8000/
```

可以看到控制台上打印如下类似信息：

```
HTTP/1.0 200 OK
Date: Mon, 03 Dec 2018 08:50:57 GMT
Server: WSGIServer/0.2 CPython/3.7.0
Content-type: text/plain
Content-Length: 13

Hello World!
```

至此，一个简单的 Web 应用就完成了。由于之前已经介绍了 application，接下来介绍 wsgiref 的工作原理。

首先，介绍创建 WSGI 服务器的 make_server 方法的实现：

```
def make_server(
    host, port, app, server_class=WSGIServer, handler_class=WSGIRequestHandler
):
    # 创建 WSGIServer 实例，设置主机、端口和请求处理类 WSGIRequestHandler
    server = server_class((host, port), handler_class)
    # 设置 application，处理客户端的请求
    server.set_app(app)
    # 返回 WSGIServer 实例
    return server
```

这里有两个重要的类：WSGIServer 和 WSGIRequestHandler，它们是实现 WSGI 服务器的核心。WSGIServer 的实现如下：

```
class WSGIServer(HTTPServer):

    application = None
```

```
    def server_bind(self):
        HTTPServer.server_bind(self)
        self.setup_environ()

    def setup_environ(self):
        env = self.base_environ = {}
        env['SERVER_NAME'] = self.server_name
        env['GATEWAY_INTERFACE'] = 'CGI/1.1'
        env['SERVER_PORT'] = str(self.server_port)
        ...

    def get_app(self):
        return self.application

    def set_app(self,application):
        self.application = application
```

WSGIServer 继承自 HTTPServer，重写了父类的 server_bind 方法，用于设置 Web 应用的环境变量。实现了 set 和 get 方法，用于设置和获取符合 WSGI 规范的 application。可见，WSGIServer 的主要功能是处理与 Socket 连接相关的逻辑。

接下来，调用 handle_request 方法（WSGIServer 的父类实现）接受来自客户端的请求。实现如下：

```
def handle_request(self):
    timeout = self.socket.gettimeout()
    ...
    with _ServerSelector() as selector:
        ...
        while True:
            # 默认的 timeout 是 None，select 将会阻塞，直到请求到来
            ready = selector.select(timeout)
            if ready:
                # 收到了来自客户端的请求连接
                return self._handle_request_noblock()
            else:
                ...
```

_handle_request_noblock 处理来自客户端的请求，实现如下：

```
def _handle_request_noblock(self):
    try:
        request, client_address = self.get_request()
    except OSError:
        return
    if self.verify_request(request, client_address):
        try:
            # 处理客户端请求
            self.process_request(request, client_address)
        except Exception:
            ...
    else:
        self.shutdown_request(request)
```

get_request 方法调用 socket 对象的 accept 方法建立与客户端的连接。由于在这之前已经通过 select 函数确认收到了客户端的请求，所以，这里的 accept 不会阻塞。

```
def get_request(self):
    return self.socket.accept()
```

process_request 会调用 finish_request，实现如下：

```
def finish_request(self, request, client_address):
    self.RequestHandlerClass(request, client_address, self)
```

RequestHandlerClass 负责构造请求上下文，并把请求交给 ServerHandler。经过查看实例化 WSGIServer 的过程，可以知道，RequestHandlerClass 其实就是 WSGIRequestHandler。

WSGIRequestHandler 在处理 HTTP 请求的 BaseHTTPRequestHandler 类中添加了 WSGI 规范相关的内容。它定义了两个核心方法。

get_environ：设置并返回环境变量，将会传递给 application。

handle：处理 HTTP 请求，由 ServerHandler 实现。

所以，调用 application、传递 environ 和 start_resposne 都是由 ServerHandler 实现的。下面先介绍 handle 方法：

```
def handle(self):
    ...
    handler = ServerHandler(
        self.rfile, self.wfile, self.get_stderr(), self.get_environ()
    )
    handler.request_handler = self
    handler.run(self.server.get_app())
```

实例化 ServerHandler 需要传递 socket 读、写端，错误输出以及环境变量字典。之后调用了 run 方法，并传递了 self.server.get_app()。跟踪代码可以知道，这里的 self.server 其实就是 WSGIServer。所以，get_app 返回的是实例化 WSGIServer 时传递的 application。

run 方法由 ServerHandler 的父类 BaseHandler 实现，源码如下所示：

```
def run(self, application):
    try:
        # 设置请求上下文
        self.setup_environ()
        # 调用 application 获取响应
        self.result = application(self.environ, self.start_response)
        # 将响应返回给客户端
        self.finish_response()
    except:
        ...
```

可以看到，WSGI application 最终是由 run 方法调用的。start_response 在 BaseHandler 中实现，用于设置状态码和响应头。最后，finish_response 将可迭代的结果返回给客户端。

至此，Python 内置的 WSGI 服务器的使用方法和工作原理就介绍完了。通过对这个简单服务器工作过程的分析，可以更加清晰地理解 WSGI 定义的两个角色。接下来介绍 Django 对 WSGI 协议的实现。

14.1.3 Django 框架中 WSGI 协议的实现

Django 框架同时实现了 WSGI 的 server 和 application。其中，server 的实现基于 Python 的 wsgiref 模块，主要是添加了一些异常处理和错误记录。因此，其同样不可以应用在生产环境中。

之前已经多次见到过，启动 Django 服务可以使用 runserver 命令。那么，下面就以这个命令为入口，介绍协议实现的过程。首先，manage.py 的实现如下：

```
if __name__ == "__main__":
    os.environ.setdefault("DJANGO_SETTINGS_MODULE", "my_bbs.settings")
```

```
    try:
        from django.core.management import execute_from_command_line
    except ImportError as exc:
        raise ImportError(...)
    execute_from_command_line(sys.argv)
```

execute_from_command_line 根据接收到的参数（子命令）执行对应的功能：

```
def execute_from_command_line(argv=None):
    utility = ManagementUtility(argv)
    # execute 实现对参数的解析，启动服务
    utility.execute()
```

execute 方法中有很大的篇幅是对参数进行合法性校验，并最终获取到 Command 工具，启动服务。实现如下：

```
def execute(self):
    try:
        subcommand = self.argv[1]
    except IndexError:
        subcommand = 'help'
    ...
    if subcommand == 'help':
        ...
    else:
        self.fetch_command(subcommand).run_from_argv(self.argv)
```

fetch_command 是 Command 管理工具，它根据提供的参数（subcommand）匹配具体的模块。实现如下：

```
def fetch_command(self, subcommand):
    # 获取子命令名到应用名的映射
    commands = get_commands()
    try:
        # 获取提供子命令的应用名称
        app_name = commands[subcommand]
    except KeyError:
        ...
    if isinstance(app_name, BaseCommand):
        klass = app_name
    else:
        # 根据应用名和子命令名获取 Command 实例
        klass = load_command_class(app_name, subcommand)
    return klass
```

get_commands 的功能是遍历当前已注册应用（INSTALLED_APPS）下的 management 目录，并将 commands 目录下所有不以“_”开头的模块视为子命令。子命令的名称即为模块的名称。所以，返回的字典 key 是模块名称，value 是应用名称。

runserver 最终返回了 django.contrib.staticfiles.management.commands.runserver.Command 实例。之后，调用了 Command 实例的 run_from_argv 方法（父类提供）：

```
def run_from_argv(self, argv):
    ...
    try:
        self.execute(*args, **cmd_options)
    except Exception as e:
        ...
```

其核心实现是调用了 execute 方法。通过追踪代码实现，可以知道，这最终会调用到父类 django.core.management.base.BaseCommand 的 execute 方法：

```
def execute(self, *args, **options):
    ...
    try:
        ...
        output = self.handle(*args, **options)
        ...
    finally:
        if saved_locale is not None:
            translation.activate(saved_locale)
    return output
```

handle 方法来自 django.core.management.commands.runserver.Command，其中又会调用到 run 方法。run 调用了 inner_run，实现如下：

```
def inner_run(self, *args, **options):
    ...
    try:
        handler = self.get_handler(*args, **options)
        run(self.addr, int(self.port), handler,
            ipv6=self.use_ipv6, threading=threading, server_cls=self.server_cls)
    except socket.error as e:
        ...
```

其中，get_handler 返回了符合 WSGI 规范的 application，而 run 函数则启动了 WSGI 服务器。下面介绍这两个角色的实现过程。

1. WSGI application 的实现

get_handler 来自 django.contrib.staticfiles.management.commands.runserver.Command，它返回的是 WSGI 中的 application。实现如下：

```
def get_handler(self, *args, **options):
    # 调用django.core.management.commands.runserver.Command的方法
    handler = super().get_handler(*args, **options)
    use_static_handler = options['use_static_handler']
    insecure_serving = options['insecure_serving']
    if use_static_handler and (settings.DEBUG or insecure_serving):
        # 优化对静态文件请求的StaticFilesHandler
        return StaticFilesHandler(handler)
    return handler
```

首先，它会调用父类的 get_handler 方法：

```
def get_handler(self, *args, **options):
    return get_internal_wsgi_application()
```

get_internal_wsgi_application 函数根据 settings.py 中定义的 WSGI_APPLICATION 配置加载并返回 WSGI 的 application：

```
def get_internal_wsgi_application():
    from django.conf import settings
    app_path = getattr(settings, 'WSGI_APPLICATION')
    if app_path is None:
        return get_wsgi_application()
    try:
        return import_string(app_path)
```

```
    except ImportError as err:
        ...
```

WSGI_APPLICATION 默认会指向与 settings.py 同级目录下 wsgi.py 中的 application 变量。application 由 get_wsgi_application 函数完成赋值。所以，get_internal_wsgi_application 最终由 get_wsgi_application 返回。它的实现如下：

```
def get_wsgi_application():
    django.setup(set_prefix=False)
    return WSGIHandler()
```

get_wsgi_application 返回了 django.core.handlers.wsgi.WSGIHandler 实例。这也解释了在之前提到的 Django 项目在启动时会初始化 WSGIHandler。同时，根据 WSGI 协议的定义，WSGIHandler 需要实现__call__方法，如下所示：

```
class WSGIHandler(base.BaseHandler):
    ...
    def __call__(self, environ, start_response):
        ...
        response = self.get_response(request)
        response._handler_class = self.__class__
        # 状态码
        status = '%d %s' % (response.status_code, response.reason_phrase)
        # 响应头
        response_headers = list(response.items())
        for c in response.cookies.values():
            response_headers.append(('Set-Cookie', c.output(header='')))
        # 在返回响应之前，设置状态码和响应头
        start_response(status, response_headers)
        ...
        return response
```

默认情况下，use_static_handler 被设置为 True，而 insecure_serving 为 False。因此，当 settings.DEBUG 是 True 时，get_handler 会返回 StaticFilesHandler 实例。需要注意，这里初始化 StaticFilesHandler 传递了 WSGIHandler 实例。

StaticFilesHandler 继承自 WSGIHandler，它的目的是实现对静态文件请求的优化。如果当前请求静态文件，则直接响应静态文件。否则，将请求交给 WSGIHandler。其核心实现如下所示：

```
class StaticFilesHandler(WSGIHandler):

    # 初始化方法需要传递符合 WSGI 规范的 application
    def __init__(self, application):
        self.application = application
        self.base_url = urlparse(self.get_base_url())
        super().__init__()
    ...

    def __call__(self, environ, start_response):
        # 请求的不是静态文件，交给 application 处理
        if not self._should_handle(get_path_info(environ)):
            return self.application(environ, start_response)
        return super().__call__(environ, start_response)
```

至此，把 Django 实现的 WSGI application 就介绍完了。这个 application 将会传递到 run 函数中，处理来自客户端的请求。

2. WSGI server 的实现

run 函数定义在 django/core/servers/basehttp.py 文件中，实现如下：

```
def run(addr, port, wsgi_handler, ipv6=False,
                    threading=False, server_cls=WSGIServer):
        server_address = (addr, port)
        if threading:
              # 使 WSGIServer 继承 socketserver.ThreadingMixIn，启用多线程处理
              httpd_cls = type('WSGIServer',
                    (socketserver.ThreadingMixIn, server_cls), {})
        else:
              httpd_cls = server_cls
        # 实例化 django.core.servers.basehttp.WSGIServer
        httpd = httpd_cls(server_address, WSGIRequestHandler, ipv6=ipv6)
        if threading:
              httpd.daemon_threads = True
        # 设置处理客户端请求的 application
        httpd.set_app(wsgi_handler)
        # 启动 server，接受请求
        httpd.serve_forever()
```

可以看到，这与之前 Python 的 wsgiref 模块非常类似，同样会涉及以下两个重要的类。

django.core.servers.basehttp.WSGIServer：继承 wsgiref 模块的 WSGIServer，主要作用是接受来自客户端的请求。

django.core.servers.basehttp.WSGIRequestHandler：继承自 wsgiref 模块的 WSGIRequestHandler，主要目的是调用 WSGI application 处理客户端请求（实际由 django.core.servers.basehttp.ServerHandler 完成）。

WSGIServer、WSGIRequestHandler 和 ServerHandler 都在 django/core/servers/basehttp.py 文件中定义。下面介绍它们的继承关系：

```
class WSGIServer(simple_server.WSGIServer):
    ...

class WSGIRequestHandler(simple_server.WSGIRequestHandler):
    ...

class ServerHandler(simple_server.ServerHandler):
    ...
```

Django 中 WSGI server 的实现基于 Python 的 wsgiref 模块。对 HTTP 请求的核心处理类进行了封装，添加了异常处理和错误日志记录。

创建了 django.core.servers.basehttp.WSGIServer 实例之后，调用了 set_app 方法设置处理客户端请求的 application。最后，调用 serve_forever。serve_forever 与 handle_request 是类似的，它们的区别是 handle_request 处理一次请求就会返回，而 serve_forever 循环处理请求，不会返回。实现如下：

```
def serve_forever(self, poll_interval=0.5):
      self.__is_shut_down.clear()
      try:
            with _ServerSelector() as selector:
                  selector.register(self, selectors.EVENT_READ)

                  while not self.__shutdown_request:
                        ready = selector.select(poll_interval)
```

```
                    if ready:
                        self._handle_request_noblock()
                ...
```

之后的处理过程在介绍 wsgiref 模块时已经分析过了，这里不再赘述。

至此，关于 Django 对 WSGI 协议的实现就介绍完了。由于内置的服务器不能应用到生产环境中，所以，下面介绍生产环境的搭建与配置。

14.2 生产环境的搭建与配置

Django 是一个 Web 应用框架，它并不会专注于实现服务器，所以，部署 Django 项目需要使用可以应用在生产环境的 WSGI 服务器。其中，Gunicorn 和 uWSGI 的使用最为广泛。通常，Gunicorn 或 uWSGI 不会直接暴露给用户，而是使用 Nginx 作为服务器前端，接受用户请求。本节就来介绍它们的安装与配置。

14.2.1 Gunicorn 的安装与配置

Gunicorn的全称是Green Unicorn，是在UNIX系统上运行的WSGI服务器。Gunicorn与各种Python Web 框架兼容，配置简单，且对资源的消耗非常少。

Gunicorn 基于 pre-fork worker 模式，运行时会有一个 Master 进程和多个 Worker 进程。Master 是一个中控进程，实现对所有 Worker 的管理。同时，Master 也不会关心客户端，所有的请求与响应都由 Worker 来完成。

pre-fork 与 fork 相似的地方是对于每个请求都会有单独的进程去处理。不同的地方是， pre-fork 会预先创建出 Worker 进程（由 Master 创建），而不是请求到来时再去创建。所以，它能够以更快的速度处理用户请求。

可以使用 Python 的包管理工具 pip 来安装 Gunicorn，在虚拟环境（bbs_python37）中执行命令：

```
pip install gunicorn
```

安装过程中，可以看到如下类似的打印输出：

```
Collecting gunicorn
  Downloading https://files.pythonhosted.org/packages/gunicorn-19.9.0.whl (112KB)
    100% |████████████████████████| 122KB 469KB/s
Installing collected packages: gunicorn
Successfully installed gunicorn-19.9.0
```

安装完成之后，就可以使用 Gunicorn 来运行 Django 项目了。最简单的部署方式只需要指定 application 所在模块。以 my_bbs 项目为例，执行命令（在项目的根目录下）：

```
gunicorn my_bbs.wsgi
```

可以看到图 14-1 所示的部署信息。

```
(bbs_python37) → my_bbs gunicorn my_bbs.wsgi
[2018-12-06 15:31:00 +0800] [95862] [INFO] Starting gunicorn 19.9.0
[2018-12-06 15:31:00 +0800] [95862] [INFO] Listening at: http://127.0.0.1:8000 (95862)
[2018-12-06 15:31:00 +0800] [95862] [INFO] Using worker: sync
[2018-12-06 15:31:00 +0800] [95865] [INFO] Booting worker with pid: 95865
```

图 14-1 Gunicorn 部署 my_bbs 项目

从当前的打印信息可以知道以下信息。

（1）Gunicorn 默认会监听本机的 8000 端口。

（2）默认会使用同步阻塞的网络模型，即 Using worker: sync。

（3）默认只会创建一个 Worker 进程提供服务。

现在，my_bbs 已经可以提供服务了。但是，由于 Django 内建的静态文件服务器只工作在调试模式（DEBUG 为 True）下，所以，访问类似管理后台这样的页面时，会发现静态文件“丢失”了。要解决这个问题，可以使用 WhiteNoise 来搭配 Gunicorn。

WhiteNoise 是一个符合 WSGI 规范的静态文件服务器。简单来说，它的工作原理就是在原来的 WSGI application 外面再嵌套一层 WSGI application。同时，它对 Django 做了一些额外的适配，可以直接使用 Django 的中间件机制来完成配置。

使用 WhiteNoise 之前，需要对 Django 项目（my_bbs）自身做一些配置，完成静态文件的收集。首先，在 settings.py 文件中添加配置：

```
STATIC_ROOT = os.path.join(BASE_DIR, 'static')
```

STATIC_ROOT 设置的目录路径标识静态文件存储的位置，执行命令：

```
python manage.py collectstatic
```

collectstatic 命令会将系统中各个应用 static 目录中的静态文件复制到 STATIC_ROOT 定义的目录中。此时，可以在 my_bbs 的根目录下找到 static 目录。

收集了项目中的静态文件之后，安装 WhiteNoise。在虚拟环境下执行命令：

```
pip install whitenoise
```

安装完成之后，再次修改 settings.py 文件。将 WhiteNoise 添加到 MIDDLEWARE 中：

```
MIDDLEWARE = [
    'django.middleware.security.SecurityMiddleware',
    'whitenoise.middleware.WhiteNoiseMiddleware',
    ...
]
```

注意，需要把 WhiteNoiseMiddleware 放置在 SecurityMiddleware 之后，其他中间件的前面。

至此，WhiteNoise 就已经可以为项目中的静态文件服务了。重新启动 Gunicorn，可以发现 my_bbs 可以正常提供服务了。另外，关于 WhiteNoise 的额外配置，如压缩和缓存，可以查阅相关文档。

使用 Gunicorn 时，相关配置和 Worker 的工作模式会影响服务器的性能。因此，有必要对它们有所了解。

1. Worker 的工作模式

Worker 有多种工作模式，其中最常见的有以下三种。

（1）同步 Worker：这是最常见也是默认的工作模式。它的实现非常简单，一次只会处理一个请求。但是，它对于高并发的访问性能会比较低。

（2）异步 Worker：其基于 Greenlets 库，通过 Eventlet、Gevent 实现。注意，使用这种工作模式需要安装对应的库。

（3）异步 I/O Worker：目前支持 gthread 和 gaiohttp 两种类型。同时，使用 gaiohttp 需要安装 aiohttp 库。

对于 Worker 工作模式的选择，需要考虑实际的使用场景。例如，请求在处理时常常需要去请求外部资源（也是一个 HTTP 请求），这时就不应该使用同步模式。因为网络 I/O 非常耗时，会导致一个 Worker 进程同步等待，不能处理其他的请求。对于这种情况，可以考虑使用异步模式，例如 Gevent。

同时，Worker 的数量也是需要考虑的问题。Gunicorn 只需要 4～12 个 Worker 就可以每秒处理上千个请求。所以，不要启用过多的 Worker，这会严重降低系统的性能。Gunicorn 官方推荐的 Worker

数量是：(2 × $num_cores) + 1。其中，$num_cores 是 CPU 的个数。

2. Gunicorn 的配置

Gunicorn 提供了很多配置选项，可以使用-h 参数（gunicorn -h）查看所有的可用配置以及解释信息。下面，介绍一些常用的选项。

-b ADDRESS, --bind ADDRESS：用于绑定 Socket，即 IP 地址和端口号。默认会绑定到本机的 8000 端口，通过这个选项，可以将端口号修改为 8080：

```
gunicorn -b 127.0.0.1:8080 my_bbs.wsgi
```

-k STRING, --worker-class STRING：指定 Worker 的工作模式，默认为 sync（同步）。可以修改为 Gevent 模式（需要安装 gevent 库：pip install gevent）：

```
gunicorn -k gevent my_bbs.wsgi
```

-w INT, --workers INT：Worker 的数量，默认是 1。Gunicorn 启动时，Master 会根据这个选项的配置派生出指定数量的 Worker 进程。

-D, --daemon：以守护进程的方式来运行 Gunicorn，即后台运行。

--backlog INT：最大等待服务的客户端数量。需要设定为正整数，且通常设置为 64～2048。超过这个数字时，将导致客户端连接出错。

-t INT, --timeout INT：用于设定 Worker 进程在收到响应时的最大等待时间，默认是 30 秒。超过这个时间之后，Worker 将会被杀死并重新启动。

--reload：当应用程序的代码有改动时，Worker 将会重启。这个选项在开发阶段是非常方便的。

--access-logfile FILE：用于指定访问日志写入的文件路径，设置为“-”则表示写入标准输出。同时，可以使用--access-logformat 设定访问日志的格式，默认的格式为：

```
%(h)s %(l)s %(u)s %(t)s "%(r)s" %(s)s %(b)s "%(f)s" "%(a)s"
```

其中 h 标识客户端地址、l 标识字符“-”、u 标识用户名、t 标识请求时间、r 标识状态行，如 GET /post/hello/ HTTP/1.1，s 标识响应码、b 标识响应 body 长度、f 标识 HTTP Referer、a 标识用户代理。

--error-logfile FILE, --log-file FILE：用于指定错误日志写入的文件路径，设置为“-”则表示写入标准错误输出。可以使用 --log-level LEVEL 选项指定错误日志的输出等级，默认为 info。

-c CONFIG, --config CONFIG：用于指定 Gunicorn 的配置文件。由于 Gunicorn 的配置选项很多，因此都写在命令上将是非常不方便的，例如：

```
gunicorn -k gevent -w 4 --access-logfile /tmp/my_bbs_access.log my_bbs.wsgi
```

配置文件应该是一个 Python 文件，只需要将命令行上使用的配置信息写入文件中即可。Gunicorn 并没有规定配置文件存储的位置，为了方便管理，可以将它定义在项目的根目录下。例如，在 my_bbs 的根目录下创建 gunicorn.py，填充如下内容：

```
import multiprocessing

workers = multiprocessing.cpu_count() * 2 + 1
bind = '127.0.0.1:8080'
daemon = True
worker_class = 'gevent'
timeout = 30
backlog = 2048
access_log_format = '%(h)s %(t)s "%(r)s" %(s)s %(b)s "%(a)s"'
accesslog = '/tmp/my_bbs_access.log'
errorlog = '/tmp/my_bbs_error.log'
loglevel = 'info'
```

此时，再去启动 Gunicorn 就非常方便了（注意，当前是在 my_bbs 的根目录下执行）：

```
gunicorn -c gunicorn.py my_bbs.wsgi
```

至此，关于 Gunicorn 的安装、配置与部署应用的过程就介绍完了。接下来介绍另一个常用的 WSGI 服务器 uWSGI。

14.2.2 uWSGI 的安装与配置

uWSGI 实现了 uwsgi 协议（uWSGI 服务器自有的协议，用于定义传输信息的类型）、WSGI 协议和 HTTP。它只占用很少的内存就可以有很高的性能，提供了丰富的配置选项用来对不同的使用场景进行定制。

uWSGI 默认工作的模式是 preforking，它将在第一个进程中加载整个应用程序。之后，会 fork 出子进程（Worker 进程）。preforking 是非常“优雅”的，整个启动过程只会加载一次应用，所以，启动速度是非常快的。

可以使用 Python 的包管理工具安装 uWSGI，可以在虚拟环境（bbs_python37）中执行命令：

```
pip install uwsgi
```

安装过程中，可以看到如下类似的打印输出：

```
Collecting uwsgi
Downloading https://files.pythonhosted.org/packages/uwsgi-2.0.17.1.tar.gz (800kB)
   100% |##########################| 808kB 504kB/s
Building wheels for collected packages: uwsgi
   Running setup.py bdist_wheel for uwsgi ... done
   Stored in directory: /Users /Library/Caches/pip/wheels/32/
Successfully built uwsgi
Installing collected packages: uwsgi
Successfully installed uwsgi-2.0.17.1
```

由于 Django 模块安装在虚拟环境中，可能没有被包含到 PYTHONPATH（Python 搜索路径）中，所以，在不指定虚拟环境目录时运行应用程序可能会提示如下错误：

```
ModuleNotFoundError: No module named 'django'
```

此时，可以使用 virtualenv 选项指定虚拟环境目录。例如，使用 uWSGI 运行 my_bbs 可以执行命令（在项目的根目录下）：

```
uwsgi --http :8080 --virtualenv ../bbs_python37 --module my_bbs.wsgi
```

其中，--http :8080 标识使用 HTTP，端口号为 8080；--virtualenv 标识虚拟环境目录；--module 标识要载入应用程序的 WSGI 模块。

注意，这同样需要 WhiteNoise 来处理静态文件的请求。关于 WhiteNoise 的安装与配置过程，这里不再赘述。

此时，my_bbs 已经可以对客户端提供服务了。当然，目前的简单配置并不适合在生产环境中应用。下面，来看一看 uWSGI 常用的配置选项。

1. uWSGI 的配置

--chdir：用于在应用程序加载之前切换到指定的目录中。当 uWSGI 不在项目的根目录下运行时，可以利用这个命令实现切换。

--callable：默认情况下，uWSGI 在收到请求时，会调用 WSGI 模块下名称为 application 的变量。如果这个变量的名称不是 application，则需要使用这个选项去指定。例如：

```
uwsgi --http :8080 --virtualenv ../bbs_python37 --callable app --module my_bbs.wsgi
```

--master 或 -M：启动主进程来管理其他的进程。如果没有指定这个选项，则启动 uWSGI 时会打印输出如下的警告信息：

```
*** WARNING: you are running uWSGI without its master process manager ***
```

--processes 或-p：指定工作进程的数量，默认只有一个工作进程。这些工作进程在启动的时候由主进程 fork 出来。通常，工作进程越多，就能够更快地处理请求。但是，由于每一个工作进程都会占用资源、消耗内存，所以，需要平衡设置这个参数。

--harakiri 或-t：设置 harakiri 的超时时间。如果请求花费的时间超过了 harakiri 设定的值，那么当前的工作进程会被 kill 并重启。

--max-requests 或-R：设定每个工作进程请求数的上限。当工作进程处理的请求数达到这个值时，将会被 kill 并重启。

--daemonize 或-d：设置 uWSGI 在后台运行，同时需要指定运行日志写入的文件路径。例如，可以将运行日志写入/tmp/uwsgi.log 文件中：

```
uwsgi --http :8080 --virtualenv ../bbs_python37 -d /tmp/uwsgi.log --module my_bbs.wsgi
```

--stats：uWSGI 提供了 Stats 服务器，可以实现对 uWSGI 运行状态的查看或监控。使用这个选项时，需要提供一个有效的 Socket 地址。例如：

```
uwsgi --http :8080 --virtualenv ../bbs_python37 --module my_bbs.wsgi --stats :8081
```

此时，可以使用如下命令读取 uWSGI 的实时状态：

```
uwsgi --connect-and-read 127.0.0.1:8081
```

返回的结果信息是 JSON 字符串，包含了各个工作进程的运行信息。如果想通过 HTTP 请求查看运行状态，需要添加--stats-http 选项。

--pidfile：将主进程的进程 id 写入指定的文件中。记录主进程 id 主要是为了方便对 uWSGI 的运维，可以通过对进程发送信号控制其重启或者停止。

--vacuum：设置了这个选项时，uWSGI 在退出时会清理生成的中间文件，如保存主进程 id 的文件。

uWSGI 支持从 INI、XML、YAML 和 JSON 文件中加载配置。下面，以 INI 文件为例，尝试读取配置文件启动 uWSGI。

在 my_bbs 项目的根目录下创建文件 uwsgi.ini，并填充如下内容：

```
[uwsgi]
http = :8080
module = my_bbs.wsgi
virtualenv = ../bbs_python37
master = true
processes = 8
harakiri = 30
max-requests = 1000
stats = :8081
daemonize = /tmp/uwsgi.log
pidfile = /tmp/uwsgi.pid
vacuum = true
```

INI 文件由 section 和键值对组成。默认情况下，uWSGI 使用的 section 是 uwsgi，键值对部分即 uWSGI 的各个配置选项名称和设定的值。此时，可以在 my_bbs 的根目录下执行命令：

```
uwsgi --ini uwsgi.ini
```

之后，可以在 /tmp 目录下查看记录 uWSGI 运行日志的 uwsgi.log 文件和记录主进程 id 的 uwsgi.pid 文件。

在介绍 pidfile 配置选项的时候提到过，通过主进程 id 可以方便地实现对 uWSGI 的运维，例如：

重启 uWSGI 服务：uwsgi --reload /tmp/uwsgi.pid

关闭 uWSGI 服务：uwsgi --stop /tmp/uwsgi.pid

2. 监控 uWSGI 的运行状态

启动 uWSGI 指定了 stats 选项就可以启动 Stats 服务器。除了之前看到的可以通过命令或 HTTP 的方式读取当前的运行状态之外，还可以使用 uwsgitop 实时动态地查看 uWSGI 的运行状态。

可以使用 Python 的包管理工具安装 uwsgitop，在虚拟环境中执行命令：

```
pip install uwsgitop
```

安装完成之后，通过指定 stats 选项设定的 Socket 地址即可实现对 uWSGI 运行状态的监控，如图 14-2 所示。

```
(bbs_python37) → my_bbs uwsgitop 127.0.0.1:8081
uwsgi-2.0.17.1 - Sat Dec  8 18:07:54 2018 - req: 276 - RPS: 0 - lq: 0 - tx: 6.2M
node: 127.0.0.1 - cwd: /Users/my_bbs - uid: 119804143 - gid: 672505530 - masterpid: 29368
 WID   %     PID    REQ  RPS  EXC  SIG  STATUS AVG   RSS  VSZ  TX      ReSpwn HC  RunT    LastSpwn
 1     33.0  29380  91   0    0    0    idle   1ms   0    0    2.2M    1      0   600.364 18:04:28
 2     22.1  29379  61   0    0    0    idle   91ms  0    0    1.1M    1      0   719.557 18:04:28
 3     21.4  29381  59   0    0    0    idle   1ms   0    0    1.2M    1      0   1627.51 18:04:28
 4     13.8  29378  38   0    0    0    idle   1ms   0    0    970.8K  1      0   387.976 18:04:28
 5     7.2   29377  20   0    0    0    idle   0ms   0    0    683.9K  1      0   32.606  18:04:28
 6     2.2   29376  6    0    0    0    idle   47ms  0    0    89.9K   1      0   105.0   18:04:28
 7     0.4   29375  1    0    0    0    idle   3ms   0    0    7.2K    1      0   7.129   18:04:28
 8     0.0   29374  0    0    0    0    idle   0ms   0    0    0       1      0   0.0     18:04:28
```

图 14-2　uwsgitop 监控 uWSGI 的运行状态

至此，关于 uWSGI 的安装、配置与部署应用的过程就介绍完了。不论是 uWSGI 还是 Gunicorn 都不会直接对外提供服务，通常会使用 Nginx 作为服务器前端，接受用户请求。下面，介绍使用 Nginx 和 Gunicorn/uWSGI 部署 Django 项目。

14.2.3 Nginx 的安装与配置

Nginx 的发音是“engine x”，它是一个开源的，支持高性能、高并发的 HTTP 服务器和反向代理服务器。它是由俄罗斯人伊戈尔·赛索耶夫（Igor Sysoev）开发的，同时将源代码以类 BSD 许可的形式开源。

Nginx 使用经典的 Master-Worker 工作模型：Master 是管理进程，负责解析配置文件、启动 Worker 等工作；Worker 是实际对外提供服务的进程，处理基本的网络事件。Nginx 有以下两种启动方式：

单进程启动：只有一个进程，既充当 Master，也充当 Worker 的角色；

多进程启动：有且仅有一个 Master 进程，至少有一个 Worker 进程。

要理解为什么在使用 Gunicorn 或 uWSGI 时需要在“前面”加上 Nginx，就需要搞清楚 Web 服务器和应用服务器的区别。

Web 服务器设计的目的是处理 HTTP，而应用服务器既可以处理 HTTP，也可以处理其他的协议，如 RPC。

应用服务器一般都会集成 Web 服务器，但是通常对 HTTP 仅仅是支持，不会做特别的优化。因此，不会将应用服务器直接使用在生产环境中。

Web 服务器适合提供静态内容，而应用服务器适合提供动态内容。因此，生产环境下会使用 Web 服务器作为应用服务器的反向代理。

所以，Gunicorn 和 uWSGI 作为应用服务器实现对动态请求的处理，而 Nginx 作为 Web 服务器，用于处理静态文件并将动态请求反向代理给 Gunicorn 和 uWSGI。除此之外，Nginx 还有以下特点。

（1）作为专业的 Web 服务器，暴露在公网的环境中更加安全。

（2）基于 Master 与 Worker 分离的设计，Nginx 可以提供热部署的功能，即在不中断服务的前提下，对 Nginx 进行升级。

（3）稳定可靠，宕机的概率很低。每个 Worker 进程相互独立，当 Worker 由于异常出错时，Master 可以快速拉起新的 Worker 进程提供服务。

（4）通过反向代理实现负载均衡，平衡服务器的压力，提高响应速度。

（5）可以使用很少的内存支持高并发连接。

安装 Nginx 既可以通过软件包的方式，也可以通过编译源码的方式。大部分场景下，软件包就可以满足需求了，同时这种方式也非常简单。Windows 下安装只需要去 Nginx 官网下载安装包解压即可，Linux 下可以通过 apt-get（apt-get install nginx）的方式安装，macOS X 下可以通过 Homebrew（brew install nginx）的方式安装。

在使用命令（Linux 和 macOS X 系统下）安装的过程中，会打印一些基本的信息，如 Docroot 位于/usr/local/var/www、配置文件位于/usr/local/etc/nginx/nginx.conf 等。安装完成之后，可以使用 nginx -v 查看版本号：

```
nginx version: nginx/1.15.7
```

Nginx 默认配置使用的端口号是 8080，启动 Nginx 只需要在终端执行命令：

```
nginx
```

启动成功之后（注意端口被占用的错误），在浏览器中访问 127.0.0.1:8080，可以看到图 14-3 所示的欢迎页面。

Welcome to nginx!

If you see this page, the nginx web server is successfully installed and working. Further configuration is required.

For online documentation and support please refer to nginx.org.
Commercial support is available at nginx.com.

Thank you for using nginx.

图 14-3 Nginx 的欢迎页面

在使用 Nginx 时，最常用的操作有对配置文件进行检查、重新加载等。它们的操作命令也都非常简单。

检查配置文件是否正确：

```
nginx -t
```

重新加载 Nginx：

```
nginx -s reload
```

停止 Nginx：

```
nginx -s stop
```

理解 Nginx 的配置可以更加高效地使用它。接下来将介绍 Nginx 的配置，这包括了 Nginx 配置文件的组织形式和负载均衡策略。然后使用 Nginx 去部署 my_bbs 项目。

1. Nginx 配置文件的组织形式

Nginx 的配置文件是以区块的形式组织的，每个区块以一个花括号“{}”来表示。主要有以下 6 种块。

（1）main 块：配置影响 Nginx 全局的指令，如工作进程数、进程 id 存放路径、日志存放路径等。

（2）event 块：配置影响 Nginx 与用户的网络连接，如 Worker 进程的最大连接数、选用哪种事件驱动模型处理用户请求等。

（3）http 块：Nginx 配置中的核心区块，可以定义服务日志、连接超时时间等。http 块中又可以包含 server 和 upstream 这两种块。

（4）server 块：配置虚拟主机的相关参数，如监听的地址和端口、访问日志等。每一个 server 块就相当于一台虚拟主机，且 http 块中可以包含多个 server 块。server 块中又可以包含多个 location 块。

（5）location 块：请求路由配置，对特定的请求进行处理。地址定向、数据缓存等功能都在这个部分里实现。

（6）upstream 块：用来定义一组服务，各个服务可以监听不同的端口，设置反向代理以及服务的负载均衡。

2. Nginx 负载均衡的策略

Nginx 的负载均衡通过 Upstream 模块实现，内置实现了三种策略：轮询、最少连接和 IP 散列。同时，在使用 Upstream 时，可以配合一些参数设定设备的状态。

（1）轮询。Nginx 默认的负载均衡策略使用轮询的方式，每个请求按照时间顺序逐一分配到不同的后端服务器上。且如果某台服务器宕机，Nginx 能够自动剔除。使用默认的策略不需要显式地指定，例如：

```
upstream my_bbs {
        server 127.0.0.1:8080;
        server 127.0.0.1:8081;
        server 127.0.0.1:8082;
}
```

可以使用权重（weight）去影响轮询的概率，权重和访问概率成正比，主要用于后端服务器性能不均的情况。例如：

```
upstream my_bbs {
        server 127.0.0.1:8080 weight=3;
        server 127.0.0.1:8081 weight=2;
        server 127.0.0.1:8082 weight=5;
}
```

（2）最少连接。使用 least_conn 指令，将请求分配到连接数最少的服务器上。例如：

```
upstream my_bbs {
        least_conn;
        server 127.0.0.1:8080;
        server 127.0.0.1:8081;
        server 127.0.0.1:8082;
}
```

（3）IP 散列。使用 ip_hash 指令，将客户端的 IP 地址作为散列 key，用于决定当前请求应该定向到哪一个服务器。这种策略的特点是同一个 IP 的请求总是会访问同一个服务器。例如：

```
upstream my_bbs {
        ip_hash;
        server 127.0.0.1:8080;
        server 127.0.0.1:8081;
        server 127.0.0.1:8082;
}
```

Upstream 模块支持四种参数，它们各自的含义如下。

down：标记当前的服务器不再参与处理用户请求。

max_fails：允许请求失败的次数，默认是 1。当超过设定值时，返回 proxy_next_upstream 模块定义的错误。

fail_timeout：max_fails 次失败后，暂停服务的时间，默认值是 10s。

backup：备用主机。只有当其他的非 backup 主机宕机或忙时，才会请求 backup 主机。因此，这台机器的负载是最轻的。

3. Nginx + Gunicorn 部署 my_bbs

由于 Nginx 可以对静态文件请求进行处理，所以也就不再需要 WhiteNoise 了，将其直接从 MIDDLEWARE 中删除即可。

UNIX Domain Socket 和 TCP/IP Socket 都可以用作同一台机器上的进程间通信，它们的主要区别是 TCP/IP Socket 还可以用于网络上不同机器之间的进程通信。但是，由于 UNIX 域套接字不需要经过网络协议栈、计算校验和等工作，它的效率要比 TCP 套接字高很多，因此，Nginx 与 Gunicorn 之间使用 UNIX Domain Socket 进行连接。

将 Gunicorn 配置文件中的 bind 选项修改为：

```
bind = 'unix:/tmp/gunicorn.sock'
```

此时，Gunicorn 启动时，就会在 /tmp 目录下生成 gunicorn.sock 文件，这个文件将用于 Gunicorn 与 Nginx 的通信。

下面给出一份可用的 Nginx 配置：

```
worker_processes  1;

events {
    worker_connections  1024;
}

http {
    include /usr/local/etc/nginx/mime.types;
    default_type application/octet-stream;

    upstream my_bbs {
         server 127.0.0.1:8080;
         server unix:/tmp/gunicorn.sock;
    }

    server {
         listen 80;
         server_name 127.0.0.1;

         access_log /tmp/gunicorn_nginx/access_log;
         error_log  /tmp/gunicorn_nginx/error_log;

         location /favicon.ico {
              root /Users/my_bbs/static/;
    }

    location ^~ /static/ {
         root /Users/my_bbs/;
    }

    location / {
         proxy_pass      http://my_bbs;
         proxy_set_header X-Real-IP $remote_addr;
         proxy_set_header Host $host;
         proxy_set_header X-Forwarded-For $proxy_add_x_forwarded_for;
    }
  }
}
```

由于这里将 Nginx 的监听端口设置为 80（Linux 和 macOS X 系统中小于 1024 的端口为特权端口），所以，检验配置文件和启动 Nginx 都需要 root 权限（sudo）。

启动 Nginx 之后，在浏览器中访问 my_bbs 应用就可以不用再加上端口号了，如 127.0.0.1/admin/。

4. Nginx + uWSGI 部署 my_bbs

uWSGI 结合 Nginx 的使用配置与 Gunicorn 类似。首先，仍然让 Nginx 与 uWSGI 之间使用 UNIX

Domain Socket 进行连接。修改 uWSGI 的配置文件：

```
socket = /tmp/uwsgi.sock
chmod-socket = 666
```

uWSGI 启动之后会在 /tmp 目录下生成 uwsgi.sock 文件，且可能会因为权限的问题，无法被 Nginx 读取，可以通过 chmod-socket 修复这个问题。

下面给出一份可用的 Nginx 配置（http 部分）：

```
http {
    include /usr/local/etc/nginx/mime.types;
    default_type application/octet-stream;

    upstream my_bbs {
        server 127.0.0.1:8080;
        server unix:/tmp/uwsgi.sock;
    }

    server {
        listen 80;
        server_name 127.0.0.1;

        access_log /tmp/uwsgi_nginx/access_log;
        error_log  /tmp/uwsgi_nginx/error_log;

        location /favicon.ico {
            root /Users/my_bbs/static/;
        }

        location ^~ /static/ {
            root /Users/my_bbs/;
        }

        location / {
            uwsgi_pass             my_bbs;
            uwsgi_connect_timeout    30;
            include                /usr/local/etc/nginx/uwsgi_params;
        }
    }
}
```

其中，uwsgi_params 文件包含在 Nginx 的安装目录（配置文件所在目录）中，里面定义了一些专用的变量，可以动态调整或配置 uWSGI 服务器的各个方面。

使用 Nginx + Gunicorn/uWSGI 部署 Django 项目时，Nginx 表现为服务器的前端，统一管理客户端的请求。通常，静态请求由 Nginx 自己处理，动态请求反向代理给应用服务器，最后交给 Django 应用程序，从而完成一次 Web 请求。

至此，Django 项目的部署就介绍完了。要理解 Django 项目部署和运行的原理，就必须要理解 WSGI 协议。Gunicorn 和 uWSGI 是在生产环境下常用的 WSGI 服务器，只需要通过简单的配置就可以初步完成部署。Nginx 可以高效地处理静态请求以及实现负载均衡，将它放置在 Gunicorn/uWSGI 的“前面”，可以提升 Web 站点的性能和稳定性。